항노화와 건강기능식품

김교남 · 이예종 · 최경숙 · 김의수 · 장해동

창지사

머리말

항노화에 대한 정확한 개념은 아직까지 정립되어 있지 않지만, 일반적으로 학계에서는 '노화 과정을 지연, 예방하거나 노화 현상을 역전시키는 것'으로 정의하고 있다. 전 세계적으로 평균 수명 연장됨에 따라 건강한 삶에 대한 관심이 높아지면서 항노화 산업의 급속한 성장과 발전 가능성에 대한 관심이 증가하고 있다. 항노화 산업은 항노화 관련 바이오, 의료 기기, 의약품, 화장품, 식품 및 서비스까지 그 영역을 포함하고 있다. 특히 항노화 산업 중에서도 식품 영역의 건강기능식품의 역할은 점차 그 중요성이 강조될 것으로 예상되며, 소비자가 올바른 건강기능식품을 선택할 수 있도록 정부 차원에서의 합리적인 개선이 필요하며 학계, 연구기관 및 산업계의 임무 또한 중요하다.

우리나라의 「건강기능식품에 관한 법률」에 따르면, 건강기능식품이란 '인체에 유용한 기능성을 가진 원료나 성분을 사용하여 제조(가공을 포함)한 식품'을 말한다. 여기에서 '기능성'이란 인체의 구조 및 기능에 대하여 영양소를 조절하거나 생리학적 작용 등과 같은 보건 용도에 유용한 효과를 얻는 것을 의미한다. 국가별로 정의 및 범위에 차이는 있지만 건강기능식품은 '영양소 기능, 생리활성 기능을 포함하여 질병 발생 위험 감소 기능이 강조된 식품'이라 할 수 있다. 식품 내에 존재하는 생체 조절 기능을 가진 성분의 생리학적 역할과 작용기전이 과학적으로 규명됨에 따라 건강기능식품 시장은 매년 큰 성장을 거듭하고 있으며, 고부가가치 미래 산업으로 우리나라의 차세대 성장 동력으로 인식되고 있다.

본서에서는 항노화 산업과 관련한 기능성 식품에 대한 이해를 돕기 위해 노화이론, 항노화의 개념, 항노화와 관련된 건강기능식품, 건강기능식품 정의 및 관련법규, 시장 현황 등을 수록하였다. 최근 급성장하고 있는 항노화 산업과 관련된 건강기능식품에 관심을 갖고 계신 분들께 교재나 참고도서로 유용하게 활용될 수 있기를 기대하면서, 이 책이 나오기까지 조언과 도움을 아끼지 않으신 창지사 김기섭 대표님과 관계자 여러분들께 감사드린다.

2018년 12월

저자 일동

차례

PART 1

노화와 항노화

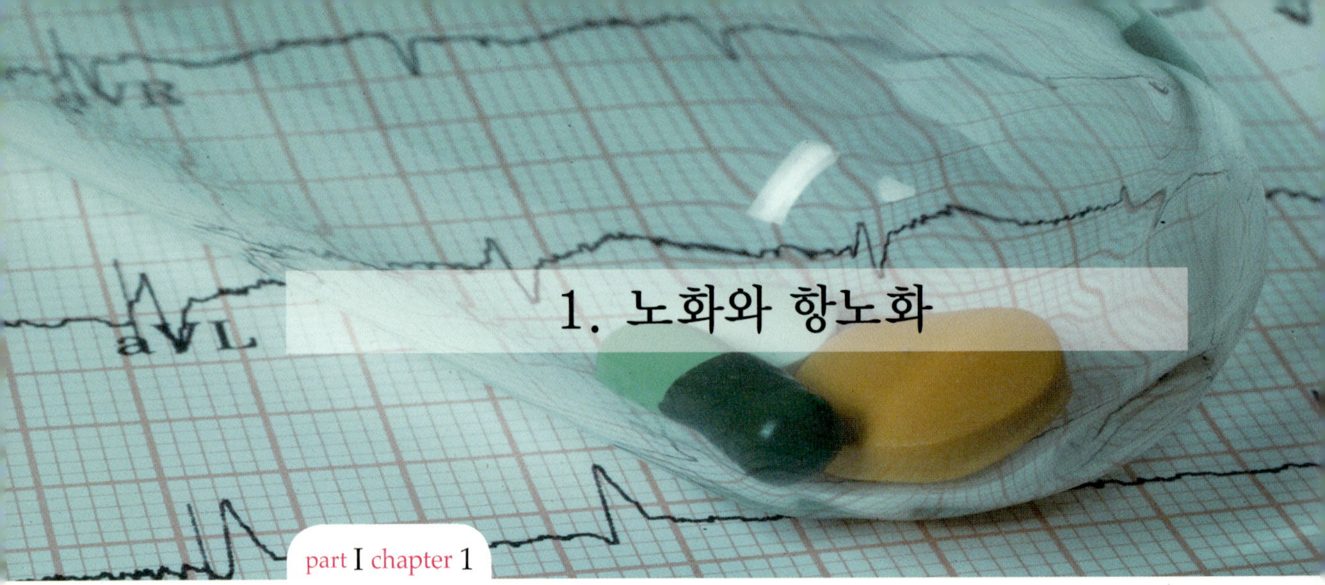

part I chapter 1

1. 노화와 항노화

노화(老化, aging)란 "생물학적으로는 질병이나 사고에 의한 것이 아니라 시간이 흐름에 따라 생체 구조와 기능이 쇠퇴하는 현상, 의학적으로는 사람의 노년기에 나타나는 노인성 변화, 화학적으로는 시간이 경과함에 따라 화합물의 물리적·화학적 성질이 달라지는 현상"이다(국립국어원 표준대사전). 노화와 유사한 용어로 노쇠(老衰, senescence)가 있다. 노쇠는 "늙어서 쇠약하고 기운이 별로 없음"으로 정의되고 있다. 브리태니커 백과사전에도 노화를 "유기체를 노쇠한 상태로 이끄는 점진적인 생리 변화, 또는 대사 스트레스에 대한 유기체의 적응 능력과 생체 기능의 감퇴"라고 정의하고 있다.

모든 생명체는 시간의 흐름에 따라 매일매일 보이지 않지만 노화의 과정을 자연스럽게 겪는다. 노화(aging)는 일반적으로 나이 들어가는 과정으로 이해하지만 이에 관한 명확한 정의는 없다. 생물학적, 심리학적, 사회학적 측면에서도 '노화'를 규정지을 만한 명확한 기준은 없다. 그래서 노화를 설명하는 이론과 관점도 다양하게 존재한다. 또한 노화는 개인마다 차이가 존재한다. 이는 노화가 생물학적인 변화뿐만 아니라 다양한 환경적 요인을 반영하기 때문이다. 유전, 환경 및 생활방식, 개인의 노력은 노화에 영향을 주고, 노화의 원인들이 하나씩 밝혀지면서 현대 사회에서는 노화현상 자체를 피할 수는 없지만 효과적으로 대응하거나 예방 또는 늦추는 것이 가능해지고 있다.

이런 점에서 우리는 노화를 막거나 방지하는 것, 노화를 지연시키는 것을 '항노화'(抗老化, anti-aging)라고 말한다. 하지만 항노화가 단순히 노화현상을 막거나 방지시키는 것은 아니다. 노화와 관련된 습관, 증상 및 질환의 적극적 진단, 예방, 관리, 치료 등을 통해 나이에 따라 손실되는 기능과 노화현상을 지연시켜

그림 I-1-1 ···› 항노화산업의 분류 체계

항노화산업			협의의 영역	광의의 영역
	항노화 의료	의료서비스	**인체기능 증진기술**(건강진단과 건강 처방 등의 적극적 건강관리)을 통한 **노화성 질병의 예방을 목표**로 하는 맞춤의료서비스	**인체기능 회복기술**(재생의학, 장기 이식 등)을 통한 **노화성 질병의 극복을 목표**로 하는 맞춤의료 서비스
	항노화 제품	의약품	노화방지 제제, 건강검진 제제	노화성 질병 치료제
		의료기기	**노화도진단기기(건강, 나이, 분석 등), 건강증진기기(근력 증진, 골밀도 증가 등)**	노화된 기능 회복기기(근력보조기기 등) 손상 기능 치료기기(최소침습수술기 등)
		식품	**노화지연/억제 기능**을 가지는 건강기능식품	노인질환 상태 개선을 위한 **메디컬 푸드**(medical food)
		화장품	**노화방지 화장품** **(피부주름 개선, 발모 등)**	광노화 방지 화장품(자외선 차단 등) 노화성 피부개선 화장품(가려움 개선 등)
		용품	노화방지 용품(운동용품, 시력증진기 등) 신체기능 증진 게임/SW	고령자용 편의 용품 및 보조기기
	항노화 서비스	여가	적극적 건강 증진을 위한 통합관리 프로그램 **힐링 프로그램**(항노화 스파, 리조트 및 관련 서비스)	
		U-Health	건강관리 체계와 연계된 **U-Hospital**, 모바일 헬스케어 등 자가건강관리 서비스	
		주거	**항노화 시설이 포함**된 일반 주택 **항노화 전문시설과 기능**이 포함된 특화 거주시설(항노화 리타이어먼트 커뮤니티)	
		미용	젊음 유지 외모 관리 서비스	

출처: 항노화산업지원센터(www.anti-aging.re.kr).

건강한 삶을 유지할 수 있도록 하는 것을 의미한다. 노화를 쇠퇴의 개념으로만 여기지 않고 경험의 축적과 통찰력 증가 등으로 긍정적 인식을 하게 되면 이 자체로 항노화가 진행되고 있다고 할 수 있다(김희철 외, 2017). 최근에는 항노화 산업이 급속도로 성장하고 있다. 항노화 산업은 크게 항노화 의료(의료 서비스), 항노화 제품(의약품, 의료 기기, 식품, 화장품, 용품), 항노화 서비스(여가, U-Health, 주거, 미용) 영역으로 분류할 수 있다(그림 I-1-1).

이러한 항노화 세계시장의 규모는 2011년 286조 원에서 2020년 331조 원이 될 것으로 예상되고 있다(2015년 기준, BCC Research, 2016). 또한 건강한 수명의 최대화를 목표로 하는 항노화 산업의 중요성과 미래를 논의하기 위한 포럼과 항노화 융·복합 서비스 체험의 장도 마련되고 있다. 학계에서도 '항노화학'에 대한 논의가 이루어지고 있으며, 다학제 간 연구의 필요성도 제기되고 있다(그림 I-1-2).

그림 I-1-2 ⋯› 노화/항노화의 다학제 간 이해

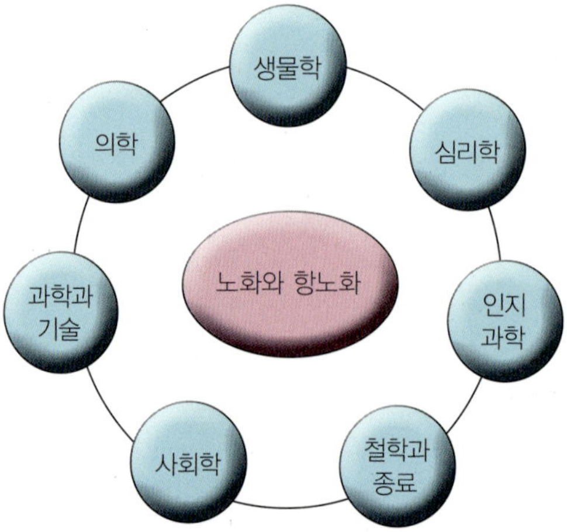

출처: 김희철 외(2017).

part I chapter 2

2. 노화이론

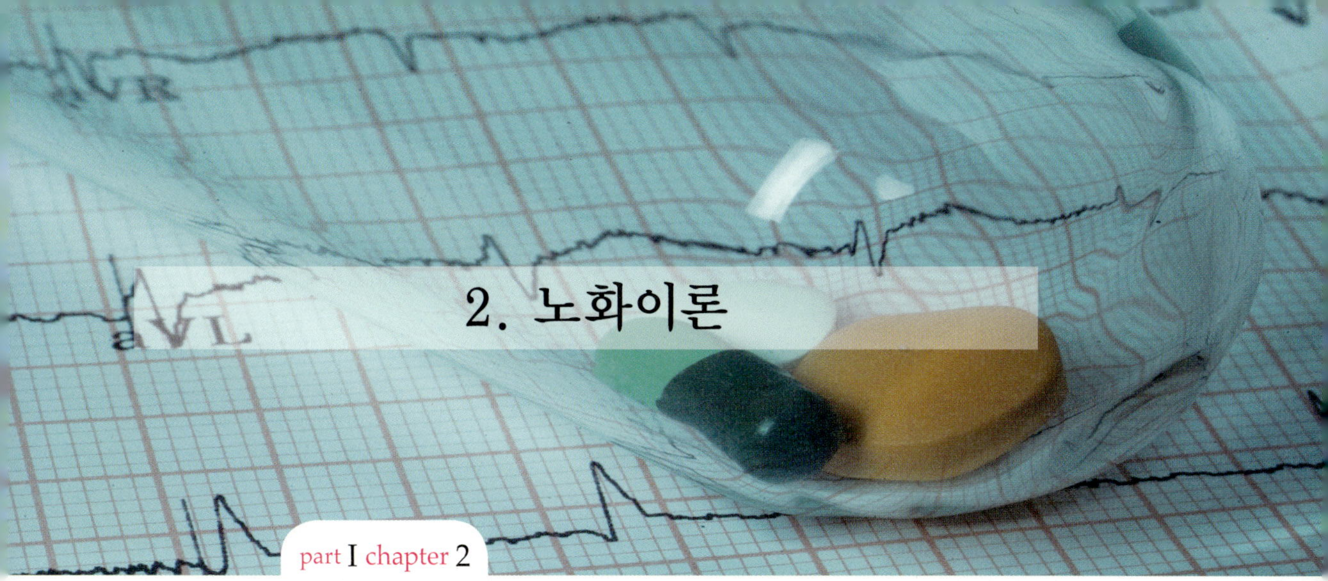

노화를 일으키는 원인은 무엇일까?

제1장에서도 언급했지만 노화를 규정지을 만한 명확한 기준이 없기 때문에 노화를 설명하는 이론과 관점도 다양하게 존재한다. 노화를 이해하려면 노화의 기전을 알아야 하기 때문에 주로 생물학적으로 접근하는 경우가 많다. 그러나 인간의 노화와 항노화를 제대로 이해하기 위해서는 생물학적 측면뿐 아니라 심리학적, 사회학적 측면에서도 살펴볼 필요가 있다.

1. 생물학적 노화이론(Biological Aging Theory)

생물학적 노화는 시간이 지나고 나이가 들어감에 따라 신체 구조 및 신체 내 세포, 조직, 장기 등 유기체 전반에 걸쳐 일어나는 쇠퇴적 발달 현상을 의미한다(Atchley, 2000). 다양한 신체적 변화를 일으키는 생물학적 노화의 원인을 찾기 위해 많은 이론이 제시되고 있다. 여기서는 노화의 원인에 대한 대표적인 이론들을 살펴보고자 한다.

1) 마모이론(Wear and tear theory)

마모이론은 가장 오래된 노화이론의 한 가지로, 인체의 세포들을 계속 사용하면 손상되어 노화가 일어난다는 이론이다. 마치 기계를 오래 사용하면 닳아 제 기능을 못하듯 인간의 신체기관도 시간의 흐름에 따라 마모되어 기능이 저하되면서 노화현상이 나타난다는 것이다. 그 예로 피부의 노화, 퇴행성 관절염, 심장근육 및 신경세포 등의 쇠퇴를 들 수 있다. 즉, 인체의 장기를 반복해서 사용하는 것만으로도 마모는 일어나며, 남용과 과용은 마모 과정을 촉진시킬 수 있다. 젊을 때는 신체를 유지하고 회복시키는 체계가 활발하게 작동하여 마모를 최소화하지만 나이가 들어감에 따라 내외적인 환경요인에 의하여 손상에서 회복시키는 인체의 능력이 떨어져서 질병에 걸리고 결국에는 사망에 이르게 된다는 이론이다.

2) 노폐물축적이론(Waste product theory)

수도관이 오래되면 이물질이 끼고 녹이 스는 것과 같이 살아가면서 신체 내부에 노폐물이 축적되어 세포 및 조직의 정상적인 기능을 방해하여 노화현상이 나타난다는 이론이다. 예를 들어 동맥경화 등이 있다.

3) 활성산소이론(Free radical theory)

생명체의 대부분은 호흡을 하거나 에너지를 만들어 내는 데 산소가 요구된다. 에너지를 만드는 과정에서 산소의 일부는 불가피하게 활성산소로 전환된다. 활성산소란 불안정한 상태로 변화한 산소 유리기(free radical)의 하나로서 체내에서 필요한 정상적인 산화 과정의 부산물로서 생성되며, 방사선, 공해, 자외선, 담배연기 같은 외부요인에 의해서도 생성된다(구재옥 외, 2016). 일반적으로 정상세포는 항산화물질을 함유하고 있어 활성산소를 소거할 수 있으나 나이가 들면 생체방어기능 저하로 활성산소로 인한 산화적 스트레스(oxidative stress)가 축적된다는 것이다. 이러한 산화적 스트레스는 인체의 탄수화물, 단백질, 지질 등을 손상시키고 DNA에도 손상을 유발하여 신체적 노화는 물론 각종 성인병이나 암, 치매 등을 유발한다. 인체는 활성산소에 의한 손상을 회복하는 항산화 체계를 가지고 있어 이러한 활성산소에 의한 손상을 최소화하지만, 나이가 들수록 활성산소에 의한 손상이 누적되고, 항산화 체계가 약해지면서 세포는 노화된다. 따라서 활성산소의 손상에 대비하여 항산화제를 섭취하는 것이 도움된다는 것은 이 이론에 근거한 것이다. 항산화제(anti-oxidant)로 널리 알려진 것은 비타민 A, 비타민 C, 비타민 E, 코엔자임 Q10, 폴리페놀(polyphenol) 등이 있다.

4) DNA 작용 과오이론(DNA error theory)

DNA(deoxyribonucleic acid)와 RNA(ribonucleic acid) 사이의 정보전달 과정에서 착오가 발생하여 RNA가 잘못된 단백질을 합성하고, 이것이 축적되어 세포, 조직, 기관에 손상을 입힘으로써 노화를 유발시킨다는 이론이다. 예를 들어, 선천적으로 노화의 속도가 일반인보다 훨씬 더 빠른 조로증 환자들은 비정상적인 유전 정보 전달에 의한 결과로 보고 있다.

5) 노화 프로그램이론(예정계획이론)(Programmed theory)

모든 생물체는 성장과 수명 등이 유전적으로 미리 결정되어 프로그램화되어 있다고 보는 이론이다. 즉, 유전 인자 속에 노화의 속성이 미리 계획되어 저장된 상태에서 시간이 경과하여 예정된 시기에 이르면 노화의 특성이 발생된다고 본다.

예를 들어, 키나 몸무게의 증가, 사춘기의 이차 성징, 중년기 이후 폐경기 등이 있다. 그러나 최근의 역학적 연구에서 환경, 식습관, 운동, 스트레스 등 후천적 요인의 영향도 그만큼 크다는 것이 밝혀지면서 규칙적이고 절제된 생활습관의 중요성이 더욱 강조되고 있다. 최근에는 자신의 생활습관 등에 따라 유전자가 변하고 그것이 후대에게 전달된다는 후생유전학이 있을 정도로 올바른 생활습관의 중요성이 더욱 강조되고 있다.

6) 텔로미어이론(Telomere theory)

텔로미어란 염색체 말단부에 위치하는 '5-TTAGGG-3' 염기의 반복으로 이루어진 single strand DNA이다. 대부분의 체세포(somatic cell)는 DNA 폴리메레이즈(polymerase)가 염색체 말단의 유전정보를 복제하지 못하기 때문에 세포분열에 따라 텔로미어 길이가 짧아지게 되며, 일정 길이 이하로 짧아진 경우 더 이상의 세포분열이 일어나지 않는 상태로 유지되거나 사멸하게 되어 노화가 시작된다는 이론이다. 즉, 텔로미어는 세포의 수명을 결정하는 '생체시계(mitotic clock)'라고도 불리는데, 이는 세포가 분열함에 따라 텔로미어 길이가 짧아지게 되므로 세포의 텔로미어 길이를 측정함으로써 세포의 나이를 추정할 수 있고 수명을 예측할 수 있기 때문이다. 최근 텔로미어의 기능 조절에 대한 분야는 노화 이외에도 종양 발생에 관계된 분야에서 다양한 연구가 수행되고 있다.

7) 면역이론(Immunological theory)

나이가 들면서 신체 건강 유지에 중요한 역할을 하는 면역기능이 저하되고 면역력이 약화되어 노화를 촉진한다는 이론이다. 면역체계가 약화되면 면역체계가 자기(self)와 비자기(non-self)를 구별하지 못하고 스스로 자기 조직을 파괴하여 자가면역질환이나 만성질환을 초래하게 된다. 예를 들면, 류머티스관절염, 루푸스,

알레르기, 심혈관질환, 염증, 치매, 암 등이 있다.

8) 신경-호르몬이론(Neural hormone theory)

우리 몸의 중요한 기능들을 조절하는 생화학물질의 네트워크인 신경-호르몬 체계에 따라 노화가 일어난다는 이론이다. 호르몬은 신체의 한 부분에서 합성되어 혈액을 통하여 다른 곳으로 이동한 후 그곳의 세포나 조직의 기능을 조절하는 생체신호전달물질이다. 그런데 나이가 들면 호르몬 분비가 감소하므로 신체 기능이 떨어지고 회복 능력과 조절 능력도 떨어지게 된다는 이론이다. 적절한 운동, 좋은 음식, 충분한 숙면 등을 통해 자연스럽게 호르몬 분비를 촉진시키는 것은 노화를 지연시킬 수 있으며, 나이가 많거나 호르몬의 수준이 심하게 떨어져 있는 사람은 호르몬 보충요법 등을 통한 호르몬의 활성화 및 수준의 회복을 통하여 노화의 과정을 지연시킬 수 있다는 이론이다.

2. 심리학적 노화이론(Psychological Aging Theory)

심리학적 노화는 심리적 적응, 인지기능 변화, 성격 및 행동변화 등에 다양하게 영향을 미칠 수 있다. 심리적 노화가 일어나는 시점은 개인에 따라 차이가 있다. 다양한 심리학적 노화이론 중 여기서는 발달과업이론, 정체감이론, 성공적 노화이론 등을 살펴본다.

1) 발달과업이론(Development tasks theory)

발달과업이론은 Havighurst(1973)와 Erikson(1964)이 노년기에 이르기 전 단계에서의 과업 수준이 노화 과정의 예측 인자가 된다고 보는 이론이다. Havighurst

의 발달과업이론에서는 노후에 직면해야 할 발달과업을 6단계로 나누고, 이 과업들에 어떻게 대처하는가에 따라 노후 생활만족도가 달라진다고 하였다. 여기에는 약화되는 신체적 기력 감소와 건강 저하에 적응, 퇴직과 소득 감소에 대한 생활적응, 배우자의 죽음에 대한 적응, 동년배 집단과의 유대관계 강화, 사회적 역할에 대한 유연한 적응, 만족스러운 신체활동의 환경 조성 등이 포함된다. Erikson의 심리사회발달이론은 인간발달을 8단계로 나누고 마지막 노년기의 발달과업을 자아통합(ego integrity) 대 절망(despair)이라고 했다. 자아통합은 지금까지 살아온 자신의 인생을 긍정적으로 받아들이고 다가올 죽음까지도 수용하는 태도를 말한다. 반면, 절망은 지나온 인생에 대한 후회와 미련, 현재 자신의 인생에 만족하지 못한 태도를 갖는 것이다.

2) 정체감이론(Identity continuity theory)

노년기의 자아정체감 변화에 대해서는 상반된 이론이 제시되고 있다. Atchley (2000)의 정체감 유지이론은 직업적 역할만이 정체감 유지를 위한 활동이 아니므로 퇴직 후에도 다양한 역할을 통하여 정체감을 유지할 수 있다는 것이다. 또한 노년기 진입과 함께 물질적이고 현실적인 관점에서 보다 초월적이고 인류적인 관점으로 변화하게 되며, 자연스럽게 삶의 만족도가 증진된다고 하였다. 반면, Miller(1965)의 정체감 위기이론은 직업적 역할이 개인의 정체감을 지지·유지하는 기반이며, 사회적, 생계유지자의 부수적 역할을 부여하기 때문에 퇴직자는 직업 및 부수적 역할을 상실하여 역할이 없는 사람이라는 낙인이 찍히게 되고, 이로 인해 자아 지지기반이 와해되고 정체성 위기에 직면하게 된다는 것이다. 또한 노년기에 정체감을 유지하기 위해서는 사회적 인정을 받을 수 있는 여가 활동 개발 및 참여를 하거나 다른 활동을 통하여 대체적 만족감을 추구하여야 한다.

3. 사회학적 노화이론(Sociological Aging Theory)

사회적 노화란 노화에 따른 사회적 역할과 관계의 변화를 말하며 은퇴, 배우자 및 친구의 사망, 자녀의 독립 등이 이에 영향을 미치게 된다. 다양한 사회학적 노화이론 중 여기서는 활동이론, 사회적 와해이론, 분리/은퇴이론 등을 살펴본다.

1) 활동이론(Activity theory)

활동이론에 의하면 노인의 사회적 활동 참여 정도와 생활만족도는 상관관계가 있다는 것이다. 따라서 성공적인 노년기를 위해서는 노후에 상실한 역할을 새로운 역할로 대치하거나 새로운 역할을 찾아 활발히 수행해야 한다는 것이다.

2) 분리/은퇴이론(Disengagement theory)

이 이론은 활동이론과는 반대되는 이론으로 사회적 욕구의 충족이라는 차원에서 노화과정을 설명하고 있다. 분리 과정은 개인과 사회에 모두 기능적인데, 사회는 분리를 통해 젊은이들에게 일할 기회를 제공할 여지를 마련하게 되고, 분리의는 개인이 먼저 선택할 수도 있고 퇴직제도와 같은 사회제도에 의해 정해질 수도 있다.

3) 사회적 와해이론(Social breakdown theory)

사회적 와해이론에 의하면, 사회적 또는 심리적 면에서 문제가 있는 노인에 대해 사회적으로 인식된 부정적 환류(feedback)가 하나의 부정적 인식을 강화시키는 순환적 틀이 되며, 노인은 그 틀 속에 갇히게 되어 노인의 사회적 관계와 활동이 어렵게 된다는 것이다. 사회적 와해이론은 노인에 대한 사회의 부정적 인식이 어떻게 노인 개개인의 사회적 관계와 활동에 지장을 초래하는지를 이해하는 데 유용하다.

4) 교환이론(Exchange theory)

교환이론에 의하면, 노인이 소유한 교환자원(지식, 기술, 생산능력, 재산소유 및 통제권 등)의 가치가 저하됨에 따라 젊은 세대와의 상호작용 시 상대적으로 열악한 위치에 처하게 된다. 즉, 사회적 교환관계 내부에서 열등한 지위로 전락하고 권력적 열세에 몰리게 됨으로써 노인문제가 야기된다고 볼 수 있다.

5) 현대화 이론(Modernization theory)

현대화 이론(modernization theory)은 산업화가 진행될수록 노인의 사회적 지위가 하락한다는 Cowgill과 Holmes(1972년)가 발표한 이론이다. 이 이론은 현대화 과정에서 발생하는 보건의료기술의 발달, 생산기술의 발전, 도시화, 대중교육 확대를 노인문제와 관련된 핵심요인으로 보고 있다. 현대화 이론은 노인문제의 원인과 양상을 포괄적으로 이해하는 기본적인 이론이라 할 수 있다.

3. 노년기 질병의 특성과 종류

part I chapter 3

평균 수명이 연장되고 노인인구가 증가하면서 사회 전반에 걸쳐 '고령화'에 대한 관심이 집중되고 있다. 1인 가구비율은 1995년 12.7%, 2000년 15.5%, 2010년 23.9%로 빠르게 증가하고 있으며, 이러한 결과에 기초해 볼 때 더 이상 과거와 같이 가족 내 부양으로 장기요양의 필요도를 해결하는 것은 불가능할 뿐 아니라 이를 방치할 경우 심각한 사회적 문제가 발생할 가능성이 커지게 된다. 우리 사회는 비교적 짧은 시간 동안 고령화, 만성질환의 증가를 경험하고 있지만, 그에 따른 우리 사회의 준비는 많이 부족한 실정이다. 다음 표는 노인들에게 나타나는 생리적 기능의 변화이다.

《표 I-3-1》 노인들의 생리적 기능 변화

구 분	노인의 생리적 기능변화
면역	자가면역성 질환 유병률 증가, 감염 증가 등
피부	피부 건조증, 주름, 탄력성 감소 등
신장	소변 농축력 감소, 소변 배설 능력 감소 등
소화기	치아 문제, 저작 기능 감소, 소화효소 분비 감소, 소화력 감소, 근육 소실로 인한 장 운동성 감소 등
심혈관	심장벽 두께 증가, 혈압 증가 등
호흡기	폐활량 감소 등
내분비	인슐린 저항성 증가(혈당 상승), 갑상선 관련 호르몬 문제 등
신경	인지 및 기억력 저하, 근육반응 저하 등
골격	골밀도 감소

노화가 진행되면서 현대사회에 나타나는 대표적인 질병 및 특징은 아래와 같다.

- 치매: 치매는 정상적으로 생활해오던 사람이 후천적으로 다양한 원인에 의해 기억, 언어, 판단력 등의 여러 영역의 인지 기능이 떨어져서 일상생활에 상당한 지장이 나타나는 상태를 일컫는다.

- 알츠하이머: 알츠하이머(Alzheimer)병은 진행적인 뇌세포의 퇴화로 치매증상을 야기하는 가장 흔한 치매의 원인으로 전체 치매의 55~70%를 차지한다. 알츠하이머는 1907년 이 병을 최초로 발견한 독일 의사 알로이스 알츠하이머(Alois Alzheimer)의 이름에서 유래하였다. 알츠하이머병은 매우 서서히 발병하여 점진적으로 악화되는 것이 특징이고, 초기에는 주로 최근 일에 대한 기억력에 대해서 문제를 보이다가 점진적으로 다른 여러 인지 기능의 이상을 동반하게 되며 더 진행되면 모든 일상생활 기능을 상실하게 되는 질병이다. 최근 연구보고에 따르면, 여성이 남성보다 약 2배 알츠하이머에 더 잘 걸린다고 알려져 있으며 나이가 많을수록, 학력이 낮을수록, 직계 가족 중에 치매 환자가 있는 경우, 심한 머리 손상이 있는 경우, 반복적으로 머리에 충격을

입은 경우 등이 발생 위험률을 높이는 원인으로 보고되었다. 최근 유전 요인 이외의 치매 원인을 찾고자 많은 연구들이 수행되고 있다.

- 혈관성 치매: 혈관성 치매를 일으키는 뇌혈관질환에는 뇌혈관이 좁아지거나 막혀 나타나는 허혈성 뇌혈관질환과 뇌혈관의 파열로 인해 출혈이 발생하는 출혈성 뇌혈관질환이 있다. 알츠하이머 치매와는 달리, 혈관성 치매는 그 증상이 급격하게 시작되고 뇌혈관질환의 증상이 선행, 동반하여 나타나는 특징이 있다. 혈관성 치매는 증상의 악화도 뇌혈관질환의 추가 발생에 의한 변화시점이 비교적 뚜렷하여 계단식 악화의 양상을 보인다는 점이 특징적이다. 혈관성 치매는 다른 퇴행성 질환과 달리 초기부터 편마비, 구음장애, 안면마비, 연하곤란, 편측 시력장애, 시야장애, 보행장애, 실금 등 신경학적 증상을 동반하는 경우가 많다. 그러나 뇌혈관질환이 있다고 해서 반드시 혈관성 치매가 나타나는 것은 아니다. 뇌졸중 이후에 약 1/4에서 혈관성 치매가 생긴다고 알려져 있으며, 뇌혈관질환에 의해 손상받은 뇌의 부위나 크기, 손상 횟수에 따라 치매의 발병 여부와 증상의 심각도가 결정된다.

- 루이체 치매: 루이체 치매는 호산성 세포질 내 봉입체(루이체)가 대뇌에 광범위하게 발생하는 것을 특징으로 하는 치매이다. 퇴행성 치매 중 알츠하이머병 다음으로 흔한 질환으로, 전체 치매 환자의 10~25%를 차지한다. 루이체 치매의 증상으로는 집중력과 각성 상태를 포함하는 인지 기능의 심한 변동, 환시, 파킨슨 증상 등이 있다.

- 가역성 치매: 가역성 치매란 완치가 가능한 원인에 의해 발생한 치매를 말하며 일반적으로 전체 치매의 5~10%를 차지하는 것으로 알려져 있다. 치료가 가능한 치매라 할지라도 적절한 시기에 치료하지 않으면 뇌에 구조적 변성이 발생하거나 비가역적인 변화가 생겨 치매가 발생한다.

- 건망증: 기억력, 사고력, 판단력 손상을 초래하는 정신력의 감퇴현상이다.

- 골관절염: 관절의 연골 조직 퇴화에 의한 것으로, 노인에게 나타나는 만성적인 염증이다.
- 망막 퇴화: 망막종양 황반으로 인해 시력 상실을 초래하는 질병이다.
- 백내장: 시각을 방해하는 수정체 표면의 뿌연 반점으로 인한 안과질환이다.
- 치근질환: 치아를 둘러싸고 치아를 지지하는 치주의 구조적 손상에 의해 나타나는 질병으로, 치아가 없는 노인에게 주로 나타난다.

part I chapter 4

4. 항노화 산업 국내외 시장 현황

항노화 및 항노화 산업에 대한 명확하고 공통된 정의는 아직 정립되어 있지 않지만, 포괄적인 관점에서 항노화 산업은 "노화 기전에 대한 예방 및 관리와 노화로 인한 신체적 질병을 예방, 관리, 치료하는 모든 제품 및 서비스를 포함하는 것"으로 정의할 수 있다.

1. 국내 시장 현황

우리나라의 항노화 산업도 세계 시장의 추이와 유사하게 각 제품군별로 높은 성장을 보일 것으로 전망되며, 특히 고령화 사회로의 진척 속도가 빠르다는 점은 시장의 성장을 촉진시키는 요인으로 작용하고 있다. 통계청의 장래 인구 추계에 따르면, 2010년 65세 이상의 고령인구는 전체 인구의 11%를 차지하고 있는데, 2060년까지 그 비중이 40.1%로 증가할 것으로 전망하고 있다. 60세 이상의 고령

인구의 소비 구조는 여타 연령층의 소비 구조에 비해 식료품, 광열·수도, 보건·의료 등의 비중이 상대적으로 높은 특징을 지니고 있으며, 특히 소득 대비 소비 비중이 높은 것으로 분석되고 있다. 이러한 변화에 따라 우리나라의 항노화 산업 시장은 2010년 10조 9,000억 원에서 2020년에는 27조 원에 달할 것으로 전망되며, 동기간 동안 연평균 성장률은 9.5%에 달할 것으로 예상된다. 항노화 산업의 주요 제품별로 시장 규모를 살펴보면 먼저, 항노화 의약품 분야는 2005년 2조 641억 원 규모에서 2015년에는 6조 6,672억 원으로 연평균 12.4%의 높은 성장을 보였다.

주요 질환별로 시장 전망을 살펴보면, 세계 시장의 전망과 유사하게 심혈관질환과 뇌신경질환 치료제 시장이 규모 및 성장률 측면에서 가장 빠르게 성장할 것으로 예상된다. 다만, 세계 시장과 비교할 때 비만 치료제 시장이 빠르게 성장하여 당뇨 치료제 시장보다 규모가 확대된다는 점이 차별적이다. 다음으로 항노화 화장품 국내 시장 규모는 2008년 21억 달러 규모에서 2011년 24억 달러 규모로 성장하였으며, 이 규모는 전 세계 시장 중 5%인 6위 규모로서 전 세계 화장품 시장에서 국내 화장품 시장이 차지하는 점유율보다 높은 수치이다. 화장품 부문의 국내 시장 규모는 2009년 57억 달러 규모에서 2011년 63억 달러로 연평균 4.8%의 성장을 보였는데, 이는 세계에서 인도, 중국 다음으로 빠른 성장을 보이고 있지만, 세계 시장에서의 점유율은 2.6%이다. 이는 우리나라의 화장품 시장이 항노화 화장품 부문에 보다 특화된 시장임을 보여주는 것으로서 향후 항노화 화장품의 빠른 성장과 함께 화장품 산업에서의 중요성이 더욱 높아질 것임을 시사한다. 주요 기능별로는 자외선 차단, 주름 개선 등의 특정 기능에 초점을 둔 제품에서 복합적인 항노화 기능을 갖는 제품으로 수요의 양상이 다소 변화하고 있음을 알 수 있다. 다음으로 항노화 식품 중 주요 부문을 차지하는 기능성 식품에 대한 국내 시장을 살펴보면, 2012년 총생산액은 1조 4,091억 원으로 2008년 이후 연평균 15.1%의 급속한 성장을 보였음을 알 수 있다. 반면 이러한 추이는 2000년대 말 성장이 두드러지게 나타났으나, 2011년 이후에는 성장이 정체되는 현상이 나타났으며, 이는 기능성 식품의 세계 시장 추이와도 유사하다. 의료 기기 부문 국내 시장의 경우, 2012년 국내 시장 규모는 4조 5,923억 원 규모로 2004년의 2조 2,969억 원에서 연평균 9%의 성장률을 보였다.

2. 국외 시장 현황

전 세계적으로 인구 고령화가 급속히 진행되고 있으며, 전체 인구 중에서 65세 이상이 차지하는 비중은 2001년에 6.9%에 불과하였으나, 2030년에는 23.1%까지 증가하여 인구 중 1/4에 육박할 것으로 예상하고 있다. 이러한 수요를 반영하여 항노화 산업은 전 세계적으로 빠른 성장을 보일 것으로 예상되는데, BCC Research의 전망에 의하면 전 세계 항노화제품 및 서비스 시장의 규모는 2006년 1,325억 달러에서 2013년 2,745억 달러로 연평균 11.1% 성장하였다. 또한 항노화 서비스 분야는 항노화 화장 서비스, 대체의학 및 보완의학 서비스, 생체재생 서비스, 스파 및 건강관리 서비스를 포함한다. 미국 최대의 휴양리조트인 캐논랜치는 의료, 생활지도, 운동요법, 식사요법, 피트니스, 야외활동, 피부관리 등의 토탈 안티에이징 서비스(total anti-aging services)를 제공하고 있으며, 미국 스파업계 점유율 40%를 차지하고 있다. 항노화 제품 분야는 항노화 의약품 및 항노화 식품, 항노화 화장품, 관련 의료 기기 및 건강관리 기기 등을 포함한다.

항노화 시장의 절대 규모는 미국이 2015년 1,015억 달러로 가장 크게 나타났으며 향후 아시아 지역이 항노화 산업의 성장을 주도할 것으로 예측하고 있다. 미국의 항노화 산업 시장을 살펴보면, 2015년 기준 미국의 65세 이상 노인인구 비율은 12.8%이며, 2013년에 약 19.4%에 도달하였다. 특히 구매력이 높은 미국의 베이비붐 세대들을 중심으로 항노화 관련 시장이 점차 확대되었다. Global Industry에 따르면, 미국의 항노화 제품 시장은 2009년 기준 세계의 약 34.46%를 차지하고 있으며, 2015년에는 1,015억 달러 규모로 성장하였다. 미국의 국립노화연구소(NIA)는 정부로부터 노화 관련 연구에 대한 국가적인 지위를 부여받았으며,

'Action Plan for Aging Research'라는 국가 차원의 종합적 연구개발 계획을 수립하고 고령화에 체계적으로 대응하고자 국가적인 비전을 마련하는 동시에 관련 법률을 제정하고 있는 실정이다.

영국은 항노화 산업을 '건강한 노화(healthy aging)'의 개념으로 얼굴 및 신체 등의 피부관리와 관련된 산업으로 보고 있으며, 2011년 기준 영국의 항노화 화장품 시장규모는 2010년 대비 3.2% 성장한 약 17억 달러 규모로 추정되었다. 영국의 항노화 산업은 세계에서 9번째로 큰 규모이며, 전 세계 시장의 약 3.6%를 차지하고 있다. 영국의 대표적인 종합생활용품 기업인 유니레버는 세계 3위의 규모를 가진 글로벌 기업으로 항노화 관련 제품에 높은 역량을 보유하고 있으며, 영국의 항노화 산업 성장에 큰 역할을 하고 있다. 영국은 미국처럼 정부 차원의 독자적인 노화 연구기관을 운영하고 있지는 않지만, 노화 연구와 관련된 연구기관, 관련 위원회, 민간 기구 등이 긴밀하게 연계되어 다양한 노화 관련 연구를 수행하고 있다.

일본의 항노화 제품 시장은 2008년 기준 197억 달러였으며, 2015년 연평균 9.3% 성장하였는데 이는 310억 달러 규모로 약 2배가량 성장한 것으로 나타났다. 일본의 글로벌 기업인 시세이도는 일본 시장을 선도하고 있으며, 해당 기업의 주력제품인 화장품뿐만 아니라 항노화 토탈 서비스 기업으로 발돋움하고 있다. 일본의 항노화 산업은 특정보건용식품(Foods for Specific Health Use, FOSHU) 제도의 마련과 함께 일본 소비자의 관심과 구매를 촉진시키는 계기가 되었다. 일본은 노동후생성 산하에 2014년 국립 장수의료센터를 설립하였으며, 국립장수의료원 산하 국립장수과학연구소에서 노화 연구의 핵심역할을 수행하고 있다.

중국은 항노화에 높은 관심을 가지고 있으며, 지속적으로 그 시장이 성장하고 있다. 중국의 항노화 화장품 시장의 규모는 약 57억 달러로 세계에서 두 번째로 큰 규모이다. 중국인들은 피부의 건강을 아름다움의 기준으로 인식하는 경향이 있고, 먹어서 피부를 보호한다는 보양의 개념이 발달함에 따라 중국의 향후 항노화 관련 제품의 성장 가능성이 매우 크며 화장품뿐만 아니라 이너뷰티 시장의 성장 또한 눈여겨봐야 할 것으로 생각된다.

해외의 항노화 시장을 살펴본 결과, 항노화 시장은 노인성 질환의 치료를 위한 수요뿐 아니라 외모 관리, 피트니스 등 건강하고 젊게 살고자 하는 수요도 절대 규모와 성장속도가 모두 큰 것으로 파악된다. 노인성 질환에 대한 치료 관련 시장은 2008년 660억 달러에서 5년간 연평균 12.5% 성장하였고 2013년에는 1,192억 달러 규모로 성장하였다. 외모 관리 관련 시장은 2008년 644억 달러 수준에서 5년간 연평균 10.4% 성장한 결과 2013년에는 1,054억 달러 규모로 성장하였다. 피트니스 분야의 시장은 2008년 318억 달러에서 5년간 연평균 11.9%의 성장을 보임으로써 2013년에는 498억 달러 규모에 달하였다. 항노화 제품 시장을 주요 제품군별로 살펴보면 항노화 의약품 분야의 세계 시장은 2005년 2,894억 달러에서 2015년 8,897억 달러로 10년 동안 연평균 11.9%의 높은 성장을 보였다. 주요 질환별로는 심혈관질환 및 뇌신경질환의 시장 비중이 가장 높으며, 향후 성장세도 가장 두드러질 것으로 전망된다. 항노화 화장품의 경우 2006년 395억 달러 규모에서 2012년에는 510억 달러 규모로 성장하였다. 항노화 화장품 시장의 규모를 주요 지역별로 살펴보면, 유럽 시장의 절대 규모가 2011년 기준 231억 달러로 가장 크며, 연평균 증가율도 4.7%로 가장 높고 다음으로 아시아, 아메리카 순서이다. 항노화 식품도 2006~2015년에 연평균 8.1% 성장하였으며, 그 규모는 2006년 1,150억 달러에서 2015년 2,500억 달러 수준에 달하였다. 항노화 식품 중 주요 분야를 차지하는 건강기능식품의 경우 전 세계 시장 규모는 2007년 약 723억 달러에서 2010년에는 845억 달러로 연평균 성장률 5.3%로 나타났으며, 항노화 식품 전체에서 차지하는 비중은 2007년 63%에서 2010년에는 약 34%로 비중이 감소하고 있는 추세이다. 세계 의료기기 시장은 2011년 2,988억 달러에서 2017년 4,344억 달러로 성장하였으며, 동기간 동안 6.4%로 안정적인 성장을 하였으며, 국가별 의료기기 시장 규모를 비교해 보면, 미국이 2011년 1,154억 달러로 가장 규모가 크고, 다음으로 일본, 독일, 프랑스, 중국 등의 순서이며, 우리나라는 2011년 39억 달러의 규모로 13위를 차지했다.

전 세계적으로 항노화 산업이 크게 성장하고 있으며 고부가가치 산업으로 각광받고 있다. 우리나라 또한 항노화에 대한 수요 및 관심이 높아 향후 발전 가능성이 높을 것으로 예측된다. 따라서 국가적 차원에서 항노화 산업을 차세대 신성장 동력 산업으로 성장 및 발전시키는 노력이 필요하다.

PART II

항노화와 건강기능식품

1. 항산화와 건강기능식품

1. 개요

1) 활성산소와 산화적 스트레스

활성산소종(reactive oxygen species, ROS)은 자외선, 술, 담배, 스트레스, 환경 오염물질, 심한 운동 등 내외적 요인에 의해 발생한다. 또한 우리 몸의 노화와 함께 활성산소의 제거 능력이 감소되고 우리 몸의 항상성이 깨져 활성산소종이 증가하기도 한다. 활성산소라 함은 초과산화물[superoxide anion radical($O_2\cdot^-$)], 하이드록실라디칼[(hydroxyl radical(OH•)], 일중항산소[singlet oxygen($^1O_2$)], 과산화수소(hydrogen peroxide(H_2O_2)] 등을 포함한다. 활성산소종은 체내 적정 수준으로 존재할 때 세포 내 신호전달, 유전자 발현, 세포의 증식과 분화 등의 조절자로서 작용하지만, 체내 과도하게 활성산소종이 쌓이게 되면 이것은 산화적 스트레스를 유발하고, 세포의 기능을 감소시키는 것으로 알려져 있다.

2) 체내 항산화 방어 체계

인체는 이러한 산화적 스트레스에 대응하여 항산화 방어 체계를 발달시켜 왔다. 대표적으로 활성산소종의 형성을 억제하는 것, 생성된 활성산소종을 소거하는 것, 체내 수리체계의 형성을 들 수 있다. 이러한 활성산소의 발생을 저지하거나 생성된 활성산소종을 소거하는 능력을 항산화 활성이라 하며, 이러한 항산화 활성을 가진 물질을 항산화제라고 한다.

항산화제는 크게 효소적 항산화제와 비효소적 항산화제로 구분할 수 있다. 효소적 항산화제로는 초과산화물 변환효소(superoixde dismutase, SOD), 글루타티온 과산화효소(glutathione peroxidase, GPx), 글루타티온 환원효소(glutathione reductase), 카탈레이즈(catalase) 등이 있다. 비효소적 항산화제로는 비타민 C (ascorbic acid), 비타민 E, 글루타티온(glutathione), 캐로티노이드(carotenoids), 플라보노이드류(flavonoids) 등이 있다.

《표 II-1-1》 체내 항산화 방어 체계

1. Preventive antioxidants: suppress the formation of free radicals. **(a) Non-radical decomposition of hydroperoxides and hydrogen peroxide:**	
Catalase	Decomposition of hydrogen peroxide $2H_2O_2 \rightarrow 2H_2O + O_2$
Glutathione peroxidase : Cellular	Decomposition of hydrogen peroxide and free fatty acid hydroperoxides $H_2O_2 + 2GSH \rightarrow 2H_2O + GSSG$ $LOOH + 2GSH \rightarrow LOH + H_2O + GSSG$
Glutathione peroxidase : Plasma	Decomposition of hydrogen peroxide and phospholipid hydroperoxides $PLOOH + 2GSH \rightarrow PLOH + H_2O + GSSG$
Phospholipid hydroperoxide	Decomposition of phospholipid hydroperoxides

Glutathione peroxidase	Decomposition of hydrogen peroxide and
Peroxidase	Lipid hydroperoxides $LOOH + AH_2 \rightarrow LOH + H_2O + A$ $H_2O_2 + AH_2 \rightarrow {}_2H_2O + A$
Glutathione -S-transferase	Decomposition of lipid hydroperoxides
(b) Sequestration of metal by chelation:	
Transferrin, lactoferrin	Sequestration of iron
Haptoglobin	Sequestration of haemoglobin
Haemopexin	Stabilisation of haem
Ceruloplasmin, albumin	Sequestration of copper
(c) Quenching of active oxygens:	
Superoxide dismutase(SOD)	Disproportionation of superoxide $2O_2 \bullet^- + 2H^+ \rightarrow H_2O_2 + O_2$
Carotenoids, vitamin E	Quenching of singlet oxygen
2. Radical-scavenging antioxidants: scavenge radicals for inhibit chain initiation and break chain propagation. Hydrophilic: vitamin C, uric acid, bilirubin, albumin Lipohilic: vitamin E, ubiquinol, carotenoids, flavonoids	
3. Repair system Repair the damage and reconstitute membranes lipase protease, DNA repair enzymes, transferase.	

3) 항산화 기능성 평가 방법

많은 연구자들에게 의해 항산화 관련 연구 및 기능성 평가방법이 발전되어 현재에 널리 사용되고 있다. 항산화 기능성 평가 방법은 현재 두 가지의 기전에 기반을 두고 있으며, 그 첫 번째는 수소원자이동(hydrogen atom transfer, HAT)과 single electron transfer(SET) 기전이다. HAT에 기초한 방법은 수소 원자의 공여능을 측정하는 방법이다. 항산화 기능성 평가방법은 여러 가지 방법이 널리 알려져 있지만 대표적으로 활성산소흡수능(oxygen radical absorbance capacity, ORAC), 총항산화능 측정(total radical-trapping antioxidant parameter, TRAP), inhibited oxygen uptake(IOU) 등의 평가방법이 HAT에 기반을 둔 항산화 기능성 평가법으로 널리 알려져 있다.

SET에 기반을 둔 항산화 측정법으로는 trolox equivalent antioxidant capacity (TEAC), ferric ion reducing antioxidant parameter(FRAP), diphenyl-1-picrylhydrazy l(DPPH), copper(II) reduction capacity and total phenols assay by Folin-Ciocalteu method 등이 SET에 기반을 둔 항산화 기능성 평가법으로 널리 알려져 있다.

(1) 활성산소흡수능(oxygen radical absorbance capacity, ORAC)

활성산소흡수능(ORAC) 평가방법은 인체의 혈장, 단백질, DNA 및 천연물 유래 항산화제의 항산화 활성을 평가하는 것으로 Glazer와 Ghiselli 연구자들에 의해 시작되었다. 초기에는 β-phycoerythrin(β-PE)이라는 단백질을 이용하여 형광을 측정하였지만 현재는 Cao 연구팀들에 의해 발전된 방법이 널리 사용되고 있다. ROS에 의해 형광의 값이 감소하는 원리를 이용하여 이 결과 값을 항산화제로 잘 알려진 비타민 E 유도체, trolox 1μM과 비교하여 trolox equivalent(TE)로 결과값을 표시한다.

(2) DPPH 실험법

DPPH 실험법의 장점은 가장 널리 사용하는 항산화 기능성 평가법으로 간단하고 빠르다는 장점을 가지고 있다. DPPH 실험법은 전자를 공여하는 능력과 수소를 전달하는 능력 두 가지의 기전을 모두 포함하는 실험법으로 알려져 있다. DPPH radical은 보라색을 나타내는 유기질소 radical 중의 하나로, 항산화제의 환원 능력이 크면 클수록 515nm에서 그 흡광도가 감소하는 원리를 이용한다.

《표 II-1-2》 기전에 따른 항산화 기능성 평가법

Mechanisms of action	Assays
Hydrogen atom transfer reactions $ROO\cdot + AH \rightarrow ROOH + A\cdot$ $ROO\cdot + LH \rightarrow ROOH + L$	ORAC : Oxygen Radical Absorbance Capacity TRAP : Total Radical trapping Antioxidant Parameter Crocin bleaching assay IOU : Inhibited Oxygen Uptake Inhibition of linoleic acid oxidation Inhibition of LDL oxidation
Electron transfer reaction $M(n) + e(\text{from } AH) \rightarrow$ $AH + M(n-1)$	TEAC : Trolox Equivalent Antioxidant Capacity FRAP : Ferric ion Reducing Antioxidant Parameter DPPH : Diphenyl-1-picrylhydrazyl Copper(II) reduction capacity Total phenols assay by Folin-Ciocalteureagent
Other	TOSC : Total Oxidant Scavenging Capacity Inhibition of Brings-Rauscher oscillation reaction Chemiluminescence Electrochemiluminescence

(3) 구리환원(copper reduction) 실험법

구리환원(copper reduction) 실험법은 2가 구리이온을 이용하여 1가 구리이온으로 전환되는 정도를 측정하여 시료의 환원력을 측정하는 실험법이다. 1가 구리이온으로 전환되는 정도는 bathocuproine이나 neocuproine 시약을 사용하여 각각 490nm와 450nm 흡광도를 측정하여 분석한다. 일부 연구자들은 구리이온 대신 철이온을 이용하여 환원력을 측정하기도 한다.

2. 심혈관(혈행 개선, 혈압 감소)과 건강기능식품

part II chapter 2

혈행 개선

1. 개요

1) 혈행

혈행(血行, blood circulation)은 혈액이 혈관을 통하여 신체의 각 부분으로 이동하는 것을 의미한다. 혈액은 신체의 각 조직으로 산소와 영양분을 공급하고, 세포에서 만들어 낸 노폐물을 제거해 준다. 또한 우리 몸에 필요한 호르몬을 운반하고, 외부 유해물질로부터 세포를 방어하며, 적당한 체온을 유지시켜 주고, 지혈작용을 하는 등 신체 내의 항상성을 유지시켜 주는 역할을 한다. 따라서 원활한 혈액의 흐름은 신체기능을 유지하는 데 매우 중요하다.

이러한 혈액 흐름에 장애가 생길 경우 동맥경화, 뇌졸중 등 뇌심혈관질환의 발생률이 증가하는 것으로 알려져 있다. 혈액 흐름에 영향을 주는 주요 인자로 고혈압, 당뇨병 등의 만성질환, 식습관, 생활방식, 유전적 요인 등을 들 수 있으며, 생활수준이 높아지고 식습관이 서구화될수록 혈행 장애와 관련된 뇌심혈관질환의 발병률이 증가하여 사회·경제적 문제를 야기하고 있다. 뇌심혈관질환은 전 세계적인 주요 사망 원인이며, 우리나라에서도 뇌혈관질환과 심장질환이 2004년 이후 지속적으로 각각 사망원인의 2위와 3위를 차지하고 있다.

2) 혈행에 관여하는 인자

(1) 혈구세포 및 혈액응고 인자(blood cells and coagulation factors)

혈액은 혈장 및 혈구세포로 구성되어 신체 각 조직으로 산소와 영양분을 공급하고, 세포 내 대사로 인해 생성된 노폐물들을 제거함으로써 각 조직의 항상성 유지에 중요한 역할을 담당한다. 이 같은 역할을 제대로 수행하기 위해서는 구성세포 및 조직의 기능이 정상적으로 유지되어야 하며 혈액이 원활하게 순환되어야 한다. 혈장에는 혈액응고와 관련된 다양한 혈액응고 인자(coagulation factors)들이 존재하며, 주요 혈구세포(혈소판, 적혈구, 백혈구, 면역세포 등)와 혈액응고 인자들은 다양한 상호 작용을 통해 각 세포 작용의 평형 상태를 유지하고 혈액의 흐름을 조절한다(그림 II-2-1).

그림 II-2-1 ···› 혈액의 구성 성분

출처: 헬스조선(2018. 8. 8).

(2) 혈관 내피(vascular endothelium)

혈관 내피는 혈관 층의 내막(intima) 표면에 내피세포(endothelial cell)로 이루어진 단층이다(그림 II-2-2). 혈관 내피는 생물학적 활성을 갖는 다양한 종류의 물질을 합성하고 분비함으로써 혈액의 유동성, 흐름, 혈관 긴장도(vascular tone) 등을 조절한다. 또한, 혈소판 응집과 혈전 생성 및 용해 등에 관여함으로써 동맥혈관의 기능 및 건강을 유지하고 조절하는 데 중요한 역할을 수행한다. 즉, 혈관 내피세포는 일차적으로 혈관벽 내에 순환하는 혈액의 유출을 방지하는 해부학적 장벽(barrier)으로서의 역할을 할 뿐만 아니라, ① 혈관장력 조절, ② 혈관벽의 부분적 세포 성장 및 세포외기질 침착 조절, ③ 혈액 내 강력한 유해 결과를 초래하는 물질과 세포로부터 혈관 보호, ④ 부분적 손상에 대한 혈액 응고, 염증, 그리고 수선 반응에 의한 혈관의 항상성 유지에도 관여한다.

그림 II-2-2 ···› 혈관의 구조

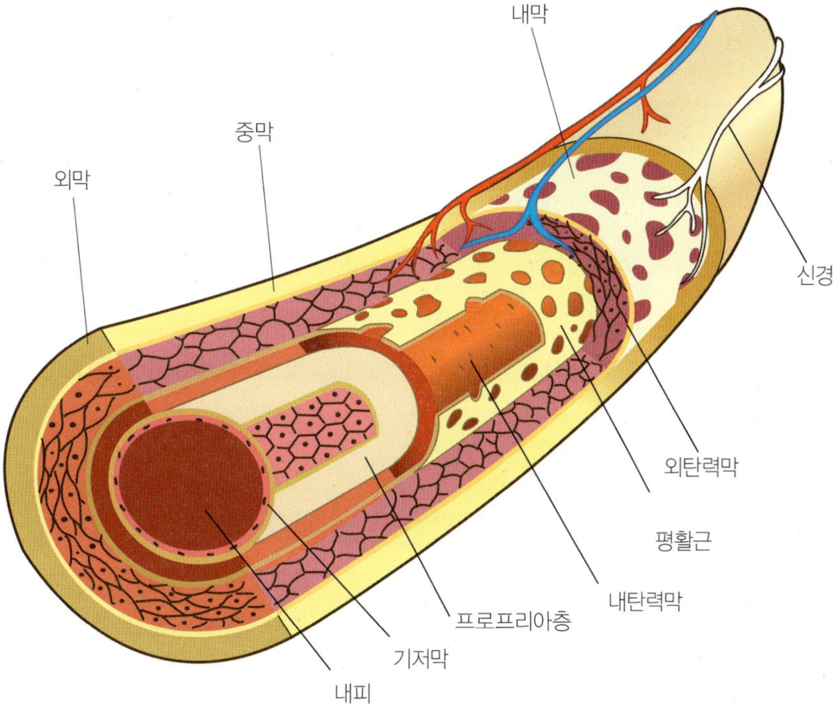

3) 혈행 장애의 원인 및 기전

(1) 적혈구의 변형능력 저하

혈액 내의 적혈구는 주로 산소를 전달하는 역할을 하며, 적혈구의 30%를 차지하는 헤모글로빈이 그 역할을 주로 담당한다. 적혈구는 양쪽이 오목한 지름 약 8μM인 원판 모양을 띠고 있으며, 산소 교환이 주로 일어나는 모세혈관의 지름은 평균 6μM 정도로 대체로 적혈구보다 지름이 작아, 적혈구가 모세혈관을 통과하기 위해서는 적혈구의 형태가 적절하게 변화되어야 한다. 따라서 적혈구의 변형

능력은 모세혈관에서 혈액 흐름의 속도와 양에 영향을 미친다. 당뇨병, 고혈압 등 여러 가지 만성 성인병질환으로 인하여 단백질 또는 지방이 산화되거나 세포막의 유동성이 변화되는 경우, 적혈구의 변형력이 현저히 감소하여 혈액 흐름이 느려지거나 전단응력(shear stress)의 발생으로 혈액 흐름에 장애가 발생할 수 있다.

또한 원래 적혈구 막의 외부에는 스핑고마이엘린(sphingomyelin)과 포스파티딜콜린(phosphatidyl cholin)이, 막의 내부에는 포스파티딜세린(phosphatidyl serine)과 포스파티딜이노시톨(phosphatidyl inositol)이 존재한다. 그러나 적혈구가 외부 자극에 의해 손상 및 영향을 받게 되면 이와 같은 적혈구의 비대칭 구조가 파괴되어 포스파티딜세린이 밖으로 노출되며, 이로 인해 혈액응고 반응이 야기된다.

(2) 과도한 혈액 응고반응 및 혈전 생성

정상적인 상태에서는 혈관에 상처가 생겨 상처 부위로 피가 흘러나오게 되면 지혈반응이 시작된다. 지혈반응은 크게 혈관단계, 혈소판단계, 응고단계를 거치는 순차적이고 복합적인 과정에 의해 진행된다. 즉, 혈액손실을 줄이기 위해 가장 먼저 혈관이 수축되는 '혈관단계'가 활성화되며, 다음으로 혈소판이 손상된 혈관 내피세포에 달라붙고 서로 응집하여 초기에 손상된 부위를 메워주는 '혈소판 단계'가 진행된다. 혈소판 자체는 원래 점착성이나 응집성이 없지만 혈관 주위의 감염이나 혈관 손상 부위에서 분비되는 여러 자극물질에 의하여 점착성과 응집성을 갖게 되어 혈관 내벽에 달라붙게 된다. 이는 혈관 손상 시 혈관 내벽의 콜라겐(collagen), 폰 빌레브란트 인자(von Willebrand factor), 피브로넥틴(fibronectin) 등에 의하여 혈소판의 부착이 촉진되기 때문이다. 또한, 혈소판은 활성화되면서 세로토닌(serotonin), 칼슘(Ca^{2+}), 트롬복산 A_2(thromboxane A_2, TXA_2) 등을 유리하여 주위의 다른 혈소판의 응집을 증가시키고, 혈장에 존재하는 혈액응고 인자와 반응하여 혈전(blood clot)을 형성함으로써 지혈이 더 신속하고 효과적으로 일어날 수 있도록 한다.

하지만 혈소판의 점착성과 응집성이 과도하게 일어날 경우 혈관의 지름이 좁아져 혈액의 흐름을 방해한다. 이와 더불어 혈소판 활성화 시 여러 가지 혈관조절 인자들(세로토닌, 트롬복산 A_2, 혈소판 활성 인자 등)이 유리되어 혈관을 수축시킨다. 이러한 혈액 및 혈관의 이상 변화 즉, 혈행 이상은 동맥경화를 유발하여, 심근경색, 허혈성 심질환, 뇌경색증 및 뇌출혈 등과 같은 혈관계질환 발병의 중요한 원인이 된다.

마지막으로 혈액 내의 응고 인자들이 순차적으로 활성화되면서 생성된 섬유소가 일차적으로 만들어진 혈전에 부착되면서 더욱 단단한 덩어리를 형성하여 출혈이 멎게 되는 '응고단계'가 일어난다. 지혈작용은 손상된 부위로부터의 혈액의 손실을 최소화하고 혈액의 정상적인 순환을 유지하기 위한 방어기전이라 할 수 있다. 정상 혈관에서는 지혈 기전의 활성화 반응과 함께 억제 반응이나 혈전 분해반응들이 균형을 이룸으로써 항상성을 유지하고 있다.

한편, 혈액 응고 인자의 활성화는 내인성 경로(intrinsic pathway)와 외인성 경로(extrinsic pathway)를 통해 섬유소를 형성하는 과정이다. 즉, 혈액 응고 인자의 활성화에 의해 혈소판 응집으로 이루어진 일차 지혈마개(hemostatic plug)에 섬유소가 합쳐져 견고한 이차 지혈마개가 완성된다. 내인성 경로에서는 접촉 인자(contact factor)에 의해 XII 인자의 활성화가 이루어진 후 순차적으로 XI, IX, X 인자가 활성화되어 트롬빈(thrombin)을 형성한다. 외인성 경로에서는 손상받은 조직에서 유출되는 조직 인자(tissue factor, TF)가 VII 인자와 결합하여 복합체를 합성하여 IX와 X 인자를 활성화시킨다.

실제 생체 내에서의 응고기전은 TF/VIIa가 IX 인자를 활성화시키면서 시작한다. 그 결과로 생긴 IXa 인자는 Va 인자 존재하에 프로트롬빈(prothrombin)을 트롬빈(thrombin)으로 활성화한다. 트롬빈은 섬유소원(fibrinogen)에 작용하여 섬유소 중합체(fibrin polymer)를 생성하는데, 여기에 XIII 인자가 작용하여 단단한 교차결합(cross-linking)을 갖는 섬유소가 형성된다. 트롬빈은 섬유소 합성뿐만 아니라 VIII, V, IX 인자를 활성화하여 응고기전을 더욱 증폭시키는 역할을 한다. 혈소판의 인지질(phospholipid)과 칼슘(Ca^{2+})은 응고의 여러 단계에서 보조적인 역할을 담당한다.

섬유소 용해계는 혈전이 과도하게 형성되는 것을 억제하거나 혈전을 녹여 혈관의 개방성을 유지하는 역할을 한다. 섬유소 용해의 가장 중요한 인자는 혈장 내 플라스미노겐(plasminogen)이며, 플라스미노겐은 플라스미노겐 활성제(plasmainogen activator, PA)에 의해 플라스민(plasmin)으로 변환되어 섬유소응괴를 용해시켜 섬유소(원) 분해산물(fibrin/fibrinogen degradation products, FDP)을 만든다. 플라스민은 섬유소뿐 아니라 섬유소원을 용해시킬 수 있으나 그 반응은 국소적이다. PA에는 유로키나제형(urokinase plasminogen activator, uPA)과 조직형(tissue plasminogen activator, tPA) 두 가지가 있는데 tPA는 주로 순환혈액에서 섬유소 용해에 관여하는 반면, uPA는 수용체(uPA receptor)에 결합하여 세포결합 플라스미노겐의 활성을 증가시키는 작용을 한다(그림 II-2-3).

그림 II-2-3 ···› 혈액응고 과정

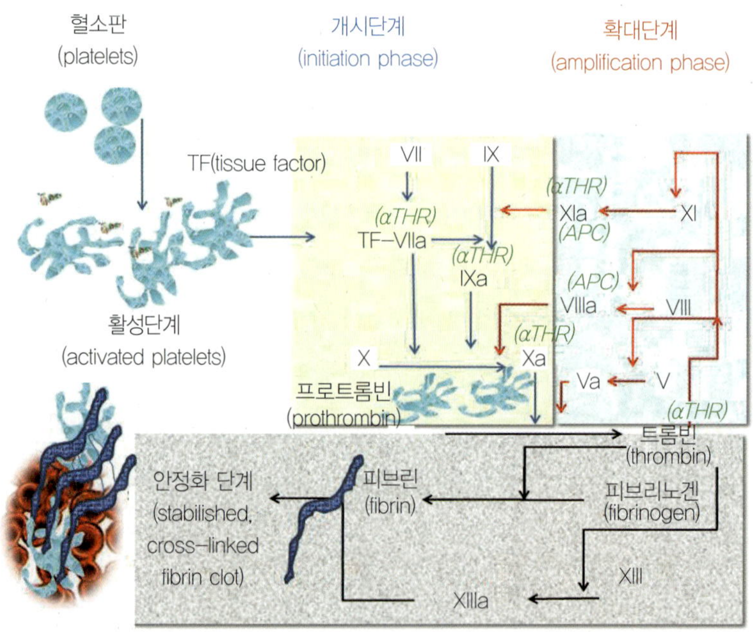

정상적인 상태에서는 지혈이 완료된 후에는 지혈작용이 억제되면서 혈전이 다시 분해되는 과정을 통하여 혈액의 항상성이 유지되나, 여러 가지 요인으로 인해 혈액 응고작용, 응고 억제작용, 혈전 분해작용 간에 균형이 깨지면 혈전이 생성된다. 또한, 혈관벽이 손상된 경우 비정상적으로 혈소판 응집이 일어나 혈관 내 혈전 생성이 촉진됨으로써 혈행에 문제가 생긴다. 결국 생성된 혈전은 인체에 좋지 않은 영향을 미치는데, 정맥 내 혈전은 혈액순환장애를 초래하여 부종, 통증, 및 염증을 일으키며 경우에 따라 폐와 뇌에 혈전색전증(thromboembolism)을 초래하기도 한다. 그리고 동맥 내 혈전은 폐, 심장, 뇌, 말초혈관 등에 치명적인 혈전색전증을 일으켜, 사망에 이르게 하기도 한다.

(3) 내피세포의 기능 이상(endothelial dysfunction)

염증성 자극(예를 들어 산화 스트레스, 염증성 사이토카인, 병원성 물질에 노출 등)이 지속될 경우 내피세포가 과도하게 활성화되거나 활성화 상태가 만성적으로 지속되면서, 내피 기능 이상이 초래될 수 있다. 특히, 이러한 상태에서 혈관 내피에 손상이 발생할 경우 과도한 염증성 자극이 증폭되면서 내피세포로부터 폰 빌레브란트 인자(von Willebrand factor)뿐만 아니라 ICAM-1, VCAM-1, E-셀렉틴(E-selectin), P-셀렉틴(P-selectin)과 같은 수용성 부착 분자(soluble adhesion molecule)의 분비가 과도하게 증가하게 되고, 손상된 부위로 산화된 콜레스테롤이 쌓여 플라크를 형성하면서 혈관 내벽이 부풀어 오르고, 결국 혈관이 좁아져 혈액의 흐름이 방해받게 된다(그림 II-2-4).

그림 II-2-4 ···› 동맥경화성 플라크 형성 과정

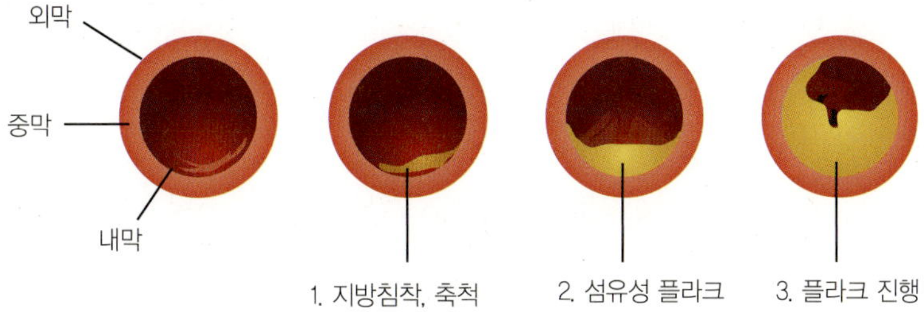

내피세포의 항상성을 유지할 때 핵심적인 역할을 담당하는 산화질소(nitric oxide, NO)는 내피세포에서 아미노산인 L-아르지닌(L-arginine)으로부터 산화질소 합성효소(endothelial nitric oxide synthase, eNOS)에 의해 생성된다. 산화질소의 대표적인 기능으로는 혈관 이완 작용을 들 수 있다. 생성된 산화질소는 혈관의 평활근세포(smooth muscle cell)로 확산되어 수용성 구아닐산고리화효소(guanylate cyclase)를 활성화시킴으로써 고리형 구아노신일인산(cyclic guanosine-5′-monophosphate, cGMP)으로 매개된 혈관 이완을 유도한다. 고리형 구아노신일인산(cGMP)은 이차 전달자(second messenger)로 작용하여 평활근의 이완이나 혈소판 응집 억제와 같은 산화질소의 많은 생물학적 효과를 유도한다. 산화질소는 혈관 이완 이외에도 염증성 사이토카인(proinflammatory cytokine), 케모카인(chemokine), 부착 분자(adhesion molecule) 등의 발현을 방해하여 백혈구의 혈관 내 모집(vascular recruitment), 혈관 평활근의 증식, 혈소판 응집을 차단하며 혈전 형성에 관여하는 조직 인자(tissue factor)의 생성을 억제함으로써 혈관 내피세포 기능을 조절하는 핵심적인 역할을 담당한다.

그러나 고혈압, 당뇨, 고지혈증 및 흡연 등의 혈관질환의 위험 인자로 인해 혈관 내피세포의 기능적 그리고 구조적 변화가 발생하면, 내피세포는 앞서 언급한 방어적 역할을 하지 못하고 오히려 죽상동맥경화증을 초래하게 된다. 산화질소 합성효소에 의하여 산화질소의 생성이 잘되지 않거나, 활성산소종(reactive oxygen species)에 의하여 산화질소가 산화되어 $ONOO^-$로 변환됨으로써 산화질소의 생체이용률(bioavailability)이 감소될 수 있다. 또한 생성된 $ONOO^-$는 산화질소 합성효소의 조효소인 BH_4를 산화시키거나 아르지네이즈(arginase)의 활성을 증가시켜 산화질소 합성효소의 기질인 L-아르지닌을 감소시키거나 BH_4를 부족하게 함으로써 '산화질소 합성효소 짝풀림(uncoupling) 현상(eNOS의 비정상적인 작용으로 과량의 O_2^-와 H_2O_2가 생성되는 현상)'이 유도된다. 결과적으로 산화질소를 매개로 한 내피 의존적 혈관 이완(endothelium-dependent vascular dilation)에 장애가 유발됨으로써 혈행에 부정적인 영향을 미친다.

(4) 혈관 탄력성 저하

노화와 관련된 혈관 변화의 가장 큰 특징 중 하나는 중심 혈관벽의 경직도(stiffness) 증가이다. 이는 혈관벽에 반복적인 혈관 수축과 이완으로 인한 장력(shear force)과 탄성 성질(elastic recoil)에 의해 기인하는데, 노화로 인한 엘라스틴(elastin)의 분절과 감소, 혈관벽 내 콜라겐(collagen)의 증가, 혈중 크레아티닌(creatinine)과 노르에피네프린(norepinephrine)의 증가, 평활근 세포의 베타수용체(beta receptor) 긴장도의 감소, 산화질소의 분비 감소, 엔도텔린(endothelin)의 분비 증가 등이 그 원인이다. 그러나 비정상적으로 노화가 촉진되거나, 고혈압, 고지혈증, 당뇨병 등의 혈관 관련 질환이 있는 경우, 혹은 흡연, 과식, 지나친 알코올 섭취 등의 잘못된 생활습관 및 식습관으로 인하여 혈관 경직도 증가가 나이에 비하여 심해질 수 있다.

심장에서 혈액이 분출될 때마다 동맥을 따라 맥파(pulse wave)가 이동한다. 정상적인 상태에서는 심장이 수축과 이완을 반복하면서 맥파가 혈관에 전달되어도 탄력성이 유지되기 때문에 문제를 초래하지 않는다. 그러나 혈관질환의 위험 요인 등에 의하여 혈관 내피세포가 손상되고 혈관벽의 탄력성이 소실되게 되면 맥파로 인한 맥압이 증가하게 된다. 이러한 맥압의 증가는 동맥의 경직도를 증가시키며, 이로 인하여 맥파의 전향파 전달과 반사파의 중심동맥으로의 귀환을 빠르게 하여 혈관에 더욱 강한 압력을 주게 되고 결국에는 죽상동맥경화증을 비롯한 혈관질환 및 합병증을 유발하게 된다.

4) 혈행 저하와 관련된 위험 인자

(1) 콜레스테롤

콜레스테롤은 체내 모든 세포막의 중요 구성성분이며, 호르몬 합성에 필수적인 성분으로 우리 몸의 생명력을 유지하는 데 매우 중요한 지질성분이다. 사람의 혈청 내에는 콜레스테롤, 콜레스테롤 에스터, 중성지방, 인지질 및 지방산 등이 있다. 이 중 중성지방과 지방산은 에너지원으로 사용되고 콜레스테롤과 인지질은 세포막과 호르몬 합성의 주요 성분으로 이용된다. 하지만 혈중 LDL-콜레스테롤이 과도하게 존재하면 혈관에 부착되어 혈관 내 염증반응을 유도하고 플라크(plaque)를 형성하여 동맥경화를 유발할 수 있다. 그 결과 혈관벽이 두꺼워져 탄력성이 감소하고 혈관이 좁아져 혈액의 흐름을 방해하게 된다. 혈중 중성지방 농도가 높을 경우에도 중성지방을 많이 함유한 작고 밀도가 높은 LDL-콜레스테롤(samll dense LDL-cholesterol)로 변하기 쉬우므로 죽상동맥경화증(atherosclerosis)이 유발될 수 있다. 따라서 LDL-콜레스테롤뿐만 아니라 중성지질의 수준을 함께 적정하게 유지하도록 권장하고 있다. 이와는 달리 HDL-콜레스테롤은 혈청 내 수치가 감소할 때 오히려 동맥경화증 발생 가능성이 증가한다. 이처럼 혈액 내 LDL-콜레스테롤의 상승 및 HDL-콜레스테롤의 저하를 통하여 혈액 흐름에 이상이 생기면 뇌심혈관질환의 위험이 높아진다.

(2) 고혈압

고혈압은 수축기 혈압이 140mmHg 이상이거나 확장기 혈압이 90mmHg 이상일 때를 말한다. 오랜 기간 고혈압이 지속되면 혈관벽이 압력을 받아 혈관이 탄력을 잃고 두꺼워지게 되며 내벽도 손상된다. 여기에 혈액 중 콜레스테롤 함량이 많아, 탄력을 잃고 두꺼워진 혈관에 지방이 침착되면 혈액의 흐름을 방해한다.

(3) 당뇨병

당뇨병은 체내에서 요구하는 양의 인슐린이 생성되지 않거나 생성된 인슐린이 세포에 제대로 작용하지 못해 체내로 들어온 당을 충분히 흡수하지 못하여 혈당치가 높아지는 질병이다. 체내에 흡수되지 못하고 혈액 중에 과도하게 존재하는 혈당은 혈관 내부의 단백질이나 지단백 등과 결합하여 혈관의 기능을 손상시킨다. 예를 들어, LDL-콜레스테롤과 당이 결합하면 LDL-콜레스테롤이 혈관벽에 쉽게 달라붙어 혈관이 좁아지게 된다. 뿐만 아니라 높은 혈당은 혈액의 점착성을 증가시키고 나아가 혈액의 흐름에 장애를 일으켜 죽상동맥경화증을 촉진한다. 아울러 혈당이 높으면 그 자체가 혈관 내막에 손상을 주기 때문에 혈전 형성을 촉진시킬 수 있다.

(4) 기타

그 외에도 흡연과 스트레스로 인한 혈관 수축, 과체중 등이 혈행을 방해하는 주요 인자로 알려져 있다.

혈액은 신체의 각 조직으로 산소와 영양분을 공급하고, 세포에서 만들어 낸 노폐물을 제거하며, 우리 몸에 필요한 호르몬을 운반하고, 외부 유해물질로부터 세포를 방어하며, 적당한 체온을 유지시켜 주고, 지혈작용을 하는 등 신체 내의 항상성을 유지시켜 주는 역할을 한다. 따라서 원활한 혈액의 흐름은 이러한 신체기능을 유지하는 데 매우 중요하다. 혈관의 내피세포(endothelial cell)는 혈액 덩어리를 분해하는 물질 등의 다양한 종류의 물질을 합성·분비하거나 혈소판 응집과 혈전 생성 및 용해 등에 관여함으로써 혈액의 유동성, 흐름, 혈관 긴장도, 동맥혈관의 기능 등을 조절하는 역할을 한다. 염증성 자극에 의해서 내피세포가 손상되면 수용성 부착 분자(soluble adhesion molecule)의 분비가 과도하게 증가하게 되고, 손상된 부위로 산화된 콜레스테롤이 쌓여 플라크를 형성하면서 혈관 내벽이 부풀어 오르고, 결국 혈관이 좁아져 혈액의 흐름을 방해한다. 또한 혈관이 손상되어 지혈반응이 시작되면, 지혈반응 중 혈소판의 점착성과 응집성이 과도하게 일어날 경우 혈관의 지름이 좁아져 혈행 이상이 생길 수 있다. 혈소판 활성에 따른 여러 가지 혈관 조절 인자들 또한 혈관 수축과 혈소판 활성화 및 혈관 내피 손상을 유발한다. 비정상적인 혈소판 응집이 일어났을 때, 혈관 내 혈전 생성이 촉진됨으로써 혈행에 문제를 초래한다.

이러한 혈행 이상을 초래하는 위험 인자로는 높은 혈당, 높은 혈압, 높은 LDL 콜레스테롤, 흡연과 스트레스로 인한 혈관 수축, 과체중, 노화로 인한 혈관 탄력성 저하 등이 있다. 혈행 장애는 동맥경화, 뇌졸중 등 뇌심혈관질환의 발생률을 증가시키는 것으로 알려져 있고, 심혈관질환은 전 세계적인 주요 사망 원인이다. 따라서 혈행 이상을 초래하는 위험 인자들에 대한 적절한 관리가 필요하다.

2. 혈행 개선 기능성 실험 방법

1) 바이오마커의 선정

《표 II-2-1》 혈행 개선 기능성 평가 관련 바이오마커

구분		바이오마커	측정 가능한 연구유형		
			시험관	동물	인체
적혈구 변형		적혈구막의 포스파티딜세린(phosphatidyl serine) 노출 정도	○	○	○
혈소판 응집/혈액 응고	혈액 응고	세로토닌(5-hydroxytryptamin, 5-HT)	○	○	○
		트롬복산 A_2(thromboxane A_2, TXA_2)	○	○	○
		프로스타글란딘 I_2(prostaglandin I_2, PGI_2)	○	○	○
		혈소판 수		○	○
		혈소판 내 칼슘 농도	○	○	○
		전단응력(shear stress)에 의해 유도되는 적혈구 미세소포(microvesicle) 생성 측정	○	○	○
		혈소판 응집반응	○	○	○
		프로트롬빈 시간(PT)	○	○	○
		활성화된 부분 프로트롬빈 시간(aPTT)	○	○	○
		동맥혈전 생성(thrombosis) 평가법		○	
		피부 출혈 시간(skin bleeding time)		○	○
		조직 인자(tissue factor)		○	○
		항트롬빈(antithrombin)		○	○
		섬유소원(fibrinogen)		○	○
		섬유소 단량체(fibrin monomer)/D-이합체(dimer)		○	○
		플라스미노겐(plasminogen)		○	○

구분		바이오마커	측정 가능한 연구유형		
			시험관	동물	인체
혈소판 응집/ 혈액 응고	섬유소 용해	플라스미노겐 활성화 인자 억제 단백질 (plasminogen activator inhibitor–1, PAI–1)		○	○
		조직형 플라스미노겐 활성제 (tissue plasminogen activator, tPA)		○	○
		유로키나제형 플라스미노겐 활성제 (urokinase–type plasminogen activator, uPA)		○	○
		C 단백질(protein C)		○	○
		S 단백질(protein S)		○	○
		유글로불린 용해 시간(euglobulin lysis time)	○	○	○
혈관 내피 기능	내피 세포 활성화	P–셀렉틴(fibrinoge receptor)	○	○	○
		E–셀렉틴(IL–1β)	○	○	○
		soluble intercellular adhesion molecule(sICAM)–1	○	○	○
		soluble vascular cell adhesion molecule(sVCAM)–1	○	○	○
		폰 빌레브란트 인자		○	○
		트롬보모듈린(thrombomodulin)		○	○
	혈관 수축/ 이완	엔도데린–1	○	○	○
		산화질소(nitric oxide, NO)	○	○	○
		산화질소 합성효소(eNOS)	○	○	
		Bradykinin		○	○
		대동맥의 평활근 세포의 L–type Ca^{2+} channel 활성	○		
		혈관 수축이완 기능 평가법	○	○	○
		혈관내피 반응(PAT) 지수			○
		segment shortening		○	
		동맥 내강 직경		○	○
혈관 탄력성		맥파 전달 속도(pulse wave velocity, PWV)		○	○
		파형 증가 지수(augmentation index, AIx)			○
		동맥 유연성		○	○
		혈압		○	○
		내중막 두께(intima media thickness, IMT)		○	○
		동맥 내 플라크의 성상 크기 및 개수		○	○
		동맥벽 두께		○	
		혈액 흐름 속도			○

출처: 식품의약품안전평가원(2015).

2) 바이오마커의 측정방법

(1) 적혈구 변형

(가) 적혈구 막의 포스파티딜세린 노출 정도

적혈구 막의 외부에는 스핑고마이오엘린(sphingomyelin)과 포스파티딜콜린(phosphatidyl choline)이, 막 내부에는 포스파티딜세린(phosphatidyl serine)과 포스파티딜이노시톨(phosphatidyl inositol)이 존재한다. 그러나 적혈구가 외부 자극에 의하여 손상되거나 영향을 받게 되면 이와 같은 비대칭 구조가 파괴되어 포스파티딜세린이 밖으로 노출되며, 이로 인하여 혈액 응고 반응이 야기된다. 따라서 적혈구 막을 구성하고 있는 인지질 중 포스파티딜세린의 노출 정도를 측정함으로써 적혈구의 혈액응고능을 평가할 수 있으며 포스파티딜세린에 특이적으로 결합하는 아넥신-V(annexin-V)를 이용하여 측정한다.

(2) 혈액 응고 및 섬유소(원) 용해

(가) 혈소판 활성 및 혈액 응고

① 세로토닌(serotonin, 5-hydroxytryptamin, 5-HT)

세로토닌은 장크롬친화세포(enterochromaffin cell)와 뉴런 등에서 트립토판(tryptophan)으로부터 합성된다. 트립토판은 tryptophan-5-hydroxylase에 의해 가수분해되어 5-hydroxytryptophan이 되고, aromatic L-amino acid decarboxylase에 의해 탈카르복실화(decarboxylation)되어 세로토닌으로 변환된다. 세로토닌은 간, 뇌, 혈관내피세포 등의 조직으로 유입되어 모노아민 산화효소(monoamine oxidase, MAO)에 의해 5-HIAA(5-hydroxyindoleacetaldehyde)로 대사되고 알데하이드 탈수소효소(aldehyde dehydrogenase), 알코올 탈수소효소(alcohol dehydrogenase), 알데하이드 환원효소(aldehyde reductase) 등에 의하여 5-hydroxyindoleacetic acid나 5-hydroxytryptophan이 되어 소변으로 배설된다.

혈액에서는 대부분 혈소판에 저장되어 있다가 혈소판이 활성화되면 유리되어 다시 혈소판의 5-HT 수용체(receptor)에 작용하여 응집을 촉진시키기 때문에 혈소판 활성화의 바이오마커로 사용되기도 한다.

② 트롬복산 A_2(thromboxane A_2, TXA_2)

트롬복산(TXA_2)은 혈소판이 활성화되었을 때 혈소판 응집작용을 하는 프로스타글란딘(prostaglandins) 중 하나이다. 세포막 인지질에 존재하는 아라키돈산(arachidonic acid)을 기질로 하여 사이클로옥시지네이즈(cyclooxygenase)에 의해 프로스타글란딘(prostaglandin) H_2가 생성되는데, 이로부터 트롬복산이 합성된다. 트롬복산은 반감기가 짧으므로 안정한 대사체인 트롬복산(TXA_2의 최종 대사산물)을 정량하는 간접적인 방법으로 혈소판의 활성화 정도를 측정한다. 즉, 혈액이나 소변의 트롬복산 및 트롬복산 대사물의 수준을 측정함으로써 트롬복산의 수준을 예측할 수 있다.

③ 프로스타글란딘 I_2(PGI_2)

프로스타글란딘(PGI_2)은 프로스타사이클린(prostacyclin)이라고도 불리며, 트롬복산과 길항작용을 함으로써 혈소판의 활성화 및 플라크 형성을 방해한다. 또한 혈관 이완에도 관여하는 것으로 알려져 있다. 혈액이나 소변 중 프로스타글란딘 농도 및 그 대사물의 수준을 측정할 수 있다.

④ 혈소판 수

혈소판은 혈관이 손상되면 활성화되어 손상 부위에 응집됨으로써 지혈작용을 담당하므로 혈소판의 수를 측정함으로써 혈액 응고 촉진 수준 평가에 도움이 될 수 있다.

⑤ 혈소판 내 칼슘 농도

칼슘 채널을 매개로 한 혈소판 내 칼슘 유입의 증가는 혈소판 활성화의 주요한 신호이다.

⑥ 전단응력(shear stress)에 의해 유도되는 적혈구 미세소포(microvesicles) 생성 수준

미세소포(microvesicles)는 세포막에 결합되어 있는 직경이 50~1,000nm 정도되는 분자로 세포 간의 신호에 관여하는 것으로 알려져 있다. 미세소포 내에는 혈액응고에 관여하는 조직 인자(tissue factor)가 다량 존재하는데, 이로써 미세소포가 혈액응고에 관여할 가능성이 있는 것으로 제안되고 있다. 또한 혈액 응고 인자에 결합함으로써 또는 혈액 응고 인자의 발현을 증가시킴으로써 혈액 응고를 촉진할 수 있다고 보고되고 있다. 적혈구와 대식세포에서 유래된 미세소포가 죽상동맥경화성 플라크(atherosclerotic plaque)에 높은 수준으로 존재하는 것은 미세세포가 혈액 응고에 관여한다는 것을 간접적으로 나타내는 것이다. 실험적으로 전단응력을 가하여 적혈구의 혈전 생성 반응을 유도하면서 생성되는 미세소포 수준을 측정할 수 있다. 적혈구 현탁액에 Couette rotational viscometer나 cone-plate viscometer를 이용하여 일정하고 균일한 전단응력을 가한 후, 전단응력을 가하지 않은 대조군과 비교하여 전단응력을 가한 시료에서 미세소포 생성 정도를 측정하여 평가한다.

⑦ 혈소판 응집 반응

㉮ 작용제(agonist)에 의해 유도되는 혈소판 응집 반응

혈소판은 작용제(트롬빈, ADP, 콜라겐, 혈소판 활성 인자, 세로토닌 등)에 의해 자극되면 응집이 일어난다. 그러나 과도한 혈소판 응집은 혈행 장애를 일으키게 된다. 시험관 실험(in vitro)에서 이 반응을 측정하고자 할 때 응집 측정기(aggregometer)를 이용하여, 광투과(light transmission) 변화를 측정한다. 혈소판을 분리하여 혈소판 풍부 혈장(platelet-rich plasma, PRP) 또는 세척혈소판(washed platelets, WP)을 조제한 후 실험할 수 있는데, 혈소판 풍부 혈장은 동물실험(in vivo)과 유사한 실험계이며 세척혈소판은 혈소판에 대한 효과만을 다른 영향 없이 관찰할 수 있는 장점이 있다. 혈소판 풍부 혈장 및 세척혈소판의 광투과를 0%, 혈소판이 거의 없는 혈장(platelet poor plasma, PPP)과 완충액의 광투

과를 100%로 해서 혈소판의 응집 정도에 따른 광투과를 측정한다.

㈏ 전단응력(shear stress)에 의해 유도되는 혈소판 응집 반응

지금까지 전단응력에 의한 세포의 활성화를 연구하기 위하여 많은 실험계가 개발되어 왔다. 세포 현탁액의 경우에는 대표적으로 점도계(viscometer)를 사용하는데, 이는 크게 cone-plate 점도계와 Couette rotational 점도계로 나뉜다. Couette rotational 점도계와 cone−plate 점도계는 일정하고 균일한 전단응력을 가할 수 있다는 장점이 있어서 가장 광범위하게 사용되어 왔다. 이 두 점도계가 전단응력을 가하는 원리는 비슷하다. Couette rotational 점도계는 실린더(cylinder) 안에 펠트밥(bob)을 고정시키고 그 사이에 시료를 주입한 후 실린더를 회전시켜 시료에 전단응력을 가하게 된다. 이와 비슷하게 cone-plate 점도계의 경우에는 plate를 고정시키고 그 위에 시료를 놓은 후 plate의 중심에 cone의 중심이 오게 cone을 위치시킨 후 cone을 회전시켜 전단응력을 가한다. 이 중 cone-plate 점도계는 cone과 plate 사이에서 시료를 재빠르게 취할 수 있고, 적은 양의 시료에도 적용할 수 있는 장점이 있어 널리 사용되고 있다. 결과는 전단응력을 가하지 않은 시료를 대조군으로 하여 전단응력을 가한 시료에 존재하는 단독 혈소판의 수를 광학현미경과 혈구계수기(hemacytometer)를 이용하여 측정하여 혈소판 응집 정도를 측정한다.

⑧ 프로트롬빈 시간(PT), 활성 부분 트롬보플라스틴 시간(aPTT)

프로트롬빈(prothrombin)은 혈장 중에 들어 있는 당단백질로서 혈액응고 과정에 중요한 역할을 하는 물질이다. 프로트롬빈은 트롬보플라스틴(thromboplastin) 또는 프로트롬비나아제(prothrombinase)에 의해 트롬빈(thrombin)으로 전환되며, 트롬빈은 혈장 내 섬유소원(fibrinogen)을 섬유소(fibrin)로 전환시키는데, 섬유소는 혈액 속의 혈소판과 결합하여 혈전(blood clot)을 형성한다. PT는 혈액 응고 과정 중 외인성 경로와 공통경로에 관여하는 응고 인자에 미치는 영향을 평가하는 방법으로 혈장에 트롬보플라스틴, 인지질, 칼슘이온을 첨가한 후 섬유소 응괴(clumping)가 생길 때까지의 시간을 측정한다. 활성 부분 트롬보플라스틴 시간

(aPTT)은 내인성 경로와 공통경로에 관여하는 응고 인자에 미치는 영향을 평가하는 방법으로 혈액에 인지질, 내인성 경로 활성제, 칼슘이온을 첨가한 후 응괴가 형성될 때까지의 시간을 측정한다.

⑨ 동맥혈전 생성(thrombosis) 평가법

동맥혈전은 혈소판과 콜라겐 등의 내피하 조직(subendothelial tissue)의 반응으로 시작하여 혈액 응고 인자의 활성화에 의해 생긴 섬유소들에 의해 생성되므로 주로 응집된 혈소판으로 이루어져 있다. 동물 실험(in vivo) 모델에서 동맥혈관에 $FeCl_3$을 처리한 여과지를 부착하여 폐색(occlusion)시키면 혈전 생성을 유도할 수 있는데, 실험물질 처리 여부에 따라 혈전 생성 시간과 혈전의 크기 변화를 측정함으로써 혈전 생성 억제 능력을 파악할 수 있다.

⑩ 피부 출혈 시간(skin bleeding time)

피부 출혈 시간은 침을 사용하여 인위적으로 피부에 상처를 내고 지혈될 때까지의 시간을 측정하는 방법이다.

⑪ 조직 인자(tissue factor)

조직 인자(tissue factor)는 내피하 조직(subendothelial tissue)과 백혈구에 존재하는 단백질로 외인성 혈액 응고 반응 초기 단계에 관여하는 응고 인자 VIIa와 결합하여 혈액 응고 반응을 활성화시킨다.

⑫ 항트롬빈(antithrombin)

항트롬빈은 간에서 생성되는 당단백질로, 트롬빈의 작용을 억제할 뿐만 아니라 혈액 응고 과정에 관여하는 효소들을 불활성화시키는 작은 단백질 분자이다.

(나) 섬유소(원) 용해

① 섬유소원(fibrinogen)

수용성 섬유소원은 간에서 합성되어 혈액 응괴 형성을 돕는 당단백질로 혈중에 가장 풍부하게 존재하는 혈액 응고 인자이며, 트롬빈에 의하여 불용성 섬유소로 전환된다.

② 섬유소 단량체(fibrin monomer)/D-이합체(dimer)

섬유소는 혈액 응고 메커니즘의 최종 생성물질로 출혈이 있을 때 혈전을 형성하기 위하여 혈소판들을 서로 결합시키는 불용성의 하얀 섬유질로 구성되어 있으며, 수용성 섬유소원이 트롬빈에 의하여 섬유소 단량체를 만들고 단량체가 서로 결합하여 중합체(polymer)가 되며, 이렇게 형성된 섬유소(fibrin)는 죽상동맥경화 플라크를 더욱 크게 만들고 불안정화시키는 역할을 할 수 있다. D-이합체는 일종의 섬유소 분해산물로 혈액 응고의 교차결합 섬유소 중합체가 여러 효소 작용으로 인해 최종적으로 생성된 물질이다. 그러나 D-이합체는 통상적으로 두 개의 D 도메인과 한 개의 E 도메인이 결합된 형태로 존재한다. 즉, 정상인의 혈장에는 E 도메인이 떨어져 나간 순수한 D-이합체는 혈액 응고 기전이 활성화된 경우를 제외하고는 거의 나타나지 않는다. 그러므로 D-이합체의 혈중 농도는 혈전증을 진단하는 데 도움이 된다.

③ 플라스미노겐(plasminogen)

플라스미노겐은 간에서 합성되는 당단백으로 다양한 활성 인자에 의하여 플라스민(plasmin)으로 전환된다. 플라스민은 혈액 응고 인자 V와 VIII, 섬유소원 전구물질, 섬유소원을 분해한다. 플라스미노겐 결핍 시 섬유소 용해의 저하로 혈전 및 색전증이 나타날 수 있다.

④ 플라스미노겐 활성화 인자 억제 단백질(plasminogen activator inhibitor-1, PAI-1)

플라스미노겐 활성화 인자 억제 단백질은 주로 혈관내피 세포에서 생성되며 조직형 플라스미노겐 활성제(tissue plasminogen activator, tPA)와 결합해서 혈전 용해를 방해하는데, 이는 원활한 혈액 흐름에 악영향을 주어 뇌심혈관질환 발생 위험성을 높인다.

⑤ 조직형 플라스미노겐 활성제(tissue plasminogen activator, tPA)

조직형 플라스미노겐 활성제는 플라스미노겐을 플라스민으로 전환시키는 과정을 촉매하여 혈전의 분해에 관여하는 단백질로, 혈관의 내피세포에서 발견되는 세린단백질분해효소(serine protease)이다. tPA/PAI-1 복합체(complex)를 측정하여 평가하기도 한다.

⑥ 유로키나제형 플라스미노겐 활성제(uPA)

유로키나제형 플라스미노겐 활성제는 원래 인간의 소변에서 분리되었으나 혈류나 세포외기질(extracellular matrix)에도 존재하며 플라스미노겐을 플라스민으로 전환시키는 과정을 촉매하여 혈전 용해에 관여하는 세린단백질 분해효소(serine protease)이다.

⑦ C 단백질(protein C)

C 단백질(protein C)은 비타민 K 의존성 생리적 항응고제로, 활성화된 프로테인 C는 활성화된 V 인자와 VIII 인자를 억제하며 또한 플라스미노겐 활성화 인자 억제 단백질을 비활성화하여 섬유소 용해를 촉진한다. 따라서 프로테인 C 부족 시 정맥 혈전 및 색전 증상이 나타난다.

⑧ 프로테인 S(protein S)

S 단백질(protein S)은 혈관내피 세포에서 합성되는 비타민 K 의존성 혈장 당단백질이다. 혈중에서 두 가지 형태, 즉 유리형과 complement protein C4b-결합단백질(binding protein)과 결합한 복합체로 존재하는데, 이 중 유리형의 프로테인 S는 혈액응고 과정에서 활성화된 V 인자와 VIII 인자를 억제하는 프로테인 C의 보조인자(cofactor)로 작용하여 혈액 응고 과정을 억제하는 역할을 한다.

⑨ 유글로불린 용해 시간(euglobulin lysis time)

섬유소(원) 용해 능력을 측정하는 검사법이다. 혈장에 산을 가하면 혈장에 존재하는 글로불린 단백질이 응고되면서 침전되는데, 이것을 유글로불린 분획(globulin fraction)이라 한다. 유글로불린 분획에는 섬유소 용해를 방해하는 항플라스민(antiplasmin)은 존재하지 않으며, 섬유소원, 플라스미노겐(또는 플라스민), 그 외의 혈액 응고 인자들이 함유되어 있어 항플라스민의 영향 없이 혈전 용해 시간을 측정할 수 있다. 혈전 용해 시간 측정에는 유글로불린 분획에 트롬빈을 첨가 후 방치하여 혈전이 용해되는 데 걸리는 시간을 확인한다.

(3) 혈관 내피 기능

(가) 내피세포 활성화

① P-셀렉틴(P-selectin), E-셀렉틴(E-selectin)

P-셀렉틴과 E-셀렉틴은 활성화된 혈관내피세포의 표면에서 세포 부착분자로 작용하여, 혈관내피세포의 활성화를 나타내는 지표로 효소면역법을 이용하여 측정한다. 트롬빈에 의하여 혈관내피세포의 표면에 E-셀렉틴이 발현될 수 있고, 혈관 내피세포의 저장 과립인 바이벨펠라드소체(Weibel-Palade body)에서 P-셀렉틴이 분비될 수 있다.

② soluble intercellular adhesion molecule(ICAM)-1

soluble intercellular adhesion molecule(ICAM)-1은 혈관내피세포나 면역계 세포의 표면에 발현되는 당단백질(glycoprotein)이다. 보통은 낮은 수준으로 혈관내피세포에 존재하다가 사이토카인(cytokine)에 의하여 자극받으면 수준이 크게 증가되어, 백혈구에서 발현되는 수용체인 LFA-1(integrin)에 대한 리간드(ligand)로 작용하면서 백혈구를 내피세포에 부착하게 하여 조직 안으로 이동시키는 역할을 하므로, 혈관내피세포의 활성화를 나타내는 지표로 사용될 수 있다.

③ soluble vascular cell adhesion molecule(VCAM)-1

soluble vascular cell adhesion molecule(VCAM)-1은 사이토카인에 의하여 혈관내피세포가 자극되었을 때에만 혈관에서 발현되는 단백질로 림프구, 단핵구, 호산구 그리고 호염기구들을 혈관내피세포에 부착하게 하는 매개 역할을 한다.

④ 폰 빌레브란트 인자(von Willebrand factor)

폰 빌레브란트 인자(von Willebrand factor)는 지혈작용에 관여하는 혈중 당단백질이다. 일반적으로 혈관에 손상이 있을 경우 출혈이 시작되고 혈소판이 서로 엉키게 되면서 출혈 부위를 막아 출혈이 멈추게 된다. 폰 빌레브란트 인자는 접착제와 같은 역할을 하여 혈소판이 잘 엉키게 도와주면서 혈액 응고를 촉진한다. 혈장에서 폰 빌레브란트 인자의 수준이 높을 경우 혈전 형성의 위험이 높을 수 있다.

⑤ 트롬보모듈린(thrombomodulin)

트롬보모듈린(thrombomodulin)은 혈관내피세포의 표면에 발현되는 내재막단백질(integral membrane protein)로, 혈액항응고 과정에서 트롬빈에 의하여 유도된 C 단백질(protein C)의 활성화에 대한 보조인자(cofactor)로 제공되어 트롬빈을 혈액 응고효소(procoagulant enzyme)로부터 혈액 응고 방지효소(anticoagulant enzyme)로 전화시킴으로써 혈액응고 과정을 억제시킨다.

(나) 혈관 수축 및 이완

① 엔도델린(endothelin-1)

혈관내피세포에서 생성되는 펩타이드(peptide)로서 강력하게 혈관을 수축시키는 역할을 수행한다. 엔도델린-1(endothelin-1)은 ETA와 ETB 두 가지 유형의 수용체(receptor)에 작용하며, 두 수용체는 모두 평활근세포에서 발현되어 수축을 일으키는 데 관여한다.

② 산화질소(nitric oxide, NO)/nitroso species

산화질소(nitric oxide, NO)는 내피세포에서 아미노산(amino acid)인 L-아르지닌(L-arginine)으로부터 산화질소 합성효소(endothelial nitric oxide synthase, eNOS)의 내피 동등형(endothelial isoform)에 의해 생성되며, 강력하게 혈관을 이완시키는 역할을 수행한다. 그러므로 혈액 또는 소변 중의 산화질소 및 산화질소 대사물들의 농도를 측정하여 혈관 이완에 미치는 효과를 평가할 수 있다.

③ 산화질소 합성효소(endothelial nitric oxide synthase, eNOS)

혈관내피세포의 산화질소 합성효소(nitric oxide synthase)는 아미노산(amino acid)인 L-아르지닌(L-arginine)으로부터 산화질소를 생성하여 혈관을 이완시키는 작용을 나타낼 수 있다.

④ 브래디키닌(bradykinin)

브래디키닌(bradykinin)은 프로스타사이클린(prostacyclin), 산화질소, 그리고 내피성 과분극 인자(endothelium-derived hyperpolarizing factor)들을 분비하여 강력한 내피 의존적 혈관확장제(endothelium-dependent vasodilator)로 작용한다.

⑤ 대동맥의 평활근세포에서 L-type Ca^{2+} channel 활성

혈관 평활근의 긴장도 조절은 주로 혈관내피와 교감신경계에 의해 이루어진다. 이때 평활근세포의 원형질 내 Ca^{2+} 농도 변화가 관여하는데, 원형질 내 Ca^{2+} 농도가 증가될 경우 혈관 평활근 수축이 유발된다. Ca^{2+} 채널(channel)이 활성화될 경우 Ca^{2+} 농도가 증가하게 되므로 평활근 수축에 미치는 영향을 확인하기 위해 Ca^{2+} 채널(channel) 활성화 여부를 평가할 수 있다.

⑥ 혈관 수축-이완 기능 평가법

실험동물의 하행흉부대동맥(descending thoracic aorta)을 적출하여 organ bath system에서 혈관의 수축/이완 반응에 미치는 영향을 조사한다. 혈관의 수축은 페닐프린(phenylephrine)을 사용하여 누가적인 용량에 의해 유발되는 수축 정도를 파악하며, 혈관의 이완은 페닐프린으로 각 처리군의 혈관에 동일한 정도의 수축을 유발한 후, 아세틸콜린(acetylcholine)을 추가함으로써 유발한다. 이완의 결과는 페닐프린의 수축에 대한 이완율로 계산하여 대조군과 비교한다. 특히, 인체 연구에서는 다음의 방법으로 혈관 이완 개선 여부를 평가할 수 있다.

㉮ 내피세포 의존 혈관 확장(flow mediated dilation, FMD)

내피세포 기능 평가 방법인 상완동맥에서 내피세포 의존혈관확장(FMD)을 측정하는 방법은 비침습적인 측정 방법으로 연결동맥(conduit artery)의 내피세포 기능을 평가하는 표준검사법이며, 그 재현성과 유용성이 연구에 의하여 입증된 바 있다. 상완동맥의 혈관 반응도의 측정은 Celermajer와 Deanfield가 제안한 방법을 이용하여 측정한다. 인체적용 시, 검사 시작 전 대상자는 누운 자세로 10분간 충분히 안정을 취한 후, 1부와 2부 검사로 나누어 약 40분가량 검사를 진행하게 된다. 먼저, 1부 검사(endothelium-dependent vasodilation measurement, FMD)는 대상자를 똑바로 눕힌 후 10분간 휴식 후에 고해상도 초음파 탐촉자(10.0MHz linear-array transducer)를 이용하여 우측 상완동맥에서 영상을 얻는다. 정주와(팔오금, antecubital fossa) 전방부에서 상완동맥의 기준 영상을 얻는다. 동맥의 영상은 장축으로 중심부를 전후하여 혈관내막층(intima layer)이 가장 깨끗하게 보이는 곳을 골라 중심을 맞춘다. 팔은 검사를 하는 동안 움직이지 않게 한 후 적절한 위치가 정해지면 피부에 표시한다. 여기에서 기준 영상을 얻고 혈관과 70℃의 각도로 펄스도플러(pulsed Doppler)를 이용하여 동맥혈류의 속도를 측정한다. 혈관 내경의 면적과 혈류속도를 이용하여 혈류량을 계산한다. 내피세포-의존성 혈관 확장 정도는 혈류매개 혈관확장(flow mediated vasodilation)에 의해 혈류를 증가시키는 반응성 충혈 상태(reactive hyperemia)를 이용하여 상완동맥의 직경 변화를 측정함으로써 계산한다. 상완부에 압박대(cuff)를 감은 후에 250mmHg의 압력으로 5분 동안 압박대를 팽창시켜 상완부로의 혈류를 차단한 후 압박대를 이완시키면 상완부의 산소결핍을 보완하기 위하여 상완동맥의 혈류량이 증가하게 된다. 압박대를 이완시킨 후 동맥 혈류속도를 15초 동안 측정하고 90초까지 계속적으로 상완동맥의 영상을 얻는다. 2부 검사(endothelium-independent vasodilation measurement; flow-independent dilation, FID)에 앞서 약 15분간 안정을 취한 후 상완동맥이 기저상태로 돌아온 후 상완동맥의 기본직경과 혈류속도를 측정한다. 내피세포 비의존성 혈관 확장 반응을 보기 위하여 니트로글리세린(nitroglycerin) 0.6mg(이하 NTG)을 설하 투여하고 약 3분 후 혈관의 직경과 혈류속도를 측정한다. 혈관 확장 반응(flow mediated dilation)은 기저 치 직경에 대한 늘어난 직경을 백분율로 계산하여 구한다.

㈏ 내피 비의존적 혈관 확장(endothelium-independent dilation, EIVD)

약 15분간 안정을 취한 후 상완동맥이 기저 상태로 돌아온 후, 상완동맥의 기본 직경과 혈류속도를 측정한다. 내피세포 비의존성 혈관 확장 반응을 보기 위하여 니트로글리세린 0.6mg(이하 NTG) 1정을 설하 투여하고 약 3분 후 혈관의 직경과 혈류속도를 측정한다.

⑦ **말초동맥 긴장도 지수[(peripheral arterial tonometry, PAT)** index]

말초동맥 긴장도 지수(PAT index)는 내피세포에서 유래된 산화질소에 의하여 매개된 혈관 확장을 나타낸다. PAT는 비침습적인 신뢰성 있는 혈관 내피 기능 측정 방법이다. 양손 엄지손가락에 탐침을 착용시키고 5분 동안 맥파를 기록한 후, 한쪽 팔에 압박대(cuff)를 감은 후에 5분 동안 압박대를 팽창시켜 상완부로의 혈류를 차단한 다음 압박대를 이완시키면 상완부의 산소 결핍을 보완하기 위하여 상완동맥의 혈류량이 증가하게 된다. 압박대를 이완시킨 후 적어도 5분 동안 맥파의 진폭을 계속적으로 얻으며, 말초동맥 긴장도 지수는 양쪽 손가락의 혈류 차단 전후 평균 신호 크기 간의 비로 표시된다. 자동화된 컴퓨터 프로그램을 이용하여 최대-안정 시의 직경(column)의 비율을 이용하며 구하는 공식은 아래와 같다.

$$\text{말초동맥 긴장도에 의한 내피 기능(\%)} = \frac{\text{최대 확장 시 동맥의 직경} - \text{안정 시 동맥의 직경}}{\text{안정 시 동맥의 직경}} \times 100$$

⑧ **segment shortening(SS)**

좌전방 하행 관상동맥의 segment shortening은 국소적인 심장 수축의 기능 평가를 위한 지표이다. 구하는 공식은 다음과 같다.

$$SS = \frac{\text{평균 EDL} - \text{평균 ESL}}{\text{평균 EDL}} \times 100\%$$

(SS, segment shortening; EDL, end-diastolic lengths; ESL, end-systolic lengths)

⑨ 동맥 내강 직경

동맥 내강 직경의 크기는 광학현미경이나 초음파를 통하여 직접 혈관 내강의 직경을 측정하는 방법이다.

(4) 혈관 탄력성

(가) 맥파 전달 속도(pulse wave velocity, PWV)

맥파 전달 속도(pulse wave velocity)는 혈관을 따라 이동하는 맥파가 전달되는 속도로 심장에서 혈액 분출에 의해 발생되는 동맥맥박이 한 지점에서 다른 지점까지 전달될 때 걸리는 시간을 측정하여 평가하며, 특정 혈관 구간의 혈관 경직도를 나타낸다. 고혈압과 노화 등에 의해 중심 탄성 동맥이 경직되면 이완기 혈압은 떨어지고, 맥파 전달 속도는 증가하는 경향을 보인다. 맥파 전달 속도와 파형 증가 지수 모두 중심 혈관 경직도를 나타내는 좋은 척도이고 맥파 전달 속도와 파형 증가 지수 사이에는 좋은 상관관계를 보인다. 차이점은 파형 증가 지수는 혈압, 심장 박동 수, 성별, 나이, 키, 혈관에 작용하는 약물에 의해 영향을 받지만, 맥파 전달 속도는 이러한 요소로부터 상대적으로 영향을 덜 받으므로 혈관 경직도를 보다 정확하게 파악하기 위해서는 두 검사를 같이 시행하는 것이 좋다.

(나) 파형 증가 지수(augmentation index, AIx)

최근에는 혈관기능 평가방법 중 비침습적인 pulse wave analysis 방법을 통하여 파악할 수 있는 파형 증가 지수(augmentation index)를 이용하여 혈관의 특성을 파악할 수 있게 되었다. 파형 증가 지수는 반사파에 의한 맥압 크기의 변화를 의미한다. 파형 증가 지수는 혈관 경직도를 반영하는데, 혈관이 경화되면서 심장에서 발생한 전진 맥파와 말초에서 심장으로 돌아오는 반사파의 속도가 빨라져서 반사파가 중심동맥에 일찍 도착하면 중심동맥의 수축기 맥압이 증가하여 수축기 혈압이 상승한다. 이 상승한 부분을 수축기와 이완기 혈압의 차로 나눈 것을 파형 증가 지수로 정의한다. 파형 증가 지수는 좌심실 부하의 증가와도 연관되어 있으며, 뇌심혈관계질환 발생 및 예후와 밀접한 관계가 있다. 동맥 탄성도는 혈관의 한 부위에서 혈압 변화에 따른 혈관 직경(또는 면적)의 변화이다. 즉, 심장이 수축할 때마다 수축기 및 이완기 혈압이 생기고 이 혈압 차이에 대한 혈관의 내경(면적)이 얼마나 유연하게 변화하는지를 측정할 수 있다. 흔히 초음파를 이용해서 대동맥, 경동맥, 대퇴동맥에서 측정한다.

(다) 동맥 탄성(arterial compliance)

혈관은 젊고 건강할수록 잘 늘어난다. 동맥 탄성도는 혈관의 한 부위에서 혈압 변화에 따른 혈관 직경(또는 면적)의 변화이다. 즉, 심장이 수축할 때마다 수축기 및 이완기 혈압이 생기고 이 혈압 차이에 대한 혈관의 내경(면적)이 얼마나 유연하게 변화하는지를 측정할 수 있다. 흔히 초음파를 이용해서 대동맥, 경동맥, 대퇴동맥에서 측정한다.

(라) 혈압(blood pressure)

혈관의 탄력성이 낮아지고 혈관벽이 두꺼워지게 되면 혈액의 흐름을 방해하하여 혈압이 높아진다. 즉, 혈행 개선의 여부 평가 시 사용되는 여러 바이오마커(biomarker)와 혈압을 함께 평가하여 개선 여부를 확인한다. 혈압은 수축-이완기 혈압, 평균 동맥압(MAP), 혈압 모니터링 등을 통해 측정한다.

(마) 내중막 두께(intima media thickness, IMT)

내중막 두께는 동맥벽의 죽상동맥경화증 진행 정도를 평가하는 지표로 오랫동안 사용되어 왔으며, 재현성이 높고 비침습적이며 측정이 간편한 장점이 있다. 그리고 뇌심혈관질환의 발생, 심각도, 나쁜 예후와 연관되어 있다고 알려져 있다. 내중막 두께는 초음파를 이용하여 측정할 수 있다. 보통 7.5MHz 이상의 고주파 선형 탐촉자를 경동맥의 주행과 나란히 목 부위에 위치하고 스캔을 시작하여 머리 쪽으로 진행한다. 가장 널리 쓰이는 측정 방법은 총경동맥에서 경동맥의 팽대부로 이행하는 경계부로부터 근위부 1cm 구간의 원위벽(far wall)에서 측정하고, 경동맥 내중막 두께는 초음파상의 혈관 내강과 혈관 내막의 경계 부위로부터 혈관 중막과 혈관 외막의 경계 부위까지의 거리로 정의한다. 측정방법과 인종, 성별 간의 차이가 있지만 연령과는 관계없이 1.0mm 이상이면 심근경색이나 뇌혈관질환의 위험이 현저하게 높아진다.

(바) 동맥 내 플라크의 성상, 크기 및 개수

동맥 내 플라크의 성상, 크기 및 개수는 죽상동맥경화 진행 정도를 평가하는 지표로 사용되어 왔으며, 초음파를 이용하여 측정할 수 있다.

(사) 동맥벽 두께

동맥벽 두께는 광학현미경을 통하여 직접 혈관벽의 두께를 측정하는 방법이다.

(아) 혈액 흐름 속도

혈액 흐름 속도를 초음파를 이용하여 직접 측정한다.

3. 혈행 개선에 도움이 되는 기능성 원료 및 관련 제품

《표 II-2-2》 혈행 개선에 도움이 되는 기능성 원료

기능성		기능성 원료	비고
혈행 개선	혈행 개선에 도움	DHA 농축유지, 은행잎추출물, 정어리정제어유, 홍삼(홍삼농축액)	고시형
		L-아르지닌, 나토균배양분말, 나토배양물, 메론추출물, 정제오징어유, 카카오분말, 프랑스 해안송껍질추출물	개별 인정형

출처: 식품의약품안전처(2016).

그림 II-2-5 ···› 혈행 개선에 도움이 되는 건강기능식품들

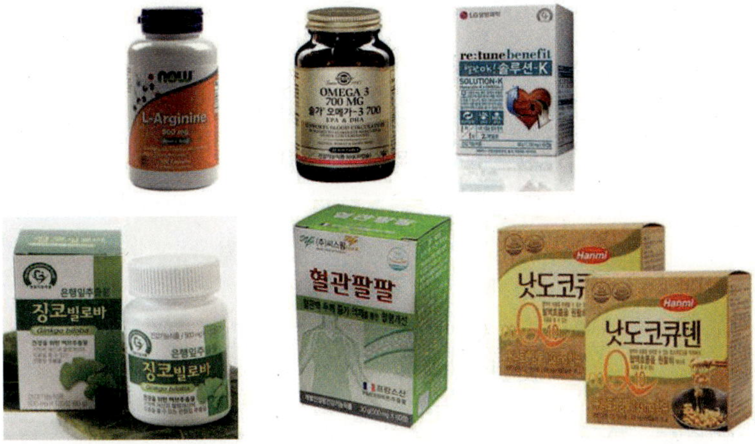

1) 농축정제어유(DHA & EPA)

농축정제어유는 보통 다랑어, 고등어, 정어리, 꽁치 등 등푸른생선의 지방을 정제, 농축하여 제품화한 것으로 불포화지방산인 오메가-3 지방산을 다량 함유하고 있다. 오메가-3 지방산은 주로 식품을 통해 공급받을 수 있는 필수지방산으로서 아이코사펜타이노익산(eicosapentaenoic acid, EPA), 도코사헥사이노익산(docosahexaenoic acid, DHA)을 포함한다. 비록 EPA와 DHA의 전구체인 α-리놀레산(α-linolenic acid)을 섭취할 경우 체내에서 EPA와 DHA가 합성되기는 하나 성인에서 α-리놀레산이 DHA와 EPA로 전환되는 효율은 약 10~15%, 어린이는 3~6%로 매우 낮기 때문에 DHA와 EPA가 풍부한 식품을 직접 섭취하는 것이 효과적인 것으로 알려져 있다.

선행 연구들에 따르면 오메가-3 지방산이 혈전 생성 억제, 죽상동맥경화를 유발시킬 수 있는 플라크의 생성 억제, 내피세포의 이완 촉진 등 혈행 개선에 도움을 주는 것으로 보고되고 있다. 최근 오메가-3 지방산 함유유지의 혈행 개선 기

능성을 건강기능식품 재평가 기준에 맞추어 체계적으로 고찰한 결과, 총 112건 연구 중 84건에서 유의한 혈행 개선 효과가 확인되었으며, 피험자 수로 환산하면 총 5,804명의 피험자 중 2/3가 넘는 3,910명의 연구에서 오메가-3 지방산 함유유지 섭취로 유의한 혈행 개선 효과가 나타난 것으로 평가되었다($p<0.05$). 유의하게 개선된 바이오마커를 보면 출혈 시간, 혈소판 점착능, 혈소판 응집도, 트롬복산 A_2, 혈장 피브리노겐 수준, 혈소판 수 등으로 확인되었다. 또한 건강인을 대상으로 한 60건의 연구를 분석한 결과에서는 2/3 이상인 48건의 연구 결과에서 유의한 혈행개선 효과가 나타난 것으로 확인되었다.

> ※ 기능성 내용
> 혈중 중성지질 개선·혈행 개선에 도움을 줄 수 있음(생리활성기능 2등급)

2) 프랑스 해안송껍질추출물

프랑스 남서부 해안에서 자생하는 소나무의 껍질에서 추출한 천연물질로 상품명은 피크노제놀(pycnogenol)로 불린다. 프랑스 해송(海松)은 거친 바닷바람, 바다의 습기, 뜨거운 태양열 등 열악한 자연환경에서 자라 5~10cm 정도의 두꺼운 껍질이 형성된다. 이 껍질 내부에 항균, 항암, 항바이러스 및 항알레르기 작용을 하는 플라보노이드가 다량 함유되어 있다. 실제로 피크노제놀은 본고장인 프랑스에서 이미 1968년에 혈관 보호 약으로 승인을 받았다.

피크노제놀에는 카테킨(catechin), 에피카테킨(epicatechin), 탁시폴린(taxifolin) 등의 페놀 단량체(monomeric phenolic compound)와 프로시아니딘(procyanidins) 등의 플라보노이드(flavonoids), 그리고 p-하이드록시벤조익산(p-hydroxy benzoic acid), 프로토카테추익산(protocatechuic acid), 갈릭산(gallic acid), 바닐라산(vanillic acid), p-쿠마르산(p-coumaric acid), 카페익산(caffeic acid), 페룰릭산(ferulic acid) 등의 페놀산(phenolic acid)이 함유되어 있다. 현재까지 알려진 피크노제놀의 생리작용은 항산화, 당뇨 억제, 고혈압 억제, 항염증 작용 등으로 요약

될 수 있다. 또한 피크노제놀은 비타민 C나 E보다도 강력한 항산화력을 지니고 있다고 알려져 있다.

《표 II-2-3》 혈행 개선 기능성 원료의 기능(지표) 성분 및 일일 섭취량

구분	원료명	인정 등급	기능(지표) 성분	일일 섭취량
고시형	정어리 정제어유	생리활성기능 2등급	① DHA ② EPA	DHA + EPA 합으로서 500~2,000mg/일
	홍삼 농축액	생리활성기능 2등급	① Rb1 + Rg1 ② Rg3	홍삼농축액으로서 3g/일
	DHA 농축유지	생리활성기능 2등급	① DHA ② DHA + EPA	① DHA 농축유지로서 0.9~5.3 g/일 ② DHA + EPA 합으로서 500~2,000mg/일
	은행잎 추출물	생리활성기능 2등급	플라본 배당체(flavone glycoside)와 Kaempferol, Quercetin, Isorhamnetin의 합	은행잎추출물로서 120mg/일
개별인정형	프랑스 해안송 껍질추출물	생리활성기능 2등급	프로시아니딘	피크노제놀로서 100~300mg/일
	메론 추출물	생리활성기능 2등급	SOD 활성	SOD 활성 500~1,000IU/일
	정제 오징어유	생리활성기능 2등급	① DHA ② EPA	DHA + EPA 합으로서 500~2,000mg/일
	나토배양물	생리활성기능 2등급	피브린 용해 효소 활성	HK 나토배양물로서 133mg/일
	나토균 배양분말	생리활성기능 2등급	피브린 용해 효소 활성	나토균배양분말로서 44~67mg/일
	카카오 분말	생리활성기능 2등급	총플라바놀 (total flavanols)	카카오분말로서 2.8g/일
	L-아르지닌	생리활성기능 2등급	L-아르지닌	L-아르지닌으로서 6g/일

출처: 식품의약품안전처(2016).

혈압 감소

1. 개요

1) 혈압

심장은 혈액을 순환시키는 역할을 하며, 혈액은 혈관을 통해 이동하면서 산소와 영양소를 공급하고 노폐물은 배설되도록 하는 역할을 하고 있다. 혈액은 대동맥과 같이 큰 혈관에서 모세혈관처럼 점점 작은 혈관들로 나뉘면서 저항을 받게 되는데, 대동맥 안에서 혈액의 진행이 저항을 받게 되면 이 힘이 대동맥의 벽을 밀게 되고 이때의 압력을 혈압(blood pressure)이라 한다.

혈액의 압력은 대동맥, 동맥에서 가장 높고, 소동맥, 모세혈관, 정맥으로 갈수록 점진적으로 저하된다. 대동맥 내의 수축기압은 120mmHg, 이완기압은 80 mmHg로 평균 100mmHg을 유지한다. 동맥의 혈압이 높은 이유는 다양의 혈액이 좌심실에서 펌프되어 대동맥으로 들어가기 때문이다. 동맥압이 가장 크게 감소되는 곳은 소동맥으로 평균 동맥압은 30mmHg이다. 모세혈관에서는 압력이 10mmHg로 더욱 감소한다. 모세혈관에서 압력이 많이 감소하는 이유는 흐름에 대한 마찰 저항과 모세혈관 밖으로 체액의 여과 때문이다. 혈액이 소정맥과 정맥에 도달하게 되면 압력은 더욱 더 낮아지며, 대정맥의 압력은 4~5mmHg인데 비해 우심방에 오면 0~2mmHg까지 압력이 낮아진다.

그림 II-2-6 ···› 체순환계의 혈압

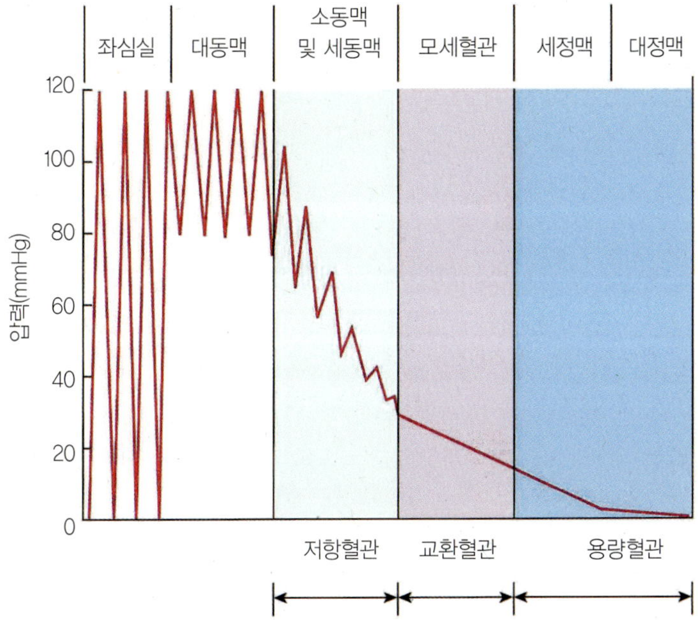

출처: Stuart Ira Fox(2004).

동맥압은 심실 수축 시 심실에서 대동맥으로 이동하는 혈액이 대동맥의 벽에 미치는 압력을 말하는데, 일상적으로 혈압은 동맥압을 일컫는다. 혈압 관련 용어는 다음과 같이 정의할 수 있다.

- 수축기압(systolic blood pressure, SBP): 심장이 수축기 때 많은 양의 혈액이 좌심실에서 동맥계로 박출되면서 동맥내압이 증가될 때의 최고 압력을 말한다.
- 이완기압(diastolic blood pressure, DBP): 심장주기 동안 가장 낮은 동맥압으로, 심장의 이완기에 혈액이 혈관으로 계속 흘러가면서 동맥벽에 부딪히는 최저 압력을 말한다.
- 맥압(pulse pressure, PP): 수축기압과 이완기압의 차이를 나타낸다.

- 평균동맥압(mean arterial pressure, MAP): 혈액을 체순환계로 밀어내는 평균 압력을 뜻한다. 이것은 '이완기압 + 1/3 맥압'의 공식으로 나타낼 수 있다.
- 맥파(pulse wave): 혈액이 동맥계로 박출되어 대동맥이나 지름이 큰 동맥벽을 확장시켰을 때 탄력성이 있는 동맥벽에서의 진동파를 말한다.
- 맥박(pulse): 맥파를 말초동맥에서 촉지한 것을 말한다.

2) 혈압의 조절 기전

(1) 신경성 조절

발현 시간이 가장 짧은 동맥압 조절 기전이다. 부교감 신경은 주로 심장에 분포하여 심장 박동 수 조절에 관여하고, 교감신경은 거의 모든 혈관에 분포하여 혈류량 조절에 관여한다.

(2) 체액성 조절 중추

체액성 조절이란 혈액량의 증감을 통해서 혈압을 조절하는 것을 말하며, 이것은 신경성 조절 기전에 비해 장기간에 걸쳐 조절이 일어난다.

(가) 레닌-안지오텐신계(rennin-angiotensin system, RAS)

레닌-안지오텐신계는 혈압 조절과 관련된 가장 대표적인 시스템으로, 신장에서 작용함으로써 세포외액 및 나트륨이온(Na^+) 보유를 통해 동맥압을 조절한다. 즉 동맥압이 낮거나 체내 나트륨이온이 부족하게 되면 간에서 생성된 당단백질인 안지오텐시노겐(angiotensinogen)이 단백질 가수분해 효소인 레닌의 작용으로 안지오텐신 Ⅰ로 전환된 후 다시 안지오텐신 전환효소의 작용으로 안지오텐신 Ⅱ로 활성화된다.

안지오텐신 Ⅱ는 말초모세혈관을 수축시켜 교감신경이나 부신을 자극하여 카테콜라민(catecholamine)의 방출을 촉진함으로써 혈압을 상승시키는 작용을 한다. 또한 부신피질호르몬인 알도스테론의 분비를 높여 나트륨이온(Na^+)의 재흡수와 칼륨이온(K^+) 방출을 촉진하고, 수분을 저장하며 순환 혈류량을 증가시킴으로써 혈압을 상승시킨다.

그림 II-2-7 ···› 레닌-안지오텐신-알도스테론계

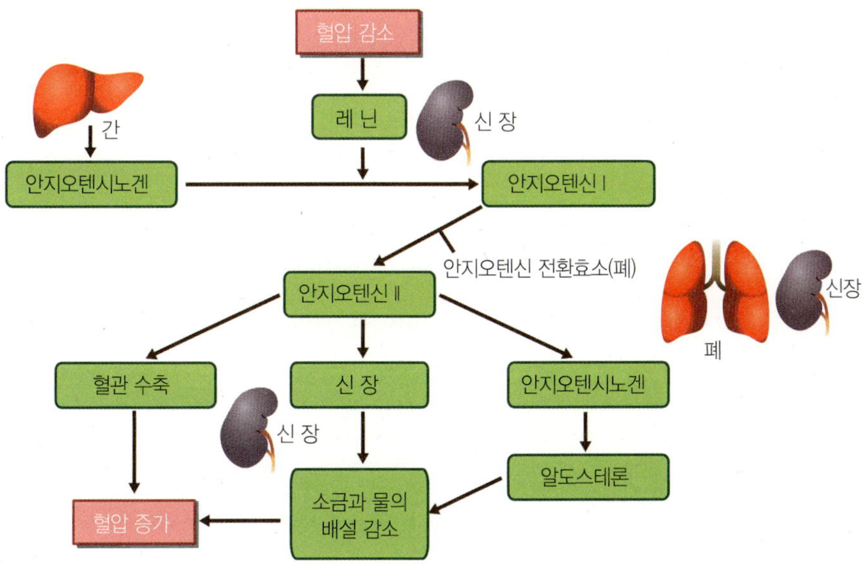

출처: 김미경 외(2010).

식품성분은 이뇨작용과 안지오텐신 전환효소 저해작용 등에 관여함으로써 레닌-안지오텐신계에 작용할 수 있다. 안지오텐신 전환효소(angiotensin converting enzyme, ACE)는 안지오텐신 Ⅰ에 작용하여 혈압 상승 인자인 안지오텐신 Ⅱ를 생성하는 반응을 촉매한다.

(나) 칼리크레인-키닌계(kallikrein-kinin)

칼리크레인-키닌계는 염증반응과 혈압 조절에 관여하고 안지오텐신계와 밀접한 상호관계가 있다. 키닌은 염증반응 매개체로서 혈관 이완과 혈관 투과성을 증

가시킨다.

칼리크레인은 생체의 선 조직이나 혈장 중에 불활성형의 프리칼리크레인으로 존재하여 활성화되면 혈장의 키니노겐에 작용하여 키닌(브래디키닌)을 생성한다. 키닌은 강력한 혈관확장제인 PGI_2와 PGE_2를 증가시켜 나트륨 배설을 증가시킴으로써 혈압을 떨어뜨린다.

키닌은 키니네이스라는 효소에 의해 파괴되며, 이 효소는 안지오텐신 I을 II로 바꾸는 효소이기도 하고, 신장 칼리크레인의 생산 유출은 알도스테론에 의해 조절되므로 이들은 서로 밀접한 관계가 있다.

(3) 호르몬에 의한 조절

호르몬은 혈관 구경, 혈량, 심박출량, 심장 박동 수 등에 영향을 미칠 수 있다. 보통의 경우 혈압에 가장 큰 영향을 미치는 요인은 혈관 구경과 혈량이다. 혈관 구경을 조절하는 호르몬에는 에피네프린, 안지오텐신 II, 항이뇨 호르몬이 있으며, 혈량을 조절하는 호르몬에는 항이뇨 호르몬과 알도스테론이 있다. 또한 심장 박동 수와 심박출량을 조절하는 호로몬에는 에피네프린이 있다.

(4) 기타

기타로 신경전달물질과 여러 펩타이드도 혈압 조절에 관여한다.

- 심방성 나트륨 이뇨펩타이드(atrial natriuretic peptide): 나트륨 배설 및 혈관 확장작용을 한다.
- 세로토닌: 혈액 응고 반응 동안 혈소판에서 분비되어 칼슘이온 증가를 통해 혈관 수축이 일어나게 한다.
- 히스타민: 산화질소 생성을 통해 혈관을 이완시킨다.

3) 고혈압의 개념과 분류

혈압은 연령에 따라 다르나 세계보건기구(WHO)에 의하면 139/80mmHg(수축기/이완기 혈압) 이하를 정상적인 혈압으로 분류하며, 이보다 높은 혈압을 고혈압으로 구분하는데, 수축기 혈압 혹은 이완기 혈압 중에서 어느 한 가지라도 기준치 이상에 해당될 경우를 고혈압이라 판정한다.

고혈압은 발생 원인에 따라 본태성 고혈압 및 속발성 고혈압으로 분류한다. 전체 고혈압 환자의 85~90%를 차지하는 본태성 고혈압은 발생 원인이 명확하지 않지만 유전적 요인(가족력)을 비롯한 여러 요인에 의해 복합적으로 유발되는 것으로 알려져 있다. 속발성 고혈압은 약 10% 정도를 차지하며 특정 원인에 의해 유발되는 질환으로 원인에는 신장질환, 내분비질환, 신경계질환, 임신중독증, 유전적 요인 등이 있다.

국민건강통계에 따르면 연령과 고혈압 유병률은 비례하는 것을 알 수 있다. 혈압은 낮을 수도 높을 수도 있지만, 일반적으로 혈압이 높으면 심혈관계질환으로 진행할 가능성이 높다고 알려져 있다.

고혈압은 일반적으로 뚜렷한 증상이 없으며, 원인을 알 수 없는 본태성 또는 일차성 고혈압은 유전적인 요인뿐만 아니라 비만, 운동 부족, 흡연, 음주, 소금의 과다섭취, 스트레스 등 여러 가지 요인에 의해 발생할 수 있다.

일반적으로 고혈압은 그 자체보다 고혈압이 지속되면서 발생할 수 있는 악성고혈압, 심부전, 뇌출혈, 신경화증, 대동맥질환 등 혈압 증가에 의해 유발되는 질환이 문제가 되고 있다.

2. 혈압 조절 기능성 실험 방법

1) 바이오마커의 선정

《표 II-2-4》 혈압 조절 기능성 평가 관련 바이오마커

구분	바이오마커		측정 가능한 연구유형		
			시험관	동물	인체
혈압	수축기 혈압			○	○
	확장기 혈압			○	○
	평균 혈압			○	○
	혈압 모니터링			○	○
레닌–안지오텐신계	레닌 활성			○	○
	안지오텐시노겐			○	○
	안지오텐신 I			○	○
	안지오텐신 II			○	○
	안지오텐신 I 전환효소(ACE)		○	○	○
	알도스테론			○	○
염증	high–sensitive C–reactive protein(CRP)			○	○
	인터루킨–6				
	호모시스테인			○	○
섬유소 용해	플라스미노겐 활성화 인자 억제제(PAI–1)			○	○
혈관 이완	수축/이완 반응		○		
	내피 유래 혈관 이완 인자	eNOS 활성	○	○	
		eNOS mRNA 발현 수준	○	○	
		eNOS 단백질 발현 수준, 인산화된 eNOS 단백질 발현 수준	○	○	

<table>
<tr><th rowspan="2">구분</th><th rowspan="2" colspan="2">바이오마커</th><th colspan="3">측정 가능한 연구유형</th></tr>
<tr><th>시험관</th><th>동물</th><th>인체</th></tr>
<tr><td rowspan="9">심장 기능</td><td colspan="2">좌심실 비대</td><td></td><td>○</td><td>○</td></tr>
<tr><td colspan="2">B-type natriuretic peptide(BNP)</td><td></td><td>○</td><td>○</td></tr>
<tr><td colspan="2">N-terminal pro-B-Type natriuretic peptide (NT-proBNP)</td><td></td><td>○</td><td>○</td></tr>
<tr><td colspan="2">열 소비율</td><td></td><td>○</td><td>○</td></tr>
<tr><td colspan="2">맥박 수</td><td></td><td>○</td><td>○</td></tr>
<tr><td colspan="2">심장 무게</td><td></td><td>○</td><td></td></tr>
<tr><td colspan="2">심전도</td><td></td><td>○</td><td>○</td></tr>
<tr><td colspan="2">심장 생체검사</td><td></td><td>○</td><td></td></tr>
<tr><td colspan="2">심장 초음파</td><td></td><td>○</td><td>○</td></tr>
<tr><td rowspan="7">신장기능</td><td colspan="2">요알부민/크레아틴 비율</td><td></td><td>○</td><td>○</td></tr>
<tr><td colspan="2">신장기능검사</td><td></td><td>○</td><td>○</td></tr>
<tr><td rowspan="5">이뇨</td><td>이뇨</td><td></td><td>○</td><td>○</td></tr>
<tr><td>lipschitz value</td><td></td><td>○</td><td>○</td></tr>
<tr><td>Na + Cl</td><td></td><td>○</td><td>○</td></tr>
<tr><td>Na = K 비</td><td></td><td>○</td><td>○</td></tr>
<tr><td>Cl = (Na + K) 비</td><td></td><td>○</td><td>○</td></tr>
</table>

출처: 식품의약품안전청(2012).

2) 바이오마커의 측정 방법

(1) 혈압 측정

혈압은 수시로 변동되고 여러 가지 원인(음식, 음주, 통증, 스트레스, 기분 등)으로 인해 수시로 달라질 수 있으며 측정 시 자세에 의해서도 혈압이 변하기 때문에 1회 측정으로는 판단하기 어렵다.

※ 혈압 측정 시 주의 사항

- 운동 후에는 적어도 1~2시간 지난 후에 측정한다.

- 흡연 또는 커피를 마셨을 경우에는 30분 정도 경과한 후에 측정한다.
- 술을 마셨을 경우에는 정확한 혈압 측정이 불가하다.

(2) 레닌 안지오텐신계 활성 관련 지표 측정 – 형광 분석법

(가) 혈청 안지오텐신 전환효소(ACE) 활성 측정

① 혈액을 취하고 원심분리하여 혈청을 분리한다.

② 분리한 혈청(10μL)과 hippuryl–histidyl–leucine(5mM, 240μL)을 섞고, 37℃에서 15분간 반응시킨다. 반응 시간은 분석 조건에 따라 60분까지 연장할 수 있다.

③ 반응이 끝나면 수산화나트륨[NaOH(0.28M, 1.45mL)]을 가해서 반응을 종결시킨다. 이 과정으로 histidyl–leucine을 얻을 수 있다.

④ 생성된 histidyl–leucine을 2% o–프탈디알데하이드(o–phthaldialdehyde)(In methanol)과 10분간 반응시킨다.

⑤ 안지오텐신 전환효소 활성을 형광분석법으로 측정한다.

- Excitation – 350nm
- Emission – 500nm

(나) 조직 내 안지오텐신 전환효소 활성 측정

조직을 분쇄한 후 완충액(20mL)에 넣고 균질화시킨다. 반복된 실험을 통하여 조직 내 ACE 활성 측정을 적당한 반응 시간, 희석 정도 등의 측정 조건들을 정립한다. 일반적으로 1:100~1:400 정도가 적당하며, 반응은 hippuryl–histidyl–leucine(5mM)에서 15~60분 정도 반응시킨다. 반응은 수산화나트륨(NaOH)을 가함으로써 종결시키고, 형광분석법으로 측정한다.

3. 혈압 조절에 도움이 되는 기능성 원료 및 관련 제품

《표 II-2-5》 혈압 조절에 도움이 되는 기능성 원료

기능성		기능성 원료	비고
혈압 조절	높은 혈압 감소에 도움	코엔자임 Q10	고시형
		L-글루타민산유래(GABA 함유분말), 가쯔오부시올리고펩타이드, 나토균배양분말, 서목태(쥐눈이콩)펩타이드복합물, 연어펩타이드, 올리브잎추출물, 정어리펩타이드, 카제인 가수분해물, 포도씨효소분해추출분말, 해태올리고펩타이드	개별 인정형

출처: 식품의약품안전처(2016).

그림 II-2-8 ⋯▸ 혈압 조절에 도움이 되는 건강기능식품들

≪표 II-2-6≫ 혈압 조절 기능성 원료의 기능(지표) 성분 및 일일 섭취량

구분	원료명	인정 등급	기능(지표) 성분	일일 섭취량
고시형	코엔자임 Q10	생리활성기능 2등급	코엔자임 Q10	코엔자임 Q10으로서 90~100mg/일
개별인정형	정어리 펩타이드	생리활성기능 2등급	① Peptide ② Val-tyrosine	바릴티로신으로서 250~400μg/일
	가쯔오부시 올리고 펩타이드	생리활성기능 2등급	Leu-Lys-Pro-Asn-Met	올리고펩타이드로서 1.5g/일 (Leu-Lys-Pro-Asn-Met로서 5mg/일)
	카제인 가수분해물	생리활성기능 2등급	Phe-Phe-Val-Ala-Pro-Phe-Pro-Glu-Val-Phe-Gly-Lys	카제인 가수분해물로서 4,000mg/일
			VPP(Val-Pro-Pro) 및 IPP(Ile-Pro-Pro)	VPP(Val-Pro-Pro) 및 IPP(Ile-Pro-Pro)의 합으로서 1.8~3.6mg/일
	올리브잎 추출물 (올리브잎 주정추출물)	생리활성기능 2등급	Oleuropein	올리브잎주정추출물 EFLA943으로서 500~1,000mg/일 (Oleuropein으로서 90~180mg/일)
	L-글루타민산 유래 GABA 함유분말	생리활성기능 2등급	Oleuropein	GABA로서 20mg/일
	해태올리고 펩타이드	생리활성기능 2등급	Alanine-Lysine-Tyrosine-Serine-Tyrosine	해태올리고 펩타이드로서 1.6g/일
	연어 펩타이드	생리활성기능 2등급	Ile-Trp(Isoleucine-Tryptophan)	연어펩타이드로서 2g/일
	서목태(쥐눈이콩) 펩타이드복합물	생리활성기능 2등급	아르지닌, 루신	서목태(쥐눈이콩) 펩타이드 복합물로서 4.5g/일
	나토균 배양분말	생리활성기능 2등급	피브린 용해 효소 활성	나토균배양분말로서 100mg/일
	포도씨효소 분해추출분말	생리활성기능 3등급	총폴리페놀 (galic acid로서)	포도씨효소분해추출분말로서 150~5,300mg

출처: 식품의약품안전처(2016).

3. 피부노화와 건강기능식품

part II chapter 3

1. 개요

피부는 크게 표피, 진피, 피하지방으로 구성되어 있다. 표피는 각질층, 과립층, 유극층, 기저층으로 구성되어 있으며 28~30일 정도 주기로 새로운 세포로 교체되고 있다. 또한 케라틴으로 되어 있는 케라티노사이트 멜라닌을 형성·분비하는 멜라노사이트 면역 관련 세포 및 지각 관련 세포 등 여러 가지 세포로 이루어져 있어 외부 자극이나 병원균의 침입을 방지하고, 체온조절 수분과 지질성분 유지작용을 한다. 진피는 섬유성분과 기질성분으로 구성되어 있으며, 그중 콜라겐은 입체구조 유지, 인장강도 역할을 하여 피부를 보호하며 진피층의 80~90%를 차지하고 있다. 엘라스틴은 탄력섬유로서 진피층의 2~3% 정도를 차지하며 입체구조 사이를 스프링처럼 작용하여 피부탄력을 유지한다. 그 외에 수분보유 기능이 강한 히알루론산 뮤코다당체 등의 고분자 지질성분이 있다.

2. 피부의 기능

1) 보호작용

피부는 인체의 표면에 있는 것으로 다양한 외부 유해물질이나 물리적인 자극으로부터 피부를 보호한다. 또한 체내의 모든 기관을 외부의 기계적인 힘의 전달에 완충작용을 하여 피부의 손상을 막아 준다. 특히 피지선에서 분비된 피지가 땀과 어우러져 피부 표면에 산성 막을 형성하여 세균이나 곰팡이 등 미생물의 침입을 막아 피부를 보호한다. 피부표면의 굴곡에 의한 태양광선의 반사와 각질층에 의한 광선의 산란 등에 의해 햇볕을 쬐면 생기는 피부의 멜라닌 색소 증가와 화상 등을 막아준다.

2) 체온조절작용

인체 대부분의 열소실은 피부를 통해 이루어지고 나머지 열소실은 호흡기계와 분비물을 통해 이루어진다. 따라서 피부는 발한이나 피부 혈관의 확장 수축에 의한 피부 혈류량의 변화에 따라 신체의 열 발산을 조절하여 체온을 일정하게 유지함으로써 인간의 몸이 항상 최적의 상태로 활동할 수 있도록 한다.

3) 지각작용

진피와 피부 및 조직 내에 감각신경종말이 존재하며 이러한 감각기들을 통해 온도, 촉감, 압박, 통증 등의 외부 자극을 감지하여 신경세포에 전달하는 수용체로 작용하여 몸을 보호한다.

4) 체내 노폐물의 분비 배출작용

피지샘의 피지, 땀샘에서 땀을 분비하고 적은 양의 염분, 물과 유기물 등 체내에서 노폐물을 배출한다. 피지선의 크기와 발달은 성별 나이 등에 영향을 받는다.

5) 흡수작용

피부를 통한 흡수 경로는 각질층을 통한 흡수, 모공 및 땀샘을 통한 흡수로 나눌 수 있다. 경피 흡수는 주로 확산에 의해 이루어지며 분자량 물질의 물리·화학적, 성질, 혈류량, 피부 온도 등에 따라 달라진다.

6) 저장작용

피하 조직은 여분의 영양물질을 저장하고 피부에는 15~20%의 수분이 포함되어 있다.

3. 피부노화

피부의 노화는 크게 내인성 노화와 외인성 노화, 광노화로 나눌 수 있다. 내인성 노화의 임상적 특징은 비교적 경미하며 잔주름, 피부건조증, 탄력 감소 등을 들 수 있다. 외인성 노화, 광노화의 경우 내인성 노화에 비하여 굵고 깊은 주름과 잔주름이 발생하며 심한 경우 피부건조증, 탄력 감소, 색소성 질환, 양성종양, 피부암 등을 증가시킨다.

1) 내인성 노화

나이가 들어감에 따라 섬유아세포의 작용과 세포 수가 감소하여 콜라겐, 엘라스틴 등 세포외기질 단백질 섬유의 합성량이 줄어들고 구조가 느슨해져서 탄력이 감소되며 피부세포 내 수분이 손실되고 각질층의 구조가 변한다. 또한 콜라게네이즈(collagenase)의 작용이 증가하여 콜라겐의 가교된 형태가 증가함으로써 보습이 감소된다.

2) 광노화

태양광선의 자외선에 대한 자극에 의하여 활성산소종이 발생되고 전염증성 사이토카인의 생성이 촉진되어 여러 가지 신호전달 체계를 활성화시킨다. 또한 AP-1을 활성화시켜 전환성장인자(TGF)-β 및 전환성장인자(TGF)-α를 억제함으로써 진피의 주된 성분인 콜라겐 I(collagen I)과 콜라겐 III(collagen III)의 합성을 감소시키며 AP-1과 NF-κB의 활성화는 세포외기질 금속함유 단백분해효소(MMP), 특히 MMP-1, MMP-3, MMP-9를 활성화시켜 진피 내 결체조직의 분해를 촉진시킨다. 장기간 UV 노출 시 피부 조직에서는 표피 두께가 배로 증가하며 표피층에서는 유극세포의 증가, 각질세포의 다형성 등이 관찰되는 것이 특징이다. 또한 무정형의 엘라스틴을 포함한 물질들이 표피와 진피 연결층 위에 침작되며 진피층에서는 콜라겐과 엘라스틴의 섬유 구조가 변형되고 탄력섬유의 증가로 인한 탄력섬유증(elastosis)이 생성된다.

3) 산화적 스트레스

피부가 자외선에 노출되었을 때 세포가 반응하는 신호전달 체계를 작동시키고 과산화수소 등 활성산소종의 발생을 증가시키며 항산화 효소의 발현을 감소시킨다. 이러한 활성산소종의 증가는 유전자와 단백질의 구조를 변화시켜 세포 내외의 항상성이 파괴되어 피부의 손상을 가져오게 된다.

4. 주름 발생기전

노화와 자외선 등으로 인한 피부 노출은 MAPK(mitogen-activated protein kinase)를 활성화시킨다. MAPK에서 가장 많이 영향을 받는 인자는 AP-1이다. AP-1은 Jun과 Fos family 단백질로 이루어진 전사인자로 c-Jun과 c-Fos의 형태로 존재할 때 전사활성이 가장 높다. 사람의 피부가 자외선에 노출되지 않았을 때는 c-Fos와 JunD의 이합체로 존재하나 자외선 외부 환경적 자극 등에 의하여 c-Jun과 c-Fos 단백질의 발현이 증가하게 되고, c-Jun은 JNK와 p38에 의한 인산화에 의하여 활성화된다. AP-1은 세포와 분화에 관련되는 많은 유전자의 발현을 조절하고 몇몇의 발현을 강력히 조절한다. MMP는 zinc 이온을 요하는 엔도프로테이즈(endoprotease)로 세포외기질 단백질을 분해하는 효소이다. AP-1에 의해 발현이 조절되는 세포외기질 금속함유 단백분해효소(MMP) 중 MMP-1은 콜라게네이즈 1(collagenase 1)로 알려져 있으며 1형과 3형의 콜라겐(collagen)을 기질로 한다. MMP-3은 스트로멜시스 1(stromelysis 1)이라고도 하며, 기저막의 4형 콜라겐을 분해하며 자이오겐(zymogen)인 proMMP-1을 활성화시킨다. MMP-9는 젤라티네이즈(gelatinase) B로 콜라게네이즈에 의해 분해된 산물을 더 작게 가수분해한다. 자외선에 의하여 MMP-1가 미소섬유의 콜라겐(fibrillar collagen)으로 쪼개면서 콜라겐을 분해시키고, 연이어 MMP-3, MMP-9를 증가시킨다

5. 피부보습 관련 인자

피부의 탄력성이나 보습은 피부의 가장 외층인 표피의 각질층에 존재하는 수분과 진피에 존재하는 콜라겐에 의해 유지된다. 각질층의 수분 함량은 표피에서 생성 분비되는 지질 혼합체인 피지막과 각질층 내에 존재하는 수용성 성분인 자연 보습인자에 의해 결정된다. 건강한 표피의 각질층은 15~20%의 수분을 함유하

고 있으며 수분이 이하로 떨어지면 피부가 건조해지고 윤기와 탄력이 없어져 주름이 증가하게 된다.

1) 콜라겐

교원섬유라고도 불리며 진피의 85~90%를 차지한다. 세포외기질의 주요 구성 성분인 콜라겐은 섬유아세포의 작용에 의해 프로콜라겐의 형태로 생성되는 단백질이다. 새롭게 합성된 프로콜라겐은 효소반응을 거쳐 피부세포의 세포 외 공간으로 분비되어 삼중나선구조의 미소섬유(microfibril)를 형성하고 미소섬유들은 섬유(fibril)를 형성하는데 이러한 과정을 섬유형성(fibrillogenesis)이라고 한다. 결과적으로 이렇게 만들어진 미소섬유들이 모여 콜라겐 섬유를 형성하게 되어 피부의 결합력과 탄력성을 갖게 한다. 피부 콜라겐 중 대부분을 차지하는 것은 1형 콜라겐이다. 주된 기능으로는 피부의 기계적 견고성 결합 조직의 저항력과 조직의 결합력 세포 접착의 지탱, 세포 분할과 분화 유도 등이다. 콜라겐은 피부, 골, 인대, 연골 및 치아 등에 높은 농도로 존재하고 트립신과 같은 단백질 분해효소의 작용을 받지 않으나 콜라게네이즈(collagenase)에 의해 분해된다.

2) 세라마이드

지질성분들로 구성된 세라마이드는 세포간접합질(intercellular cement)의 35~40%를 차지하며 피부의 수화와 관련이 있다. 따라서 세라마이드의 지질성분들의 생성 및 분비 감소가 라멜라(lamella) 구조를 파괴하면서 경피수분 손실이 증가하여 피부는 건조해지고 표면이 메마르며 각질이 생성된다.

3) 히알루론산

피부에 존재하는 히알루론산은 섬유모세포 및 각질 형성세포에서 형성되며 점

다당질의 구성성분으로 다당류가 많이 들어 있어 수분을 상당량 함유할 수 있는 특징이 있다. 주기는 2~4.5일이며 무게가 자신의 1,000배인 수분과 결합하여 피부 장벽 기능의 조절과 세포외기질을 수화시켜 조직 내 수분의 항상성을 유지시킨다. 또한 히알루론산은 진피뿐만 아니라 표피의 세포 간격 특히 가시층에 있으나 각질층과 과립층에는 존재하지 않는다. 그러나 현재까지 히알루론산이 피부 수화에 어떤 역할을 수행하는지에 대해서는 확실하게 알려져 있지 않다.

6. 기능성 실험 방법

1) 프로콜라겐(Procollagen)

프로콜라겐은 실험물질을 처리한 세포의 배양액을 수거하여 상용화된 kit를 사용하여 UV-분광광도계(UV-spectrophotometer)로 프로콜라겐의 양을 측정한다.

2) 콜라겐 합성 유전자

콜라겐 합성 유전자는 중합효소 연쇄반응(PCR) 등을 이용하여 측정한다. PCR법은 실험물질이 처리된 세포에 Trizol을 넣어 수거하여 원심분리한다. 원심분리한 상층액에 클로로폼(chloroform)을 첨가한 후 혼합하여 방치한 후 원심분리를 한다. 원심분리 상층액을 회수하여 2-프로판올(2-propanol)을 혼합하여 방치한다. 이를 다시 원심분리한 후 에탄올로 세척하여 건조시킨다. 추출한 RNA는 DEPC 물에 녹여 first strand cDNA로 합성한다. 합성된 c-DNA에 콜라겐 합성 유전자의 프라이머(primer)를 반응시켜 타겟 유전자를 증폭한 후 유전자 발현량을 분석한다.

3) 히알루론산(Hyaluronic acid), 엘라스틴(Elastin)

히알루론산, 엘라스틴 역시 PCR 등의 방법을 이용하여 위와 동일한 방법으로 유전자 발현량을 분석한다.

《표 II-3-1》 피부 기능성 평가와 바이오마커

	바이오마커	측정 가능한 연구유형		
		시험관	동물	인체
피부 보습	프로콜라겐	ㅇ		ㅇ
	콜라겐-I		ㅇ	
	콜라겐 합성 유전자	ㅇ		ㅇ
	콜라게네이즈		ㅇ	
	콜라겐 섬유		ㅇ	
	피브릴린			ㅇ
	히알루론산	ㅇ	ㅇ	
	히알루론산 합성효소			ㅇ
	피부 탄력		ㅇ	ㅇ
	엘라스틴	ㅇ		ㅇ
	수분 손실량		ㅇ	ㅇ
	각질층 유동성		ㅇ	ㅇ
	피부 거칠기			ㅇ
	세라마이드		ㅇ	
자외선에 의한 피부 손상으로부터 피부 건강 유지	MAPK, AP-1, p-38, c-Fos, c-Jun, JNK	ㅇ	ㅇ	
	AP-1	ㅇ	ㅇ	
	세포외기질 단백분해효소	ㅇ	ㅇ	ㅇ
	주름		ㅇ	ㅇ
	Ki-67, 8-OHG cells		ㅇ	
	표피, 진피 두께		ㅇ	
	사이토카인	ㅇ	ㅇ	
	초과산화물 불균등화효소(SOD), 글루타티온 산화효소(GSH-Px), 카탈레이즈(CAT)	ㅇ	ㅇ	
	사이클로옥시게네이즈-2(COX-2)	ㅇ		

4. 기억 및 인지 개선과 건강기능식품

part II chapter 4

기억력 개선

1. 개요

1) 뇌의 구조와 신경세포

뇌는 인지, 정서, 행동과 판단 등에 영향을 미치는 인간의 가장 중요한 신체부위 중의 하나이다. 뇌는 구조상 좌우의 반구와 간뇌로 이루어져 있으며, 이는 대뇌, 소뇌, 간뇌, 뇌간(중뇌, 뇌교, 연수)으로 구분된다. 대뇌(cerebrum)는 기억과 판단을 관장하는 정신활동 및 감각과 수의운동의 중추로서, 대부분의 행동을 통합하고 조절하는 기능을 한다. 대뇌 표면은 수많은 주름으로 이루어져 다양한 뇌 구성 세포들이 여러 층으로 구성되어 있고, 약 1,000억 개의 뇌세포가 있다. 해마

(hippocampus)는 내측두엽 안에 위치하면서 다양한 기능별 뇌 부위와 복잡한 네트워크를 구성하고 변연계와 구조적으로 밀접한 관계가 있으며, 학습과 기억 형성에 중추역할을 한다. 기억 형성에 문제가 있는 노인의 경우, 일반적으로 해마가 위축되어 있으며, 신경세포의 손상 정도가 높은 것으로 알려져 있다.

뇌는 뉴런(neuron)과 신경교세포(glial cell)라는 지지세포(supporting cell)로 이루어져 있다. 뉴런은 신경계를 구성하는 기본단위로 받은 자극을 다른 세포로 전달하는 기능을 감당한다. 신경교세포는 지지작용, 탐식작용 및 영양공급 작용을 통해 뉴런을 보호하고 뉴런의 기능을 보조하는 역할을 한다. 신경계를 구성하고 신경활동을 담당하는 기본 단위인 뉴런은 자극을 받으면 이를 전기 신호화하고, 뉴런의 말단에서 신경전달물질(neurotransmitter)을 분비함으로써 다른 세포들에게 자극 정보를 한쪽의 일정한 방향으로 전달한다. 따라서 이러한 특징이 신경세포 신호전달의 방향성과 신경물질에 따른 신호의 강도를 결정하게 된다.

뉴런의 구조는, 핵을 포함한 세포체(nerve cell body), 수상돌기(dendrite), 축삭돌기(axon), 신경종말(axon terminals)로 이루어져 있다. 신경종말의 작은 주머니 안에는 신경전달물질이 저장되어 있으며, 자극에 따라 이를 시냅스로 분비하여 다음 뉴런으로 정보를 전달한다. 신경세포가 손상되면 정상적인 뇌기능을 할 수 없게 되며, 일단 손상되면 다시 재생되지 않기 때문에 신경세포를 건강하게 유지하는 것이 중요하다.

2) 기억력의 정의와 분류

(1) 정의

기억(memory)이란, 정보의 저장과 유지, 그리고 회상의 일련의 과정을 의미한다. 기억의 첫 번째 단계인 저장(encoding)은 외부로부터 온 정보를 화학적, 물리적 자극의 형태로 우리의 감각기관을 통해 받아들이는 것이다. 유지(storage)는 두 번째 단계로 시간이 지남에도 정보를 계속 유지할 수 있게 하는 과정이다. 마지막으로 회상(retrieval)은 저장되어 있는 정보를 찾아내서 의식 수준으로 끌어내는 것을 의미한다. 이러한 회상은 정보의 종류에 따라서는 노력 없이도 의식 수준으로 끌어올 수 있는 경우도 있다.

(2) 기억의 분류

(가) 감각기억(sensory memory)

감각기억은 극히 짧은 시간에 기억되다가 순간적으로 사라지는 기억이다. 감각 지역에서는 그 내용을 기억 속에 두고 유지시키려면 주의를 기울여서 정보가 몇 초 동안 더 지속되게 해야 한다. 시각적 자극은 0.5초 정도, 청각적 기억은 2초 정도로 굉장히 짧은 시간 내에 사라진다.

(나) 단기기억(short-term memory)

단기기억이란 새로운 정보를 받아 등록된 정보가 일차적으로 저장되는 것으로 수초에서 수분 내에 회상해 낼 수 있는 기억을 의미하며 작업기억(working memory)의 중요요소이다. '단기기억'이라는 용어는 인지과학 초기에 사용한 용어로, 장기기억과의 대비를 강조한 용어이다. 반면, '작업기억'은 기억의 역동적·과정적 측면을 강조하기 위한 용어이다. 작업기억의 용량은 7±2개 혹은 그 이하로 매우 제한적이다. 과거 전화번호가 일곱 개 숫자로 이루어져 있었던 것도 이러한 이유이다. 하지만, 묶는 전략을 쓰면 더 늘릴 수 있다. 예를 들면, 전화번호 123-456-7890과 같이 묶어서 암기하면, 10개를 개별로 외우는 것보다 쉽다. 이것이 많은 국가에서 전화번호를 묶어서 표시하는 이유이기도 하다. 단기기억은 새로운 정보를 장기기억으로 저장하기 위해 거치는 단계로, 단기기억에 머무는 시간은 평균 3초 내지 5초, 길어야 30초이다. 자극 정보는 시각적, 청각적(언어적) 형태로 변환된다. 단기기억은 용량에 제한이 있고, 자극에 주의하지 않으면 새로운 자극에 의하여 대치되어 망각된다. 쉽게 말해 컴퓨터의 RAM 같은 역할을 하는 것으로, 하드디스크에 저장하기 위한 일련의 과정과 각종 정보처리가 일어나는 곳이다. 단기기억에 관련되는 뇌 부위는 전두엽, 특히 전전두엽이 담당하는 것으로 다양한 뇌 영상 연구를 통해 제안되었다.

(다) 장기기억(long-term memory)

단기기억으로 임시 저장된 기억이 반복 또는 저장된 다른 정보와의 연합을 통해 강화되어 더 영구적인 형태로 유지되는 것이 장기기억이다. 이 저장 과정은 항상 연습과 시연(rehearsal)을 통한 노력이 요구되는 능동적인 과정을 거치기도 하고, 일부 정보는 우리의 삶을 통해서 수동적으로 저장된다. 장기기억은 세 가지 특성을 가진다. 첫째는 선택성으로, 아무 자극이나 장기기억으로 남지 않고, 자기에게 중요한 정보만을 선별하여 장기기억으로 저장하게 된다. 둘째는 영속성이다. 동물의 기억이 10분 내외인 반면, 인간이 과거에 일어난 경험들도 언제든지 기억에서 불러올 수 있는 것처럼 항상 역동적으로 변화하는 시냅스 연결망들이 수십 년간 장기기억을 유지하는 것이다. 셋째는 유전자의 발현이 조절되어 새로운 단백질이 합성되고, 시냅스에서 새로운 돌기가 형성되어 단기기억이 장기기억으로 바뀌게 된다. 단기기억은 용량이나 지속시간이 제한되는 반면, 장기기억은 용량이 훨씬 더 크고, 평생 지속되기도 한다. 예를 들면, 불규칙한 7 단위 숫자는 보통은 겨우 수 초간 유지할 수 있어 단기기억으로 분류되지만, 전화번호는 반복적으로 정보를 활용함으로써 수년 동안 기억할 수 있게 되어, 장기기억으로 저장되었다고 할 수 있다. 단기기억의 저장(encoding)이 소리를 통한 전략을 구사한다면, 장기기억은 의미(semantics) 전략을 통해 저장(encoding)된다.

3) 기억력 관련 인자

(1) 신경전달물질 및 시냅스 가소성(plasticity) 조절

(가) 신경전달물질 생성 및 분비

신경전달물질(neurotransmitter)은 하나의 신경에서 또 다른 신경세포로 시냅스(synapse)를 통해 신호를 전달하는 내인성 화학물질(endogenous chemicals)이다. 신경전달물질의 전달 과정은 다음과 같다. 신경전달물질은 시냅스전 뉴런(presynaptic neuron)의 축색말단부(axon terminal)에서 시냅스 소포로 포장된다.

신경전달물질은 시냅스 간극(synaptic cleft)으로 방출되고 확산되어 시냅스후 뉴런(postsynaptic neuron)의 막에 있는 특정 수용체에 결합하여 고유한 작용을 나타낸다. 그리고 시냅스 간극에 있는 신경전달물질들은 신경전달물질 운반단백질(neurotransmitter transporter)에 의해 시냅스전 뉴런으로 되돌아가 재합성되기도 하고, 시냅스 간극에 있는 분해효소들에 의해 분해되기도 한다. 기억력과 관련된 가장 대표적인 신경전달물질로는 아세틸콜린(acetylcholine, ACh)을 들 수 있다.

≪표 II-4-1≫ 신경전달물질

구분	종류
4급 암모늄	아세틸콜린(acetylcholine)
아민(amine)	도파민(dopamine), 노르에피네프린(norepinephrine), 세로토닌(serotonin), 히스타민(histamine)
아미노산(amino acid)	가바(γ-aminobutyric acid, GABA), 글라이신(glycine), 글루타메이트(glutamate)
퓨린(purine)	아데노신(adenosine), ATP(adenosine triphosphate)
스테로이드(steroid)	코르티코스테로이드(corticosteroid), 에스트로젠(estrogen), 프로게스테론(proesteron)
기타	프로스타글란딘(prostaglandin), 아라키돈산(arachidonic acid) 일산화탄소(nitric oxide)

출처: 식품의약품안전평가원(2015).

(나) 시냅스 구조 변화(synaptic remodeling)

① 시냅스(synapse)와 시냅스 가소성(synaptic plasticity)

해마에 전기적 자극이 전달되어 활성화되면 신경전달물질인 글루타메이트(glutamate)가 시냅스전(presynaptic site)의 축삭말단(axon terminal)에서 분비되어 시냅스후(postsynaptic site)에 흥분성 반응을 일으킨다. 분비된 글루타메이트는 α-amino-3-hydroxy-5-methyl-4-isoxazole propionic acid(AMPA)나 N-methyl-D-aspartate(NMDA) 수용체에 작용한다. AMPA 수용체를 통

하여 Na^{+} 이온이 세포 내로 유입되고 K^{+} 이온이 세포 외로 이동하여 탈분극(depolarization)이 일어남으로써 전기적 신호가 형성, 전달된다. NMDA 수용체는 휴지기에는 Mg^{2+} 이온에 의하여 막혀 있으나, 지속적인 자극에 의해 전위변화가 생기면 Mg^{2+} 이온이 제거되어 세포 내로 Na^{+}와 Ca^{2+} 이온을 유입시킨다. Ca^{2+}의 투과는 신경세포 안에서 단백질 발현에 관련하여 여러 중요한 역할을 한다. 시냅스 가소성은 시냅스에서 AMPA와 NMDA 수용체 수의 변화로 시냅스의 기능이 강화되거나 약화되는 것을 의미하며, 기억력의 강화와 관련하여 중요한 메커니즘으로 여겨진다.

② 장기강화(long-term potentiation, LTP)

장기강화(long-term potentiation, LTP)는 두 신경세포의 신호전달이 지속적으로 향상되는 현상을 말한다. 신경세포는 시냅스 결합을 통하여 신호전달을 하며, 기억은 이 시냅스에 단백질의 형태로 축적되어 있다고 여겨진다. 장기강화는 학습과 기억의 형성 및 강화의 주요 세포학적 메커니즘의 하나로 여겨지고 있다. 장기강화는 시냅스 후 NMDA 및 AMPA 수용체 수의 증가로 시냅스 전 뉴런과 시냅스 후 뉴런이 시냅스를 통해 신호를 전달하는 능력을 증가시킨다. 현재 장기강화의 기초생물학적 이해 및 장기강화와 행동학적 학습의 인과관계 관하여 활발한 연구가 진행되고 있으며, 장기강화를 유도할 수 있는 약리학적 방법 등의 개발도 진행되고 있다. 아래의 그림은 장기강화의 단계를 도식화한 것으로, 장기 강화는 ① 시냅스에 지속적으로 자극이 전달되어, ② 시냅스후 수용체 수가 증가하고, 그와 관련된 ③ 신경전달물질의 분비가 증가하여, ④ 시냅스 간 연결이 강화되는 과정을 거친다.

(2) 아밀로이드 단백질(β-amyloid protein) 축적 억제

아밀로이드 단백질(β-amyloid protein, $A\beta$)은 아밀로이드 전구단백질(amyloid precursor protein, APP)이 절단효소(secretase)에 의해 끊어지므로 인해 생성된다.

아밀로이드 전구단백질을 절단하는 효소는 3종이 있으며, 각각 α–세크리테이즈(secretase), β–세크리테이즈 및 γ–세크리테이즈로 지칭한다. 정상 상태에서는 α와 γ–세크리테이즈가 아밀로이드 전구단백질을 절단하여 용해되어 배출이 쉬운 아밀로이드 단백질이 생성되지만, 알츠하이머병에서는 β–세크리테이즈와 γ–세크리테이즈에 의하여 응집성이 강한 아밀로이드 단백질이 생성되어 세포 내에 축적된다. 축적된 아밀로이드 단백질은 섬유상(fibril)으로 응집하여 노인반을 생성하고, 신경 독성을 나타내서 세포를 공격하여 파괴한다.

(3) 타우단백질(tau protein)의 과인산화 억제

타우단백질(tau protein)은 중추신경계 특히 신경세포의 축색돌기에 주로 존재하는 것으로 미세소관(microtubule)을 안정화시키는 역할을 한다. 타우단백질 응집의 원인은 정확히 밝혀지지 않았지만 타우단백질의 과인산화(hyperphosphorylation) 현상이 미세소관의 결합을 약화시키고 응집현상을 증가시킨다고 보고되고 있다. 타우단백질의 과인산화로 타우단백질이 미세소관으로부터 떨어져 미세소관의 안정성을 약화시키게 되고 이는 신경세포의 축삭이동의 이상을 가져와 퇴행을 야기시킨다. 또한 과인산화된 타우단백질의 독성은 응집을 유발하고 결국 섬유화 형태의 엉킴으로 인해 신경섬유매듭(neurofibrilary tangle, NFT)을 형성한다. 또한, 자체적으로 응축된 타우단백질은 세포 밖에서 다발을 이루면서 활성화산소를 통한 신경세포사멸을 유도한다고 보고되었다.

(4) 신경염증 억제

신경염증(neuroinflammation)은 신경 조직에 염증이 생긴 것으로, 외상성 뇌손상(traumatic brain injury), 감염(infection), 자가면역(autoimmunity) 등 여러 가지 원인에 의해 발생한다. 중추신경계에서의 신경염증은 신경퇴행성질환(neurodegenerative disease)의 중요한 병인인 미세아교세포(microglia) 및 별아교세포(astrocytes)의 활성화를 동반한다. 신경염증에 의하여 활성화된 별아교세포는 보체활성제(complement activators), 케모카인(chemokines), 사이토카인

(cytokines), 유리라디칼(free radical) 등의 염증성 인자를 분비하여 신경세포의 괴사를 촉진하게 된다.

(5) 신경세포사멸 억제를 통한 신경세포보호

세포사멸(apoptosis)은 세포의 항상성 유지를 위한 중요한 기전으로 능동적인 세포사멸 과정이다. 형태적으로 세포의 비중감소, 세포막의 파괴, 핵 응축 등과 더불어 세포 내부의 물질들이 사멸체(apoptotic body)라는 포낭을 형성하면서 식세포 작용을 거친다. 반면, 세포사멸의 비정상적인 조절은 신경퇴화 등에 관여하여 결과적으로 기억력에 영향을 미치는 것으로 알려져 있다. 세포사멸을 유발하는 경로는 내인성과 외인성으로 구분된다. 내인성 경로는 DNA 손상, 활성산소종(reactive oxyzen species, ROS) 등의 자극에 의해 유발되며, 이런 자극은 미토콘드리아 전위조절 능력을 파괴시켜, 사이토크롬 c(cytochrome c)를 세포질로 유출시킨다. 사이토크롬 c는 apoptotic protease activating factor 1(APAF1) 및 케스페이즈(caspase)-9와 결합하여 'apoptosome'을 형성한 후 케스페이즈-3을 활성화시켜 세포사멸을 유도한다. 외인성 경로는 세포벽의 CD95(Fas) 수용체에 CD95L(Fas ligand, FasL)이 결합하여, fas-associated protein with death domain(FADD)이 동원되어 세포사멸을 유발시킨다. FADD는 프로케스페이즈(procaspase 8)를 동원하고, 케스페이즈 8로 분해되어 케스페이즈-3을 형성한다. 케즈페이즈-3은 핵 내 DNA를 분해하여 세포사멸을 일으킨다.

(6) 산화 스트레스 억제

산소는 생체 내에서 영양소를 산화시켜 에너지를 만들어내기도 하지만, 이 과정에서 생성되는 활성산소증(ROS)은 반응성이 강하여 세포막, DNA, 단백질 등을 공격한다. 체내에는 과잉의 활성산소를 제거하기 위해 자체적으로 항산화 방어체계를 갖추고 있으나, 이러한 항산화 방어 체계가 잘 작동되지 않으면 노화가 가속화되고 각종 질병이 발생하는 위험도도 증가하게 된다. 뇌는 글루타티온(glutathione, GSH) 함량이 낮은 반면 불포화지방산과 Fe, Al, Cu 등과 같은

metal의 함량이 높고, 대사 과정에 산소가 필수적인 이유로 산화 스트레스에 손상당하기 쉬운 장기이다. 이로 인해 DNA의 붕괴, 세포막 손상, 단백질 산화, 신경세포 사멸과 관련되는 신경퇴행성 변화를 일으킬 수 있다. 특히, 알츠하이머병의 원인물질로 제시되고 있는 β-아밀로이드는 아밀로이드 전구단백질이 β, γ-세크리테이즈라 불리는 단백질 분해효소에 의해 생성되는 단백질로서 reactive oxygen intermediates(ROI), superoxide anion(O2·), hydrogen peroxide(H_2O_2), 4-hydroxynonenal(HNE) 등 스스로 ROS 생성에도 관여하는 것으로 알려져 있다. 뿐만 아니라 기억력 저하를 특징적으로 보이는 노인을 대상으로 혈청 내 비타민 E 수준을 조사한 역학연구에서 혈액 내 토코페롤 수준과 기억력 손상과 상관관계가 있는 것으로 나타났다.

2. 기억력 개선 기능성 실험 방법

1) 바이오마커의 선정

≪표 II-4-2≫ 기억력 개선 관련 바이오마커

구분		바이오마커	측정 가능한 연구유형		
			시험관	동물	인체
신경세포 보호	신경세포 사멸 억제	세포생존율	○		
		미토콘드리아 막전위차	○		
		세포사멸 관련 단백질 및 유전자 발현 (Bax, Bcl-2 family, PARP caspase 등)	○	○	
β-아밀로이드 형성 및 축적 억제		β-아밀로이드 단백질		○	○
		세크리테이즈(-α, -β, -γ)	○	○	○
		프레세닐린 1/2	○	○	
타우 단백질 과인산화 억제		타우 단백질/인산화된 타우 단백질	○	○	○

구분		바이오마커	측정 가능한 연구유형		
			시험관	동물	인체
신경염증 조절		사이토카인(TNF—α, IL-1β, PGE_2 등)	○	○	○
		사이클로옥시게네이즈-2	○	○	
		NF-κB 발현	○	○	
		MAPKs(ERK, JNK, p38 MARK)	○	○	
		산화질소, 산화질소 합성효소	○	○	
신경전달물질 및 시냅스 가소성 조절	신경전달 물질 생성 및 분비조절	아세틸콜린, 아세틸콜린에스테레이즈	○	○	
	시냅스	N-methyl-D-aspartate receptor(NMDAR)		○	
	가소성	metabotrophic glutamate receptor(mGluR)	○	○	
		calcium/calmodulin-dependent protein kinase(CAMK)	○	○	
		MAPKs(ERK, JNK, p38 MAPK)		○	
		postsynaptic density-95(PSD-95)	○	○	
		CREB	○	○	
		BDNF	○	○	
산화 스트레스 억제		활성산소종	○	○	○
		항산화효소 활성(SOD, GPx, catalase)	○	○	○
		글루타티온	○	○	
		8-oxo-2'-deoxyguanosine(8-OH-dG)	○	○	○
		지질과산화(MDA 등)	○	○	○
동물행동 실험		모리스 수중미로 실험(Morris water maze test)		○	
		기억력(passive avoidance test, radial arm stoop test maze)		○	
임상적 평가		뇌 영상 촬영(fMRI, sMRI, DTI, MRS, PET)			○
		한국판 웩슬러 성인용 지능검사 4판			○
		Kims 전두엽-관리기능 신경심리검사			○
		한국판 기억평가검사			○
		숫자 외우기 검사			○
		한국판 몬트리올 인지평가(MoCA-K)			○
		CANTAB			○
		허리 굽히기 검사			○

출처: 식품의약품안전평가원(2015).

2) 바이오마커의 측정방법

(1) 뇌세포 보호

(가) 세포생존율

신경세포 손상(신경세포사멸)을 유도하는 원인물질인 β-아밀로이드, 글루타메이트(glutamate), 3-HK(3-hydroxykynurenine), Fe_2SO_4 등의 물질 및 실험물질을 처리한 후, 세포생존율을 관찰한다. 세포생존율은 성장, 증식, 대사활성, 세포막 손상 등을 지표로 평가할 수 있는데, 일반적으로 염색제를 이용하여 세포생존율을 측정한다. 세포막 변형을 평가하는 방법으로는 프로피디움 아이오다이드(propidium iodide), 트리판 블루(trypan blue), 7-아미노액티노마이신 D(7-aminoactinomycin D) 등을 이용한 방법이 있으며, 미토콘드리아 활성을 이용한 측정방법으로는 포르마잔(formazan) 등을 측정하는 MTT 등의 방법이 있다.

(나) 미토콘드리아 막 전위차

미토콘드리아(mitochondria, 사립체)는 진핵생물의 세포 안에 있는 세포 소기관으로, 여러 유기물질에 저장된 에너지를 산화적 인산화 과정을 통하여 생명활동에 필요한 ATP의 형태로 변환시키는 역할을 하므로 '세포의 발전소'라고도 불린다. 또한, 에너지 생성 외에도 신호 전달, 세포 분화, 세포 사이클, 세포 성장 등과 관련된 주요 역할을 한다. 세포 손상이 유도되면 미토콘드리아의 막 전위차가 감소되며 미토콘드리아 활성이 저하된다. 이의 측정을 위해 사용되는 염색법으로는 일반적인 cationic fluorescent probe인 JC-1과 로다민(rhodamine-123) 등이 있다.

(다) 신경세포사멸(apoptosis) 관련 마커

① Bax와 Bcl-2 family

Bax(Bcl-2-associated X protein)는 구조적인 변화를 거쳐 세포사멸을 유도하는데, 이로 인해 미토콘드리아에서 사이토크롬 c와 세포사멸 인자가 나오게 된다. Bcl-2 family는 세포사멸의 주요 경로를 제어하는 중요한 역할을 한다. 미토콘드리아의 외막 등에 제한적으로 분포되어 있으며, 미토콘드리아의 기능 조절을 통해 세포사멸을 제어한다. 따라서 Bax/Bcl-2 비율이 높아지면 세포사멸이 증가하게 되는데, Bax/Bcl-2 비율을 측정함으로써 기능성 소재를 통한 신경세포사멸 억제 효과를 관찰할 수 있다.

② poly ADP ribose polymerase(PARP)

PARP는 DNA 복구에 관여하는 단백질로, DNA 손상이 심할 경우 기질인 NAD를 소모하면서 세포사멸을 유도한다. PARP, cleaved PARP(활성형) 단백질 발현 정도를 측정하여, 신경세포사멸 정도를 관찰할 수 있다.

③ 케스페이즈(caspase)

케스페이즈는(caspase) 단백질 분해효소의 일종으로 세포사멸에 필수적인 역할을 한다. 케스페이즈는 initiator caspase(−2, −8, −9, −10)와 effector 케스페이즈(−3, −6, −7)로 나뉘며, initiator caspase는 대체적으로 사망 신호에 의해 처음으로 활성화되어 effector caspase로 신호전달계를 거치게 된다. 케스페이즈 활성화는 세포사멸 진행의 중심이 되는 기전이며, 다른 케스페이즈를 직접적으로 활성화시켜 세포사멸을 일으키게 한다. 특히, 케스페이즈-3은 다양한 기질을 파괴하는 주된 effector caspase로 알려져 있다. 신경세포 사멸을 확인하기 위하여 케스페이즈 효소 활성이나 케스페이즈의 활성 형태인 cleaved caspase의 단백질 발현(western blotting) 정도를 측정한다.

3. 기억력 개선에 도움이 되는 기능성 원료 및 관련 제품

《표 II-4-3》 기억력 개선에 도움이 되는 기능성 원료

기능성		기능성 원료	비고
기억력 개선	기억력 개선에 도움	EPA 및 DHA 함유 유지, 은행잎추출물, 홍삼(홍삼농축액)	고시형
		구기자추출물, 녹차추출물/테아닌복합물, 당귀 등 추출복합물, 비파엽추출물, 원지추출분말, 인삼가시오갈피 등 혼합추출물, 테아닌 등 복합추출물, 피브로인 효소 가수분해물, 천마 등 복합추출물(HX106)	개별 인정형

출처: 식품의약품안전처(2016).

그림 II-4-1 ···› 기억력 개선에 도움이 되는 건강기능식품들

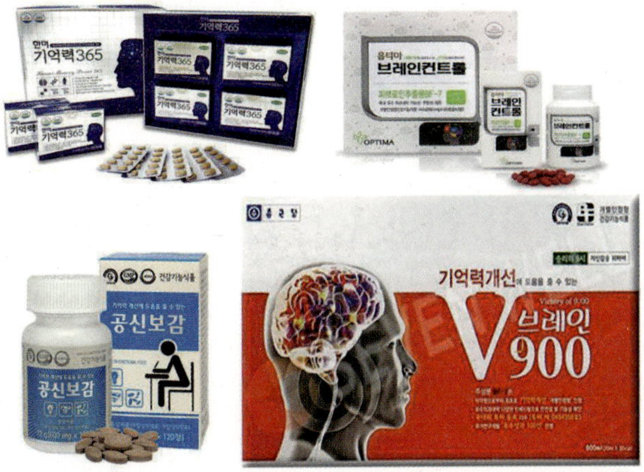

《표 II-4-4》 기억력 개선 기능성 원료의 기능(지표) 성분 및 일일 섭취량

구분	원료명	인정 등급	기능(지표) 성분	일일 섭취량
고시형	홍삼농축액	생리활성 기능 2등급	Rg1과 Rb1의 합	Rg1+Rb로서 0.16~5.6mg/일
	은행잎추출물	생리활성 기능 2등급	플라보놀배당체(flavonol glycosides)와 kaempferol, quercetin, Isorhamnetin의 합	은행잎추출물로서 120mg/일
	EPA 및 DHA 함유 유지(오메가-3 지방산 함유 유지)	생리활성 기능 2등급	「건강기능식품의 기준 및 규격」 제 3.2.2-16 오메가-3 지방산 함유 유지 적용	DHA와 EPA의 합으로서 0.9~92g/일
개별인정형	테아닌 등 복합추출물	생리활성 기능 3등급	① L-theanine ② GABA	테아닌 등 복합추출물로서 210mg/일
	피브로인 효소 가수분해물	생리활성 기능 2등급	Gly-Ala-Gly-Ala-Gly-Tyr의 아미노산 서열을 가지는 펩타이드	피브로인효소 가수분해물로서 200~400mg/일
			① 티로신(tyrosine) ② 알라닌(alanine)	피브로인효소가수분해물로서 400mg/일
	원지추출분말	생리활성 기능 2등급	TMCA(trimethoxy cinnamic acid)	원지추출분말로서 300mg/일
	인삼가시오갈피 등 혼합추출물	생리활성 기능 3등급	① ligustilide ② eleutheroside E ③ 진세노사이드 Rg1과 Rb1의 합 ④ 베이칼린	인삼가시오갈피 등 혼합추출물로서 5.2g/일
	녹차추출물 / 테아닌 복합물	생리활성 기능 2등급	① 카테킨 ② L-테아닌	녹차추출물/테아닌 복합물로서 1,680mg/일
	당귀 등 추출 복합물	생리활성 기능 2등급	① 데쿠르신(decursin) ② 사우치논(sauchinone)	당귀 등 추출 복합물로서 800mg/일
	비파엽추출물	생리활성 기능 2등급	퀘세틴	비파엽추출물로서 1.5g
	구기자추출물	생리활성 기능 2등급	베타인	구기자추출물로서 1,425mg
	천마 등 복합추출물	생리활성 기능 3등급	가스트로딘, 살비아놀린산 B, 엘라직산, 스피카토사이드 A	천마 등 복합추출물(HX106)로서 1.1g/일

출처: 식품의약품안전처(2016).

인지 개선

1. 개요

1) 인지능력

뇌의 지능(intelligence)을 이용하여 문제를 인식하고 해결할 수 있는 방법 또는 과정을 생각해내는 능력을 인지능력(cognition)이라고 할 수 있으며, 문제를 해결하는 방법을 생각해내기 위해서는 과거의 체험 등을 응용하게 되는데, 이때 과거의 체험을 기억해 낼 수 있는 기억력(memory)이 필요하게 된다.

인지(라틴어: cognoscere로 아는 것, 개념화하는 것 또는 인식하는 것)란 정보를 가공하는 과정, 지식을 적용하는 것 및 적용사례를 바꾸는 능력으로 정의될 수 있으며, 사용하는 분야에 따라 인지(력)의 의미가 달라질 수 있다. 그 예로 심리학과 인지과학에서는 인지는 개인의 정보 처리 능력을 의미하며, 인지력의 발달된 다른 개념으로 개인의 심리 상태 집단 및 조직 간의 사회적 연결기능을 포함한다.

2) 인지 능력에 영향을 미치는 요인

(1) 에너지 공급

뇌는 몸무게의 2%밖에 되지 않지만 하루 에너지 소모량의 20%를 소모하는데 이는 같은 무게의 근육과 비교하면 혈액과 산소를 10배 정도 더 사용한다. 뇌는 혈관을 통해 공급되는 포도당만을 연료로 쓰며 간이나 근육과 달리 당분을 저장할 장소가 없기 때문에 에너지 공급이 충분하지 않으면 신경질과 짜증이 나고 안절부절못하거나 집중력과 기억력이 떨어지게 된다.

(2) 아세틸콜린(acetylcholine)

해마에서 신경전달물질이 필요한 양만큼 존재해야 뇌세포 간에 신호가 원활히 이루어질 수 있는데, 인지 능력이 저하된 상태에서는 신경전달물질의 활동이 감소한다. 인지 기억 저하는 콜린성 신경세포 퇴화에 의한 아세틸콜린의 부족이 중요한 원인 중의 하나이다. 아세틸콜린은 중추신경계의 뉴런과 신경근 접합부(neuromuscular junction)의 체성운동뉴런(somatic motor neuron)에 의해 흥분성 신경전달물질로 이용된다. 아세틸콜린은 콜린 전달효소(choline acetyltransferase)에 의해 뇌신경세포 내에서 생산되고 시냅스 간극으로 방출된 후 시냅스 후 뉴런의 아세틸콜린 수용체에 붙어 콜린성 신경전달(cholinergic neurotransmission)을 일으키는데, 시냅스 간극에 있는 아세틸콜린에스테라아제(acetylcholinesterase)에 의해 분해되어 작용을 마치게 된다. 인지 기억 저하는 아세틸콜린에스테라아제의 증가로 더욱 심화된다.

(3) 베타-아밀로이드(β-amyloid)

알츠하이머 환자에서 공통적으로 보이는 단백질로 신경세포 바깥쪽에 비정상적으로 쌓여 덩어리를 형성한다. 이는 신경세포에서 독성을 나타내며 신경섬유매듭(neurofibrillary tangles), 시냅스 손상, 신경세포 사멸, 흥분성, 독성, 염증, 미토콘드리아 손상과 산화적 스트레스를 초래하여 알츠하이머를 유발한다. 특히 베타 아밀로이드는 기억력과 인지기능에 중요한 뇌 영역인 해마에서 신경세포의 점진적인 퇴화와 사멸을 유도한다.

(4) 뉴로트로핀(neurotrophin)

뇌의 활성 인자로서 뉴로트로핀은 대뇌피질과 피질 하부의 세포성장의 대표적 조절 인자이다. 신경 성장 인자(nerve growth factor, NGF), 뇌 유도 신경영양 인자(brain-derived neurotrophic factor, BDNF), 신경교-유도 신경영양 인자(glial-derived neurotrophic factor, GDNF), 뉴로트로핀(neurotrophin-3, NT-

3) 그리고 뉴로트로핀(neurotrophin-4/5, NT-4/5) 등이 있다. 뉴로트로핀은 신경세포의 생존과 분화를 결정짓는 인자로서 중추신경에서는 연접활동의 신경조절 인자로 말초신경에서는 영양 인자로 작용하는 중요한 역할을 하며 축색돌기의 방향성(axonal guidance), 수상돌기의 성장(dendritic growth), 신경전달물질의 분비, 새로운 신경연접의 형성, 신경연접부 가소성을 조절하는 역할을 담당하고, 최근에는 신경 재생, 통증, 공격성, 우울증 등 행동과 신경활동에도 큰 영향을 준다. 특히 BDNF는 해마에서 직접적인 뇌세포 생성을 대표하는 인자이다.

2. 인지능력 개선 기능성 실험 방법

1) 바이오마커의 선정

《표 II-4-5》 인지능력 개선 기능성 평가 관련 바이오마커

구분	바이오마커	측정 가능한 연구유형		
		시험관	동물	인체
세포 변화	뇌신경 세포 생존율	○		
	젖산탈수소효소	○		
생리적 지표	아세틸콜린		○	
	아세틸콜린 에스테라아제		○	
	콜린 아세틸트랜스퍼라아제		○	
	BDNF		○	○
	CREB		○	
	β-아밀로이드		○	
	fMRI			○
	뇌자기공명분광영상(MRS)		○	○
인지 행동학적 지표	모리스 수중미로 실험		○	
	수동회피 실험		○	
	Y미로 실험		○	
	Novel object recognition 실험		○	

구분	바이오마커	측정 가능한 연구유형		
		시험관	동물	인체
신체 인지 기능 검사	WAIS			○
	MMSE			○
	ADAS-Cog			○
	스트룹 과제			○
	기타 신경인지기능 검사 (몬트리올 인지평가, CANTAB, GDS, CNT 등)			○

출처: 식품의약품안전처(2014).

2) 바이오마커의 평가 방법

(1) 세포 변화

(가) 뇌신경세포 생존율

신경세포는 신경계를 구성하는 주된 세포이다. 세포(SH-SY5Y 세포, PC12 세포 등)에 실험물질을 처리하여 세포 생존율을 측정함으로써 실험물질을 평가할 수 있다. 세포 생존율을 측정하는 방법으로는 MTT 법이 있다.

(나) 젖산탈수소효소(lactate dehydrogenase, LDH)

젖산탈수소효소는 L-젖산(L-lactic acid)을 탈수소하여 L-피루빈산(L-pyruvic acid)으로 만드는 반응을 촉매하는 효소로서 대부분의 조직에 존재한다. 조직이 손상된 경우 세포 내 효소의 이탈이 일어나 젖산탈수소효소도 유리된다. 일반적으로 젖산탈수소효소의 농도가 높으면 세포가 손상되었음을 의미한다.

(2) 생리학적 지표

(가) 아세틸콜린(acetylcholine)

아세틸콜린은 콜린(choline)과 아세트산(acetate)의 에스테르로 뇌 조직의 모든 신경세포에서 발견되는 신경전달물질이다. 뇌신경계의 특정 부위에서 아세틸콜린이 시냅스전 말단에서 분비되면 그것이 시냅스후 수용체와 결합하여 신경세포 사이의 자극을 전달한다.

(나) 아세틸콜린에스테라아제(acetylcholinesterase)

아세틸콜린에스테라아제는 신경의 시냅스에 분포하여 아세틸콜린을 아세테이트(acetate)와 콜린(choline)으로 가수분해하는 효소이다. 아세틸콜린에스테라아제가 증가하면 아세틸콜린 수준의 저하를 의미한다.

(다) 콜린 아세틸트랜스퍼라아제(choline acetyltransferase)

콜린 아세틸트랜스퍼라아제는 콜린과 아세틸 보효소 A(acetyl-CoA)가 아세틸콜린(acetylcholine)과 보효소 A(CoA)로 변환하는 반응을 촉매하는 효소이다. 콜린 아세틸트랜스퍼라아제 증가를 의미한다.

(라) BDNF(brain-drived neurotrophic factor)

BDNF는 주로 뇌에 존재하는 신경영양 인자의 일종으로서 학습 기억에 고차원적인 사고의 중요한 역할을 담당하는 해마, 피질, 소뇌, 전뇌 기저부(basal forebrain)에서 활성화된다. 특히 장기기억에 매우 중요한 역할을 하며 신경세포 생성을 자극한다. BDNF 증가는 뇌신경세포 보호 및 활성 증가를 의미한다.

(마) CREB[cyclic adenosine monophosphate(cAMP) response element-binding protein]

CREB는 프로모토(promoter) 부위에 cAMP response element(CRE)를 포함하는 신경세포의 분화에 필요한 유전자(예: BDNF)들의 전사를 조절한다. CREB는 신경세포 생존과 뇌의 장기기억의 암호화에 관련되어 있다. 또한 해마의 공간 기억 형성에 중요한 역할을 한다. 실제로 기억 증진을 위해 고안된 약물들은 CREB 활성화를 목표로 한다.

(바) β-아밀로이드(β-amyloid)

β-아밀로이드는 알츠하이머 환자에서 공통적으로 보이는 단백질로 신경세포 바깥쪽에 비정상적으로 쌓여 덩어리를 형성한다. 이렇게 쌓여 만들어진 신경반(neuritic plaque)과 신경섬유다발(neurofibrillary tangle)은 기억력과 인지기능에 중요한 뇌 영역인 해마에서 신경세포의 점진적인 퇴화와 사멸을 유도한다.

(사) 뇌자기공명분광영상(MRS)

MRS는 자기공명장치를 이용하여 특정 뇌기능과 연관된 뇌 내 생화학 대사물질의 농도를 측정하는 기술이다. MRS는 비침습적으로 in vivo 뇌의 생화학적 정보를 얻을 수 있게 해주므로 임상적으로 굉장히 유용한 인지기능 지표가 된다.

(3) 인지행동학적 실험

(가) 모리스 수중미로 실험

모리스 수중미로 실험은 실험동물의 공간학습능력과 그에 대한 기억능력을 검사하기 위해서 실시하는 행동 실험으로, 인지기능 평가를 위해서 가장 많이 이용되는 방법이다. 이 방법은 목적 있는 훈련을 통한 인지기능 강화 및 측정 방법으로도 널리 이용되고 있다.

(나) 수동회피 실험

수동회피 실험은 실험동물의 기억능력을 검사하기 위해서 실시하는 행동 실험이다. 실험동물을 주변 환경을 인식할 수 있는 방에 위치시키고 해로운 자극(예: 전기자극)을 가한 뒤 실험동물이 그곳에 가지 않음으로써 그 상황을 기억했음을 확인하는 실험방법이다.

(다) Y-미로 실험

Y-미로 실험은 실험동물의 단기기억 형태의 순간 공간기억 평가를 위해서 많

이 이용되는 방법이다. Y-자형 미로에서 일정 시간 동안 자유롭게 움직이게 하고 들어간 통로 오른쪽 왼쪽 중앙의 순서를 기록한다. 직전에 들어가지 않았던 새로운 통로에 들어가는 비율로 변경행동력을 측정한다.

(라) Novel object recognition test

Novel object recognition test는 실험동물의 기억능력을 검사하기 위해서 실시하는 행동 실험이다. 실험동물을 두 개의 동일한 물체가 담긴 불투명 박스에 배치하고 물체 탐색 소요 시간을 측정한다. 그런 다음 물체 중 하나는 새로운 물체로 대체하고, 다시 각 물체를 탐색하는 데 소요되는 시간을 측정한다.

(4) 신경인지 기능 검사

(가) WAIS(wechsler adult intelligence scale)

Wechsler 등이 고안한 것으로 16~64세 성인을 대상으로 한 개인용 지능검사이며 다양한 버전이 있다. 10개의 핵심 소검사와 5개의 보충소검사로 구성되어 있다.

(나) MMSE(mini-mental state examination)

Folstein 등이 고안한 것으로 임상에서 가장 널리 사용되고 있는 기본적인 인지기능을 평가하는 검사이다. 시간 및 장소지남력, 기억등록, 주의집중 및 계산, 기억 회상, 언어능력, 그리기 구성 항목으로 이루어져 있으며 총점은 30점이다. MMSE는 인지기능 장애의 정도를 정량적으로 평가할 수 있고, 반복적인 측정으로 인지기능의 변화를 관찰할 수 있는 장점이 있다. 중등도와 중증치매환자의 선별에 주로 사용되고 있다.

(다) ADAS-Cog(Alzheimer's disease assessment scale-cognition)

Mohs 등이 고안한 것으로 알츠하이머 치매를 가진 환자의 인지기능과 행동변화의 진행을 평가하는 데 있어 가장 많이 사용되는 척도의 하나이다. 11가지의 항목으로 인지기능을 평가할 수 있도록 구성되어 있다. 평가항목은 기억력(단어–회상, 단어 재인, 검사 지침 기억하기), 실행(구성 능력과 연속 행위), 언어(명령, 사물과 손가락 이름 대기, 언어 표현능력, 이해력, 낱말 찾기 어려움) 그리고 지남력으로 크게 구성된다. 총점은 70점으로 점수가 낮을수록 인지기능이 잘 보존되어 있음을 의미한다.

(라) 스트룹 과제(Stroop tasks)

J. Ridley Stroop이 고안한 것으로 스트룹 과제는 색을 나타내는 단어(예: 파랑)가 그 의미와 일치하지 않는 색(예: 빨강)으로 쓰인 상황에서 단어의 의미는 무시하고 단어의 색을 말하는 것이다. 이때 색 단어의 의미에 의해 간섭이 일어나 색을 말하는 데 시간이 더 걸린다. 반대로 단어의 의미와 일치하는 색으로 쓰인 글자(파란색으로 쓰인 파랑이라는 글자)의 색에 대한 보고 시간은 짧아져 촉진 효과를 나타낸다.

(마) 그 외 신경인지 기능 검사

몬트리올 인지평가, CANTAB, GDS, 전산화 신경인지기능 검사 등이 있다.

3. 인지능력 개선에 도움이 되는 기능성 원료 및 관련 제품

《표 II-4-6》 인지능력 개선에 도움이 되는 기능성 원료

기능성		기능성 원료	비고
인지 능력 향상	인지능력 개선에 도움	포스파티딜세린	고시형
		Lactobacillus helveticus 발효물, 도라지추출물(DRJ-AD), 참당귀뿌리추출물, 참당귀추출분말	개별인정형

출처: 식품의약품안전처(2014).

그림 II-4-2 ⋯› 인지능력 개선에 도움이 되는 건강기능식품들

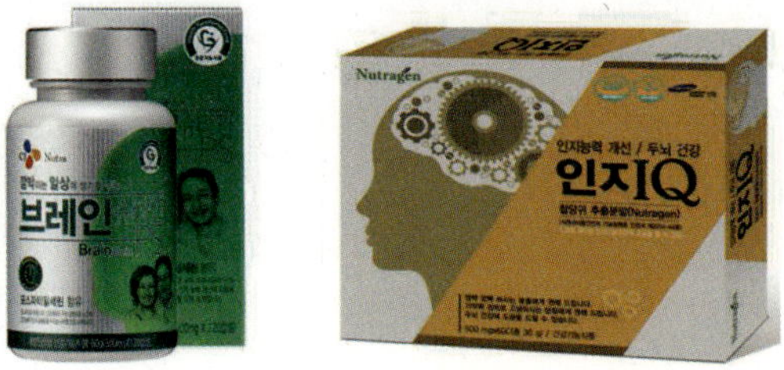

《표 II-4-7》 인지 능력 개선 기능성 원료의 기능(지표) 성분 및 일일 섭취량

구분	원료명	인정 등급	기능(지표) 성분	일일 섭취량
고시형	포스파티딜세린	생리활성기능 2등급	L-α-diacylphospha-tidylserin 포스파티딜세린	포스파티딜세린으로서 300mg/일
개별 인정형	참당귀뿌리 추출물	생리활성기능 2등급	① decursinol ② decursin	참당귀뿌리추출물로서 800mg/일
	도라지추출물 (DRJ-AD)	생리활성기능 3등급	platycoside E, platycodin D의 합	도라지추출분말로서 3g/일
	L. helveticus 발효물	생리활성기능 3등급	젖산	*L. helveticus* 발효물로서 1g/일
	참당귀 추출분말	생리활성기능 2등급	데커신(decursin)	참당귀추출분말(Nutragen)로서 800mg

출처: 식품의약품안전처(2014).

part II chapter 5

5. 혈당 조절과 건강기능식품

1. 혈당의 항상성 유지

장내에서 흡수되는 포도당은 문맥계를 통하여 전부 간을 통과하게 되며 이 과정에서 일부는 간 조직에 저장되기도 하지만 많은 양의 포도당이 간 조직에서 당분해(glycogenolysis)와 당신생(gluconeogenenesis)에 의해 혈류에 합쳐지며 이는 심장을 통하여 동맥으로 전신에 공급된다. 혈당은 80~130mg/dL로 일정하게 유지되며, 건강한 사람은 체내의 항상성 조절로 인해 공복 시 혈당이 80~100mg/dL로 일정하게 유지된다. 항상성 유지에 관여하는 호르몬은 대표적으로 인슐린, 글루카곤을 들 수 있다.

1) 인슐린

인슐린은 인체의 혈당이 정상 범위 이상으로 높아졌을 때 췌장에서 분비되는 호르몬이다. 혈중 포도당을 근육이나 간으로 이동시켜 글리코겐 형태로 저장하거나, 근육세포 및 지방세포에 포도당을 이동시켜 저장시키는 역할을 한다. 혈액의 포도당 농도가 증가하면 베타세포(β-cell)는 인슐린을 분비한다. 인슐린은 포도당 흡수와 포도당을 글리코겐과 지방으로 전환하는 것을 촉진하고 아미노산 흡수와 단백질 합성을 촉진한다.

2) 글루카곤

글루카곤은 혈당이 정상 범위 이하로 낮아졌을 때 분비되는 호르몬이다. 간과 근육에서 글리코겐이나 단백질을 포도당으로 분해 및 전환시켜 혈액의 포도당 농도를 상승시키는 역할을 한다. 알파세포(α-cell)는 혈액의 포도당 농도가 감소하면 글루카곤을 분비하는데, 글루카곤은 간을 자극함으로써 글리코겐을 포도당으로 분해하여 혈액 포도당 농도를 증가시킨다. 글루카곤은 또한 지방의 분해를 유도하여 유리지방산이 혈액으로 방출되도록 한다. 이러한 작용은 단식 시 혈중 포도당 농도가 감소할 때 에너지를 공급하는 역할을 한다. 또한 글루카곤은 다른 호르몬과 함께 지방산을 케톤체로 전환시키고 혈액으로 분비하여 에너지원으로 사용될 수 있도록 한다. 따라서 글루카곤은 단식 상태에서 체내 항상성을 유지하는 데 도움을 주는 호르몬이다.

2. 혈당의 범위

1) 정상혈당

공복혈당이 6.1mmol/L(110mg/dL) 이하로 강화되었으며, 식후 2시간 혈당은 7.8mmol/L(140mg/dL) 이하로 제한하고 있다.

2) 공복혈당조절장애

당뇨로 분류되지는 않지만 공복혈당이 6.1~6.9mmol/L(110~125mg/dL) 사이의 혈당을 공복혈당조절장애(impaired fasting glucose, IFG)로 정의한다.

3) 내당능장애

공복혈당이 7.0mmol/L(126mg/dL) 이상, 식후 2시간 혈당이 7.8mmol/L 이상(140mg/dL), 11.1mmol/L 이하(200mg/dL)인 경우를 내당능장애(impaired glucose tolerance, IGT)로 구분한다.

4) 당뇨병의 혈당

몇 가지 당뇨 증상을 나타내면서 공복 시 혈당이 7.1mmol/L(126mg/dL) 이상으로 강화되었으며 식후 2시간 혈당은 11.1mmol/L 이하(200mg/dL) 이상인 경우를 당뇨병으로 구분한다.

5) 내당능과 내당능장애

체내에 흡수된 포도당은 말초 조직에서 연소되거나, 베타세포를 자극하여 인슐린을 분비하게 함으로써 혈당이 조절될 수 있다. 이와 같이 생체가 정상적으로 포도당을 대사할 수 있는 능력을 내당능(glucose tolerance)이라 한다. 당뇨병의 범주에 속하지 않더라도, 고혈당이 있는 사람들은 흔히 내당능장애(impaired glucose tolerance, IGT)를 나타낸다. 통상적으로는 당뇨병은 정맥혈에서 포도당 농도가 15mmol/l(270mg/dL) 이상인 경우를 지칭하여 왔으나, WHO에서는 보다 표준화된 지침으로 ① 금식 중 혈당 농도가 7.8mmol/l(140mg/dL) 이상이거나, ② 포도당(glucose) 75g을 경구투여(oral glucose tolerance, OGT)하여 2시간 경과 후 혈당 농도가 11.1mmol/l(200mg/dL) 이상인 경우를 당뇨병으로 진단하는 것을 규정하고 있다. 이에 비하여 IGT는 75g-OGT 검사에서 2시간 경과 후 혈당 농도가 7.8~11.1mmol(140~200mg/dL) 사이일 때를 지칭한다.

2. 혈당조절 기능성 평가방법

1) 혈당 측정

혈당 측정은 oxalate와 fluoride가 들어 있는 시험관에 채혈하여 혈장을 분리한 다음 혈당분석기[(glucose analyser), 예: Beckman glucose analyser]로 분석한다. 그러나 이 방법은 일상적이고 지속적으로 혈당을 측정하기 어렵기 때문에 시중에 상품화되어 있는 다양한 종류의 capillary type의 휴대용 혈당측정기(glucometer)를 이용하여 간편하고 신속하게 혈당을 측정할 수 있다. 다만 capillary type의 휴대용 혈당측정기로 측정한 혈당의 값은 혈류에서 즉시 얻은 시료를 측정하기 때문에 혈당측정기를 이용하여 측정한 값보다 다소(약 7% 이내) 높을 수 있음을 감안하여야 한다. 실험 중인 동물모델에서는 다량의 혈액을 채취하기 어렵기 때문에 꼬리정맥에 작은 상처를 내어 정맥혈을 채혈하여 혈당계(glucometer)로 혈당을 측정한다. 실험에 많이 이용되는 설치류(rat, mouse) 등은 낮에 먹이를 잘 섭취하지 않으므로 아침 일정한 시간에 먹이를 제거하고 4~5시간 경과 후 혈당을 측정한다.

(1) 내당능 측정(glucose tolerance)

각 시간별 혈당 농도를 그래프에서 선으로 나타내고 0~180분 사이에 나타나는 그래프의 면적(incremental area under the curve, AUC)을 비교하거나 최고 혈당 농도와 180분 후의 혈당 농도로 판단한다.

(2) 경구당부하검사(oral glucose tolerance test, OGTT)

사람의 경우 금식 후 75g의 포도당을 250~35mL의 물에 녹여 5~15분 동안 마시게 한 후 30, 60, 90, 120 및 180분 후에 혈당농도를 측정한다.

(3) 복강내당부하검사(IPGTT)

이는 실험동물에 5% 포도당 용액을 1~2mg/g(체중)의 용량으로 복강에 주사한 후 30, 60, 90, 120 및 180분 후에 혈당농도를 측정하는 방법으로 포도당의 투여가 간편하여 소형동물의 실험에 잘 이용될 수 있다.

2) 당화혈색소(Glycated hemoglobin)

당화혈색소의 측정은 장기간에 걸친 혈당의 변화를 통합하여 내는 좋은 지침이 되며 1회의 채혈로 측정이 가능하다. 그러나 당화혈색소를 비교하기 위해서는 최소한 8주 이상의 실험기간이 요구된다. 이의 액체크로마토그래피(HPLC)법, 전기영동법, boronic acid 컬럼법, TBA법, 면역측정법 등이 있으나, 보통 자동화기기에 의해 측정되고 있다(예: DCA 2000, Gothenburg, Sweden). 엄밀히 하면 HbA1c 값이란 액체크로마토그래피법에서 측정한 결과를 지칭하는 용어이며 DCA 2000으로 측정한 결과를 당화혈색소(glycated hemoglobin) 값이라 한다. 이들 장비는 비교적 고가이기 때문에 병원의 임상병리 실험실에 측정을 의뢰하는 것이 바람직하다. 당화혈색소(HbA1c)의 측정값은 %로 표시되며 DCCT(Diabetes Control and Complication Trial; Diabetes Control and Complication Research group, 1993)과 UKPDS(United Kingdom Prospective Diabetes Study, 1998)를 표준으로 하는 것을 권장한다.

3) 혈장 인슐린과 C-펩타이드 농도

C-펩타이드는 프로인슐린(proinsulin)의 분해 과정에서 인슐린과 같은 비율

로 생기지만 인슐린처럼 간이나 다른 말초 조직에서 이용되지 않은 상태로 존재하며 반감기도 인슐린보다 길어 측정하기 편리하며, 그 측정치는 인슐린의 분비 정도를 반영한다. 측정값은 pmol/L 또는 mU/L로 표시되며, 사람의 경우 정상 혈장 인슐린 농도는 75-g OGGT 실시 2시간 후 240pmol/l(40mU/l), 5시간 후 132pmol/L(22mU/L)이다. 금식 후 혈장인슐린 농도(fasting plasma insulin concentration)는 동맥혈과 정맥혈이 다르나, 정맥혈의 경우 13~39mU/L를 정상범위로 보고 있다. 인슐린과 C-펩타이드(C-peptide)의 측정은 방사면역측정법(radioimmunoassay, RIA)이 주로 이용되고 있으나 최근에는 ELISA(enzyme linked immunoabsorbant assay)가 개발되어 많이 이용되고 있다. 다수의 시료 측정에는 RIA가 좋을 수 있으나, 소수의 시료를 자주 측정할 때에는 효소결합면역침강분석법(ELISA)이 권장된다. 측정을 위해서는 채혈혈액에서 혈장을 분리한 후 RIA kit나 효소결합면역침강분석법 kit를 이용하여 분석한다. 분석방법은 kit 제조회사의 매뉴얼에 따른다. RIA 경우 125-I가 표지된 인체 인슐린(2,000Ci/mmol, Amersham Corp, Arlington Height, IL)을 인체혈청알부민이 포함되어 있는 0.5M 완충액에 희석시킨 후 100μL를 취하여 동량의 표지물질(tracer)과 함께 스탠다드(standard) 또는 측정하고자 하는 혈청이 담긴 시험관에 섞는다. 여기에 200μL의 γ-globulin(1.6%/0.9% saline)과 1mL의 폴리에틸렌글라이콜(polyethylene glycol)(20% in 0.2M 완충액)을 넣은 후 하루 동안 반응시키고 4℃에서 2,500r/min으로 25분간 원심분리시킨 다음 상층액을 버린 나머지 팰릿(pallet)을 γ-계측기로 측정한다.

4) 췌장베타세포의 기능성 측정

췌장의 이자섬은 인슐린(insulin)을 분비하는 세포들과 이의 분비를 수행하거나 조절하는 데 관여되는 여러 장치들이 모여 있는 중요한 내분비 기관이다. 건강한 성인의 췌장에는 1백만 개 정도의 이자섬이 존재하나 부피로는 췌장 전체의

2% 정도이며 조직의 무게로는 약 1.5g 정도밖에 되지 않는다. 실험동물로 많이 이용되는 흰쥐에는 약 5,000개의 이자섬이 존재한다. 이자섬에는 인슐린을 분비하는 베타(β)세포들이 중심부에 존재하는 반면 글루카곤 알파세포, 소마토스타틴(somatostatin, D) 세포와 pancreatic peptide(P-P) 세포들은 주변부에 위치하고 있어 흔히 'mantle cell'로 불린다. 정상 성인의 췌장에서 성 세포(islet cell)의 구성비율을 보면 베타세포는 70~80%에 이르는데, 실험의 결과로 이들 베타세포의 인슐린 합성과 분비 및 생존 여부(viability)를 측정하는 것이 기능성 식품에 의한 베타세포의 기능변화 여부를 설명해 줄 수 있는 지표로 이용될 수 있다. 또한 베타세포의 인슐린 분비기능은 베타세포에 포함된 인슐린 함량 정도, 인슐린 mRNA 발현 정도 등을 측정하여 평가할 수 있다.

5) 췌장베타세포의 인슐린 분비측정

베타세포에 존재하는 인슐린 또는 인슐린 합성의 표적자인 인슐린-mRNA를 측정하는 것은 기능성 식품의 투여로 인한 베타세포의 기능을 측정하는 좋은 지표가 될 수 있다. 조직 내 인슐린 펩타이드는 면역조직 화학적 방법으로 분석하며 인슐린 mRNA는 insitu hybridization 법 및 northern blot 실험법으로 측정할 수 있으나, 이는 절댓값이 아닌 실험군 간의 상대비교를 나타내는 것이다.

6) 인슐린(insulin) 면역조직 화학법

실험동물을 희생시킨 동물에서는 혈액을 채취하고 췌장조직을 절취하여 무게를 측정하고 고정액에 담거나 액체질소에 보관한다. 고정액에 담긴 조직은 면역조직 화학법과 insitu hybridization을 위하여 파라핀에 포매 후 조직절편을 작성한다. 조직절편에서 인슐린세포와 글루카곤(glucagon) 세포 등을 관찰하기 위하여 면역조직 화학법을 시행한다. 면역세포 화학기법은 avidin-biotin-peroxidase complex 법을 이용한다. 한편 필요에 따라 베타세포 내 인슐린 분자의 위치를 추적하기 위하여 인슐린 면역 라벨링(insulin immuno-gold labeling)을 시행할 수 있다. 전자현미경적 면역세포 화학법은 면역골드법(immunogold)을 이용한다.

(1) ABC 법

모든 실험동물을 마취시킨 후 복강을 열고 췌장을 적출하여 Bouin액으로 고정시킨다. 면역세포 화학법에 이용할 조직은 Bouin액을 사용하여 16시간 고정 후 탈수, 투명, 침투의 과정을 거친다. 파라핀에 포매된 조직은 4μM 두께로 절단하여 poly–L–lysine가 코팅된 슬라이드에 부착시켰다. 면역세포 화학법은 avidin-biotin-peroxidase complex 법에 의해 진행한다. 조직절편을 0.5% H_2O_2 용액으로 30분간 반응시켜 조직 내에 존재하는 peroxidase를 제거하고 5% normal goat serum으로 처리한다. 일차 항체는 mouse monoclonal anti–human insulin antibody(1:1000, Bio Genex, USA)를 이용하여 4℃에서 16시간 반응시킨다. 2차 항체로서 인슐린의 경우 비오틴(biotin)이 표지된 horse anti–mouse IgG(1:400, vector Lab., USA)로 60분간 실온에서 반응시킨다. 이어서 ABC(1:200, Vector Lab., USA)로 60분간 실온에서 처리시키고, 3,3′diaminobenzidin tetrahygro-chloride(DAB, Sigma, USA)로 발색시킨다. 모든 염색 과정에서 항상 정상대조군, 실험군, 당뇨군을 동시에 처리하여 염색 정도를 같게 한다.

(2) Immunogold 표지법

투과전자현미경용 조직은 4℃에서 1~2mm^3 크기로 절단하여 4% PFA 용액에 4℃에서 4시간 고정하고 다음의 두 가지 방법으로 포매한다. 즉, 일부 조직은 고정이 끝난 후 0.1M 완충액으로 세척하고 탈수 과정을 거쳐 Epon resin(Agar Scientific LTD., UK)으로 포매하고, 나머지 조직은 4℃에서 탈수 과정을 거쳐 unicryl(Electron Microscopy Sciences, USA)로 포매하고 -20℃에서 7일간 자외선으로 중합시킨다. 중합이 끝나면 조직을 울트라마이크로톤(ultramicrotone)

(Reichert-Jung, Austria)을 이용하여 70nm 두께의 초박절편을 만들고 콜로디온(collodion) 막을 입힌 니켈 그리드(nickel grid)에 부착한다. 췌장 β세포의 미세구조와 분비과립의 형태 및 인슐린 농도 등을 세포 실험 수준에서 관찰하기 위하여 protein A-gold 복합체(complex)를 이용한 immunogold 표지법을 시행한다. 조직의 비특이적인 반응을 제거하기 위하여 1% ovalbumin으로 실온에서 30분간 처리 후 기니아 피그 항인슐린(guinea pig anti-insulin) 항체(1:100 Dako, USA)로 4℃에서 16시간 반응시키고, 0.01M PBS로 세척하고 10nm gold 입자가 결합된 protein A 복합물로 50분간 반응시킨다. 조직상의 대조를 위하여 uranyl acetate, lead citrate로 이중 염색을 시행하고 투과전자현미경 Hitatsi H-7100(Hitachi, Japan)으로 관찰한다.

7) In situ hybridization

In situ hybridization을 위한 조직은 4% PFA 용액에 4℃에서 4시간 고정 후 0.1M 완충액으로 세척하고 면역세포 화학법 염색용 조직 처리와 같은 과정을 거쳐 작성된 박편을 실란화된 슬라이드(silanized slide)(Fisher Scientific, USA)에 부착시킨다. In situ hybridization는 인슐린 mRNA에 대한 cDNA를 이용하여 DNA-RNA 이종교배를 시행한다. 파라핀에 포매된 췌장 조직을 프로테이나제 K(proteinase K)(10μg/mL in 0.1M Tris buffered 0.05M EDTA pH 8.0, Boehringer Mannheim, Germany)로 37℃에서 10분간 처리한 후 조직 내에 남아 있는 프로테이나제 K를 제거하기 위하여 4℃에서 0.4% PFA로 20분간 처리한다. 이어서 37℃에서 2×SSC, 12.5×Denhart's, 파이로인산나트륨(sodium pyrophosphate), 0.25% SDS, 5% 덱스트란 황산(dextran sulfate)으로 구성된 이종교배(hybridization) 용액으로 1시간 prehybridization시킨 후 동일한 이종교배 용액에 디곡시게닌(digoxigenin)이 표지된 흰쥐 인슐린 프로브(rat insulin probe)(30base, oligodioxyribonucleotide, R&D systems, USA)를 5~10mg/cm^2 되게 첨

가하고 37℃에서 16시간 이종교배(hybridiztaion)시킨다. 이중교배가 끝난 후 37℃에서 4×SSC, 2×SSC, 1×SSC로 처리하고 증류수와 0.1M Tris buffer로 세척하여 이종교배 후속작업(post-hybridization)을 시행한다. 이어서 digoxigenin의 비특이적 반응을 제거하기 위하여 1% 소혈청알부민(bovin serum albumin)이 포함된 0.1M Tris buffer 용액으로 처리하고 알칼리인산염(alkaline phosphate)이 표지된 anti-digoxigenin 항체(1:500, Boehringer Mannheim, Germany)로 실온에서 45분간 반응시킨다. 발색을 위하여 4-nitro blue tetrazoline chloride(NBT)와 X-phosphate(5-bromo-4-chloro-3-indolyl-phosphate, tolurdinium salt, BCIP)를 1mL당 5μL, 3.65μL씩 NBT/BCIP 완충액에 첨가하여 37℃ 암소에서 4시간 반응시킨다.

8) RNA 분리 및 베타세포에 대한 Northern blot 분석

(1) Total RNA isolation

총 RNA 분리는 본 실험에 사용될 시료들에 D 용액(solution D)을 더하여 균질화한 후, 15분 동안 완전히 용해시킨다. 이를 다시 각각 튜브에 옮겨 2M sodium acetate/phenol/CIAA를 0.1/1/0.2의 양을 더하여 섞은 후 15분 동안 얼음(ice)에 방치한 후, 원심 분리하여, 상층을 얻고 동량의 이소프로판올(isopropanol)을 더하여 -70℃에서 보관한다. 이를 다시 원심분리하고, 얻어진 팰릿(pellet)을 70% 에탄올로 세척한 후 건조시킨다. 분리된 RNA는 분광광도계(spectrophotometer)를 이용하여 260nm에서 흡광도를 읽어 정량한다.

(2) RNA 전기영동과 Northern blot

각 실험군의 췌장 조직에서 분리한 RNA를 1.5% 이상의 아가로즈 포름알데하이드젤(agarose formaldehyde gel)로 전기영동한다. RNA 샘플링 전기영동(sampling electrophoresis)을 위해서 분리한 총 RNA를 10μg 이상의 농도로 하여 20×MOPS와 포름알데하이드(formaldehyde), 포름아미드(formamide), DEPC water를 넣고 65℃에서 15분간 가열하여 로딩(loading)한다. 이후에 20×SSC 완충액을 transfer buffer로 나일론 멤브레인(nylon membrane)으로 16시간 이상 transfer한다. Transfer가 끝난 후 멤브레인(membrane)을 2×SSC로 수세하고 여과지에 말리고 prehybridization 용액으로 42℃에 약 2시간 정도 배양한다. 이를 다시 Dig-labeling된 인슐린 프로브(insulin probe)가 적당량 첨가된 이종교배 완충액(hybridization buffer)으로 교환한 후 역시 42℃에서 16시간 정도 이종교배한다. 이종교배된 멤브레인은 2×SSC/0.5% SDS, 2×SSC/0.1% SDS, 0.1×SSC/0.5% SDS로 37℃에서 수세한 후 알칼리 인산염(alkaline phosphatase)이 표지된 anti-digoxigenin 항체를 실온에서 60분간 배양(incubation)한 후 NBT/BCIP로 발색한다.

9) 베타세포 생활성(viability) 측정

(1) 세포사멸 측정(TUNEL assay)

인슐린 분비세포의 사멸을 확인하기 위하여 TUNEL 분석을 하며, 이 과정은 In Situ Cell Detection Kit(Roche, Germany)를 사용한다. 먼저 배양된 세포를 4% 파라포름알데하이드(paraformaldehyde)로 실온에서 2시간 고정한 후 인산완충액(PBS)을 이용하여 수세하고, 세포 내 투과성을 높이기 위하여 protease로 37℃에서 30분간 반응시킨다. 이후 TUNEL 반응액을 첨가하고 37℃에서 60분간 반응시키고 인산완충액을 이용해 수세한다. 손상된 DNA에 결합된 dUTP를 검출하기 위하여 anti-POD로 37℃에서 30분간 반응시킨 후 DAB(diaminobezidine, Sigma, St Louis, MO)를 이용하여 광학현미경으로 관찰하며 발색한다.

(2) 세포 증식 측정

베타세포 증식은 증식세포의 핵에서 나타나는 단백질인 PCNA 또는 Ki67에 대한 항체를 이용하여 면역염색을 실시한다. 면역염색법은 전술한 것과 같다.

10) 알파-글루코시데이즈(α-glucosidase) 활성 억제 측정

장내에서 포도당(glucose)의 흡수를 방해함으로써 혈당을 조절하는 것으로 생각되는 식품에 대해서는 α-글루코시데이즈(α-glucosidase) 효소활성 억제 정도를 측정한다. 모든 탄수화물은 장내에서 단당류로 분해되어야 흡수가 가능하다. 대장 α-글루코시데이즈는 소장점막 미세융모막에 존재하는 효소로서 다당류의 탄수화물을 단당류로 분해하는 탄수화물의 소화에 필수적인 효소이다. α-글루코시데이즈 저해제로 알려진 아카보스(acarbose)는 인슐린과 같이 저혈당 활성을 갖는 것이 아니라, 소장 내의 점막에서 다당류를 분해하는 α-글루코시데이즈를 억제하여 소장 내에서 탄수화물의 소화 흡수율을 저하시킴으로써 식후 혈당을 감소시킨다고 보고되었다. 기능성 식품 중 아카보스(acarbose)와 같은 알파-글루코시데이즈 활성 억제 작용이 있는 것으로 판단되는 것들은 이 효소의 억제 정도를 측정하는 것으로 기능성을 판단한다. α-글루코시데이즈 활성 억제 측정은 실험관 내에서 기질과의 반응역학 분석(kinetic analysis) 방법과 소화관 내에서 수크로스(sucrose)의 분해 흡수를 억제하는 것을 측정하는 OGTT로 검사하는 in-vivo 검사법을 이용한다.

11) α-glucosidase(from Bacillus stearothermophilus) 활성억제 측정법

α-glucosidase 효소 enzyme-α-glucosidase(EC 3.2.1.20) sigma G-3651/50 units, PIPES buffer(0.1 M, pH 6.8) 1mL를 효소병에 넣어 50units/mL 용액을 만든 후 1/100 희석하여 20mL씩 반응에 사용한다. substrate-PNP-glycoside(p-nitrophenyl a-D-glucopyranoside) sigma N-1377, buffer-PIPES buffer(0.1M, pH 6.8) sigma P-6757, stop solution-0.64% N-(1-naphthyl) ethylenediamine solution(pH 10.7) sigma N-5889 합성기질(synthetic substrate)인 PNP-glycoside(2mM)에 PIPES 완충액(0.1M, pH6.8)을 첨가한 후 α-글루코시데이즈 활성 억제 실험을 할 시료를 다양한 농도로 섞는다. 그 혼합액에 효소용액(enzyme solution)을 20mL씩 첨가하여 0.01unit/500mL(최종 반응량) 농도가 되게 한다. 그리고 37℃에서 30분간 반응시킨 후 0.64% N-(1-Naphthyl) 에틸렌디아민 용액(ethylenediamine solution)(pH 10.7)을 1mL 첨가하여 반응을 종결시킨다. 분광광도계를 이용하여 기질인 PNP-glycoside로부터 유리되어 나오는 반응 생성물인 P-니트롤페놀(P-nitrophenol)을 400nm에서 측정하여 α-글루코시데이즈 활성의 억제 정도를 확인한다.

12) Kinetic analysis of alpha-glucosidase (from Bacillus stearothermophilus) inhibition

α-글루코시데이즈 활성 억제 실험에서 효과가 있는 시료의 저해기전(inhibition mode)을 분석하기 위해 substrate인 PNP-glycoside(0.125-2mM)를 시료의 몇 가지 다른 농도에 대하여 각각 반응시킨다. 그 외에 조건들은 상기 서술한 실험법과 동일하게 수행하며 대조 실험으로는 시료를 반응에 첨가하지 않고 효소(enzyme)와 기질(substrate)만을 반응시킨다. 그리고 다양한 농도의 P-니트롤페놀을 미리 측정하여 standard curve를 그린 후, 각각의 다른 시료 농도에 대하여 얻어진 흡광도 수치를 standard curve의 방정식에 대입하여 반응의 최종 산물인 P-니트롤페놀의 양을 계산한다. 이러한 방법으로 산출된 값들은 1/PNP-G(mM)-1을 X축으로, 1/V(mM/min)-1을 Y축으로 하여 Lineweaver-Burk plot으로 다시 작성하며 α-글루코시데이즈에 대한 PNP-glycoside의 Km 값을 구한다.

13) Intestinal disaccharidase inhibition assay

흰쥐 소장의 아세톤파우더(rat intestinal acetone powder) 100mg을 0.9% 염화나트륨(NaCl solution)(3mL)에 첨가한 후 30초간 12회 얼음 위에서 소니케이션(sonication)하고 나서 12,000rpm에서 30분간 원심분리한다. 상층액만을 바로 실험에 사용하거나 -20℃에 보관한다. 흰쥐 소장 이당분해효소(rat intestinal disaccharidase)에 대한 기질은 수크로스(sucrose)(40mM), 말토스(maltose)(6mM), 이소말토스(isomaltose)(4mM)를 사용하고 PIPES (0.1M, pH 6.8) 완충액에 다양한 농도로 시료를 첨가하여 저해 실험(inhibition assay)을 수행한다. 37℃에서 20분간 반응시킨 후 glucose−trinder solution을 1mL 넣고 다시 10분간 37℃에서 반응시킨다. 끓는 물에 2분간 담가 두어 반응을 종결시키고, 각각의 기질로부터 유리되어 나오는 포도당(glucose)을 505nm에서 측정한다.

《표 II-5-1》 혈당조절 바이오마커 및 분류

바이오마커	측정세부사항	측정 가능한 연구유형		
		실험관	동물	인체
포도당 (glucose)	공복혈장혈당(fasting plasma glucose)		○	○
	식후 혈장혈당(2h−plasma glucose)		○	○
	내당능 검사(GTT)		○	○
	OGTT		○	○
	IVGTT		○	○
	IPGTT		○	
당화혈색소	혈장 헤모글로빈 Alc		○	○
인슐린	공복혈장 인슐린 공복혈장 C−펩타이드		○	○
베타세포기능 (β−cell function)	세포생활성(viability) 세포 및 조직 인슐린 함유도 세포 및 조직 인슐린 합성능(insulin−mRNA)		○	

6. 면역 조절과 건강기능식품

part II chapter 6

1. 개요

1) 면역기능의 의미

면역은 체내에 존재하는 자기방어체계로서 인체가 외부로부터 침입해 오는 각종 물질이나 생명체를 자기 자신에 대한 이물질로 인식하여 제거하고 대사시키는 과정이다. 외부 자극에 의한 손상이나 병원 미생물의 침입으로부터 자신을 방어하기도 하지만 염증반응과 같이 자기 자신의 조직에 손상을 줄 수도 있다. 면역기능의 변화를 조절하여 정상으로 회복시키거나 변화의 폭을 줄여 주는 작용으로 면역기능 억제와 면역기능 증강으로 구분된다. 과민면역반응 완화는 외부 물질에 대해 불리하게 반응하여 초래되는 알레르기 반응 자기항원 또는 변형된 자기항원에 대한 반응 등 바람직하지 않게 증가된 면역반응을 억제시키는 것을 의미한다.

(1) 선천면역반응

체내에는 특정 항원에 노출된 경험이 없는데도 직접적으로 반응하여 공격대상 세포를 파괴하는 자연면역반응, 즉 선천면역(innate immunity) 또는 비특이적 면역(non-specific immunity)이 있다. 선천면역반응에 관여하는 백혈구는 적혈구와는 달리 핵이 존재하여 스스로 복제할 수 있는 능력을 가진다. 여기에 속하는 세포로는 호염구(basophil), 호산구(eosinphil) 그리고 대식세포(marcophage) 등의 대식능력의 세포(phagocytic cell)들이 대부분이며 항원의 침입 이전에 존재하고 있다. 이 세포들은 일반적으로 공격대상 세포의 종류에 상관없이 다양한 기능을 발휘하는 것이 특징이다

《표 II-6-1》 선천면역의 구조와 방어기전

구조		기전
외부	피부	병원체에 의한 침투에 대한 물리적 장벽 역할, 분비물이 리소자임을 보유
	소화관	위의 강산성, 결장의 세균에 의한 보호
	기도	점액 분비와 이동, 폐포 대식세포
	요생식로	소변의 산성, 질의 젖산
내부	식세포(phagocyte)	세균, 세포잔해, 변성 단백질과 독소 등의 섭취와 파괴
	인터페론(interferon)	항미생물 물질, 바이러스 복제 억제
	보체 단백질 (complement protein)	세균의 파괴 촉진, 염증 반응 증강
	내인성 발열물질 (endogenuous pyrogen)	백혈구와 다른 세포에 의해 분비되며 발열 생성

출처: 식품의약품안전처(2014).

(2) 적응 면역반응

특정 항원에 대하여 특정 림프구가 작용을 하고 이것을 기억하고 있다가 동일 항원이 다음에 들어오면 반응이 진행된다. 적응 면역반응은 B 림프구가 관여하는 체액성 면역반응과 T 림프구가 관여하는 세포매개성 면역으로 구분된다.

(가) 체액성(humoral) 면역반응

항원의 자극과 T 림프구의 도움 등이 가해지면 B 림프구는 항체를 생성하여 혈액과 림프로 분비된다. 혈액과 림프가 체액이기 때문에 B 림프구를 체액성 면역이라 한다. 항체는 미생물 항원을 특이적으로 인식하여 감염성을 중화시키고 표적 미생물을 제거한다.

그림 II-6-1 ···› 체액성 면역반응

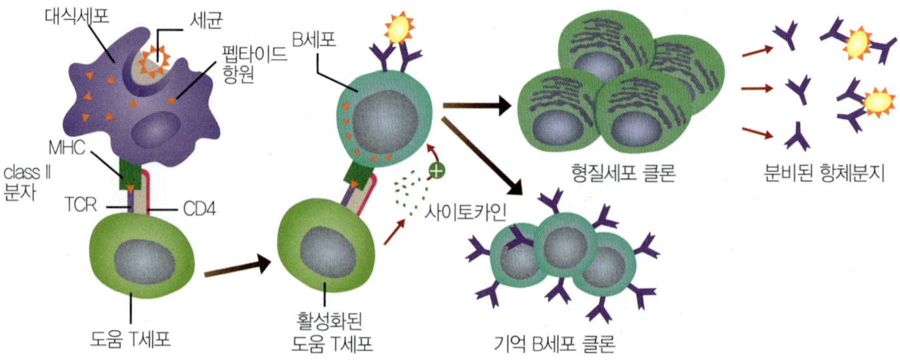

출처: Stuart Ira Fox(2014).

(나) 세포매개성(cell-mediated) 면역반응

세포매개성 면역반응에 관여하는 T 림프구는 항체를 분비하지 않고 세포에 가까이 접근하거나 물리적 접촉을 하여 세포를 제거한다. 세포 내 미생물은 대식세포 및 다른 숙주세포 내에서 증식할 수 있는데 이러한 감염에 대한 방어를 담당하여 대식세포 내에 있는 미생물을 파괴하거나 혹은 감염된 세포를 사멸시킨다.

그림 II-6-2 ···› 세포매개성 면역반응

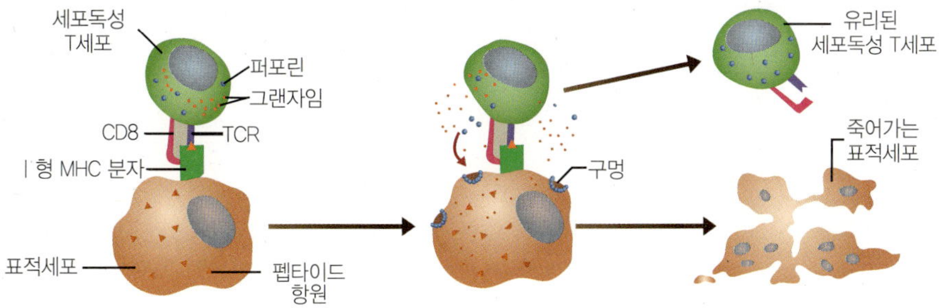

출처: Stuart Ira Fox(2014).

1) 면역에 관여하는 세포 및 기능

(1) 림프구(lymphoid cells)

여러 가지 세포로 분화할 수 있는 잠재력을 가진 조혈모세포(hematopoietic stem cell)는 백혈구, 적혈구, 혈소판 등을 생산하고 세포분열을 통해 자신을 대체한다. 이와 같이 생성된 림프구는 흉선(thymus) 비장 및 림프절에 들어가 분화 성숙되어 림프구 클론 집단을 형성하고 방출된다. 흉선에 들어간 T 림프구는 림프구가 되고 그 다음 T 림프구는 다른 기관에 들어가 분화 성숙된다. T 림프구가 아닌 대부분의 림프구를 B 림프구라고 한다.

(가) B 림프구

B 림프구는 항원과 결합하는 항체를 분비한다. 항체 단백질은 면역글로불린(immunoglobulin, Ig)으로 알려져 있다. 항체에는 5종류의 면역글로불린(A, D, E, G, M)이 존재하며 이들의 기본 구조와 기능은 유사하나 크기, 특성, 특수 기능은 서로 다르다. IgG는 혈청 속의 대부분 항체로서 식세포(phagocyte)와 결합

하여 병원체를 탐식·파괴하는 역할을 한다. IgA는 타액과 유즙 같은 분비물에 존재하며 점막의 국소 방어에 기여한다.

IgE는 알레르기 반응(allergic reaction)에 관여한다. IgM은 초기 항원 접촉 시 첫 번째로 분비되며 항원의 중화 및 응집 반응을 촉진하고 보체의 활성화에 관여한다.

(나) T 림프구

T 림프구의 각 아집단은 특정 면역기능을 갖는다. 살해(killer) 또는 세포 독성(cytotoxic) T 림프구는 표면 분자에 의해 확인될 수 있고 그 기능은 이물질을 포함한 체세포를 세포매개성 면역반응으로 파괴시킨다. 보조(helper) T 림프구와 억제(suppersor) T 림프구는 B 림프구와 살해 T 림프구의 반응을 조절함으로써 특정 면역반응에 간접적으로 참여한다.

(2) 골수계 세포(myeloid system)

과립구는 세포질 내에 염색되는 과립으로 형태와 과립의 염색성에 따라 호중구 호산구, 호염기구, 비만세포로 분류된다. 일정한 수를 유지하기 위해서 끊임없이 골수로부터 공급을 받으며 핵의 림프구와 같은 특정항원에 대한 특이성은 없으나 주 기능은 탐식작용이며 미생물이 침입하거나 급성 염증 시 급격히 증가한다. 호중구(neutrophils)는 과립구의 90%를 차지하며, 가장 많은 골수계 세포로서 활발한 탐식작용을 한다. 호산구(eosiniphil)는 비알레르기성 사람의 경우 과립구의 2~5%를 차지하며 기생충과 같은 큰 표적에 대해 탈과립 방법으로 독성물질을 분비하여 표적 공격한다. 호염구(basophil)는 0.2% 존재하며, 적당한 자극에 의해 과립에 함유된 히스타민, 헤파린 등이 탈과립에 의해 분비된다.

2. 면역 기능 증진 기능성 실험 방법

1) 바이오마커의 선정

《표 II-6-2》 면역 기능 증진 평가 관련 바이오마커

구분	바이오마커	측정 가능한 연구유형		
		시험관	동물	인체
선천면역	자연살해세포		○	○
	사이토카인(IFN-α, IFN-β, TNF-α, IL-1, IL-6, IL-12)	○	○	○
	탐식능	○		
	산화질소(NO)	○	○	
	산화질소합성효소(iNOS)	○		
	COX2	○		
	보체계		○	○
적응면역	사이토카인(IFN-γ, TNF-β, IL-2, IL-4, IL-5, IL-6, IL-9, IL-10, IL-13)	○	○	○
	림프구 아집단 비율	○	○	○
	면역글로불린		○	○
공통	세포 생존율	○		
	비장세포 증식		○	
	조직 무게(비장, 흉선)		○	

출처: 식품의약품안전처(2014).

2) 바이오마커 평가 방법

(1) 사이토카인(cytokine)

사이토카인(cytokine)은 선천면역과 적응 면역에 관여하는 세포에서 분비되는 단백질로서 이들 세포의 여러 기능을 조절한다. 사이토카인은 적응면역반응의 활성화 단계에서 림프구의 성장과 분화를 자극하고 선천면역과 적응면역의 작동 단

계에서 여러 종류의 작동세포들을 활성화시켜 미생물과 항원들을 제거한다.

그림 II-6-3 ···› 숙주 방어에 있어 사이토카인의 기능

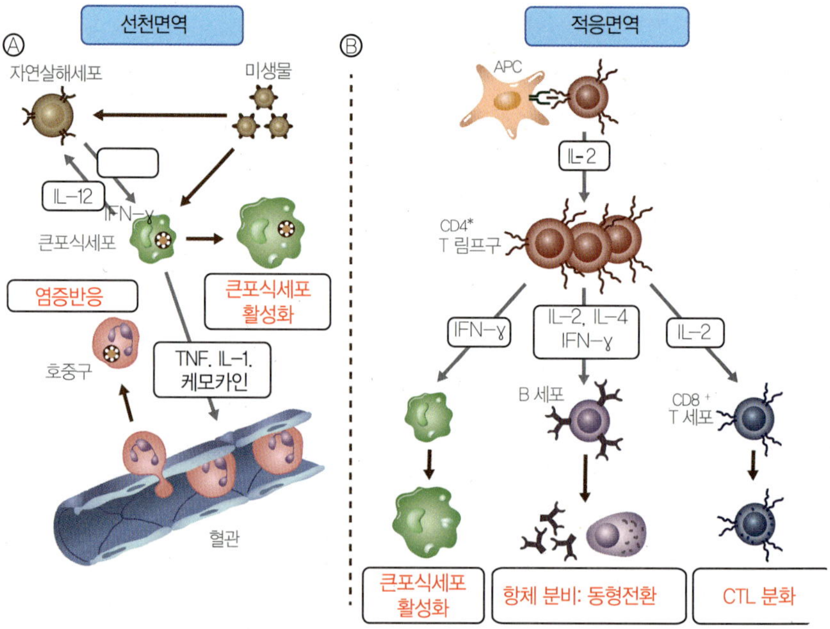

출처: Abbas 외(2013).

(가) TNF(tumor necrosis factor)

선천면역을 매개하고 조절하는 사이토카인이다. TNF는 그람 음성 세균과 그 외의 감염균에 의한 급성 염증반응의 주된 매개자이며 중증 감염의 전신적 합병증의 원인이 된다. TNF는 항원에 자극된 T 림프구, 자연살해세포, 비만세포에 의해서도 분비되지만 활성화된 대식세포가 주된 생산세포이다.

(나) 인터루킨-1(interleukin-1, IL-1)

선천면역을 매개하고 조절하는 사이토카인이다. IL-1은 TNF와 비슷하게 감염

및 다른 자극에 대한 숙주의 염증반응 매개자로서 작용하며, 대식세포, 호중구, 상피세포 등에 의해서 생산된다.

(다) 케모카인(chemokine)

선천면역을 매개하고 조절하는 사이토카인이다. 케모카인은 숙주방어 세포를 감염 부위로 보내는 역할을 하고, 림프구 및 다른 백혈구의 말초 림프 조직을 통한 이동을 조절한다. 대식세포, 내피세포, T 림프구 등에서 생성된다.

(라) 인터루킨-12(interleukin-12, IL-12)

선천면역을 매개하고 조절하는 사이토카인이다. 세포 내 미생물을 제거하는 데 관여하는 대식세포, 자연살해세포, T 림프구가 관련된 일련의 반응을 시작하는 데 중요한 역할을 한다. 대식세포, 수지상세포에서 생성된다.

(마) 제1형 인터페론(interferon, IFN/IFN-α, IFN-β)

선천면역을 매개하고 조절하는 사이토카인이다. 바이러스 감염에 대해 방어하고 세포 내 미생물에 대한 세포매개 면역을 증진시킨다. IFN-α는 대식세포에서 IFN-β는 섬유모세포에서 생성된다.

(바) 인터루킨-10(interleukin-10, IL-10)

선천면역을 매개하고 조절하는 사이토카인이다. 활성화된 대식세포를 억제하여 면역계를 휴지기 상태로 되돌린다. 대식세포, T 림프구에서 생성된다.

(사) 인터루킨-6(interleukin-6, IL-6)

선천면역과 적응면역 모두에서 기능을 하는 사이토카인이다. 선천면역에서 골수 전구세포로부터 호중구의 생산을 유도하며 적응면역에서는 항체 생산자로 분화된 B 림프구의 성장을 자극한다. 또한 항염증성 사이토카인의 생산을 자극하고 조절 T 림프구의 생성과 작용을 억제하여 세포매개 면역반응을 촉진한다. 대식세포와 내피세포, T 림프구에서 생성된다.

(아) 인터루킨-2(interleukin-2, IL-2)

적응 면역을 매개하고 조절하는 사이토카인이다. T, B 림프구, NK 세포의 증식과 분화를 자극한다. T 림프구에서 생성된다.

(자) 인터루킨-4(interleukin-4, IL-4)

적응 면역을 매개하고 조절하는 사이토카인이다. IgE 항체 생성과 미감작 $CD4^+$ 보조 T 세포로부터의 TH2 세포 발달을 위한 주된 자극자이다. TH2 세포와 비만세포에서 생성된다.

(차) 인터페론-γ(interferon-γ)

적응 면역을 매개하고 조절하는 사이토카인이다. 대식세포를 활성화시켜 미생물을 죽인다. 또한 미감작 $CD4^+$ 보조 T 세포의 TH1 세포로의 분화를 촉진시키며, TH2 세포로의 분화를 억제시킨다. T 림프구와 자연살해세포에서 생성된다.

(2) 면역계의 과민 반응

면역방어반응에는 림프구 체세포 외래물질 간의 고도의 상호조절 작용이 필요하다. 이물질에 대한 신체의 잘못 변화된 능력으로 면역계의 과민반응(hypersensitivity reaction)인 알레르기가 발생한다. 알레르기는 알레르겐(allergens)이라 불리는 특정 항원에 대한 과민한 면역반응의 결과이다. 알레르기 항원에 노출되었을 때 비만세포에서 IgE 항체가 분비된다. IgE 항체는 분자 내 Fc fragment의 Cε3 도메인을 통해 비만세포의 IgE 수용체인 FcεRI과 알레르겐 및 특이적 항체와의 결합에 의해 일어난다. 항원응집은 protein tyrosine kinases, Syk와 Lyn의 인산화를 초래하여, protein kinases C(PKC)의 translocation 및 칼슘 인플럭스(calcium influx)를 일으켜, 탈과립이 유도되고 히스타민과 β-hexosaminidase

같은 세포 내 과립물질과 프로스타글란딘류(prostaglandins)와 루코트리엔류(leukotrienes) 같은 지질 매개물질 그리고 사이토카인류 등 여러 가지 화학적 매개물질이 생성되어 세포 밖으로 분비된다. 이들에 의해 알레르기 염증의 초기 반응이 일어나고 이러한 화학 매개체들이 세포로부터 지속적으로 생산되고 방출되면 T 세포와 호산구가 관여하는 후기 염증반응을 일으키게 된다.

3. 면역 기능 증진 기능성 식품 원료 및 건강기능식품

《표 II-6-3》 면역 기능 증진에 도움이 되는 기능성 원료

기능성		기능성 원료	비고
면역 기능 개선	면역력 증진에 도움	클로렐라	고시형
		L-글루타민, 게르마늄효모, 금사상황버섯, 엔테로코커스 패칼리스 가열처리건조분말, 당귀혼합추출물, 동충하초 주정추출물, 스피루리나, 청국장균배양정제물(폴리감마글루탐산칼륨), 표고버섯균사체, 효모베타글루칸, 인삼다당체추출	개별 인정형

출처: 식품의약품안전처(2016).

그림 II-6-4 ···› 면역력 증진에 도움이 되는 건강기능식품들

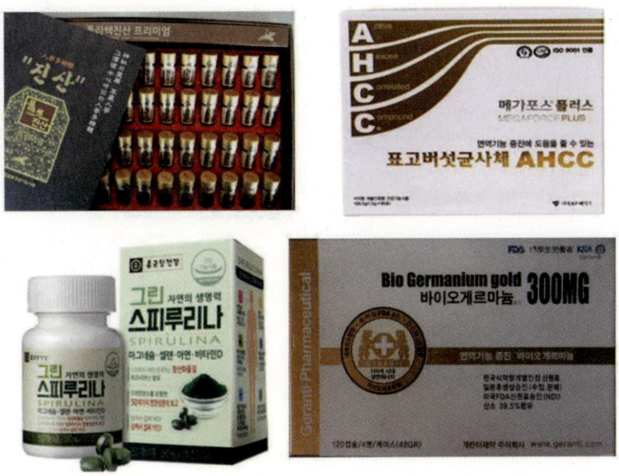

《표 II-6-4》 면역력 증진 기능성 원료의 기능(지표) 성분 및 일일 섭취량

구분	원료명	인정 등급	기능(지표) 성분	일일 섭취량
고시형	클로렐라	생리활성기능 2등급	총엽록소	총엽록소로서 125mg/일
개별인정형	당귀혼합 추출물	생리활성기능 2등급	① nodakenin ② paeoniflorin ③ 클로로젠산	당귀혼합추출물로서 20~40g/일
	가열처리 건조분말	생리활성기능 3등급	① enterococcus faecalis FK-23 사균체 ② Cis-박센산	-
	L-글루타민	생리활성기능 2등급	L-글루타민	L-글루타민으로서 3~5g/일
	게르마늄효모	생리활성기능 3등급	게르마늄	게란티바이오-Ge 효모로서 1.2g/일
	금사상황버섯	생리활성기능 2등급	베타글루칸	금사상황버섯추출물로서 3.3g/일
	표고버섯 균사체	생리활성기능 2등급	알파글루칸	표고버섯 균사체로서 1.8~3.6g/일
	스피루리나	생리활성기능 3등급	총엽록소	스피루리나로서 67~72mg/일
	청국장균배양 정제물	생리활성기능 2등급	폴리감마 글루탐산칼륨	폴리감마글루탐산칼륨으로서 1,000mg/일
	동충하초 주정추출물	생리활성기능 2등급	cordycepin	동충하초주정추출물로서 1.5g/일
	효모베타 글루칸	생리활성기능 2등급	베타글루칸	효모베타글루칸으로서 250mg/일
	인삼다당체 추출물	생리활성기능 2등급	갈락토오스와 아라비노오스의 합 진세노사이드 Rg1과 Rb1의 합 인삼성분 확인	인삼다당체추출물로서 6g/일

출처: 식품의약품안전처(2016).

7. 뼈·치아 건강과 건강기능식품

part II chapter 7

뼈/관절 건강

1. 개요

1) 뼈/관절의 구조 및 역할

(1) 뼈의 구조와 역할

뼈는 칼슘과 인이 석회화된 단단한 조직으로, 몸을 지탱하고 보호하는 중요한 역할을 한다. 또한 뼈는 신체 내의 중요한 장기(臟器)들을 보호하며, 우리가 움직일 때 힘을 쓰는 근육이 붙는 자리를 제공하고, 지렛대 역할을 해 주며 피를 만드는 골수 공간을 제공하고, 신체기능에 꼭 필요한 미네랄들을 저장하는 기능을 가지고 있다. 뼈는 특수한 형태의 결합 조직이며 인산칼슘복염(hydroxyapatite)

과 다른 이온들의 석회화로 이루어져 있으며, 콜라겐(collagen) 섬유(90%가 type Ⅰ), 당단백질(glycoprotein) 및 프로테오글리칸(proteoglycan)으로 이루어진 기질(matrix)로 구성되어 있다.

(2) 뼈세포

뼈 조직은 3개의 세포 유형, 즉 조골세포(osteoblast, bone-forming cell), 골세포(osteocytes), 파골세포(osteoclast, bone-resorbing cell)로 이루어져 있다. 조골세포(뼈모세포)는 뼈를 형성하는 세포로 완전한 뼈를 형성하지는 않으며 뼈의 구성 부분을 합성한다. osteocalcin과 bone sialoprotein은 조골세포의 다른 형태의 유기적 산물이다. 이러한 산물들을 통해 조골세포는 유골의 무기질화를 조절한다.

(가) 조골세포

조골세포는 대사활동이 활발하므로 전형적으로 큰 골지기관을 가지고 있다. 이러한 기관은 뼈 기질의 주된 성분인 1형 콜라겐을 분비한다. 뼈아교질 이외에도 조골세포는 알칼리인산 분해효소(alkaline phosphatase)라고 불리는 효소를 생산한다. 알칼리인산 분해효소의 정확한 기능은 알려지지 않았으나 뼈세포 생성이 비정상적으로 높은 환자들은 알칼리인산 분해효소의 혈장 내 수치가 증가되어 있다. 이를 볼 때, 연구자들은 유골(osteoid)의 무기질화 과정에 이 효소가 어떤 역할을 담당하는 것으로 결론을 내릴 수 있다. 따라서 알칼리인산 분해효소는 뼈형성 활동에서 유용한 임상적 지표가 된다.

(나) 파골세포

뼈 파괴세포인 파골세포는 단핵구계와 대식세포계의 근원이 되는 골수의 줄기세포에서 유래한 큰 세포로서 뼈 흡수를 위한 신호에 반응한다. 파골세포는 인테그린(integrin)이라고 알려진 수용체에 의해 뼈에 부착하여 이 표면에서 일을 하게 된다.

(3) 관절/연골의 구조와 역할

관절은 두 개 또는 그 이상의 뼈들이 맞닿는 곳으로, 관절을 형성하는 두 개의 골단은 한쪽이 볼록한 관절두(joint caput)와 오목한 관절와(joint fossa)가 있다. 관절을 이루는 뼈들의 끝은 연골로 덮여 있어 매끈하기 때문에 자유로운 운동이 가능하고 서로 부딪치지 않는다.

연골은 단단하고 약간 탄력이 있는 투명한 조직으로 연골을 이루는 뼈의 끝 부분은 관절연골에 의해 둘러싸여 있는데, 관절연골이 손실되지 않고 건강한 상태를 유지해 관절을 부드럽게 움직일 수 있게 하고, 외력이나 심한 압박에도 견디는 물리적 충격을 완화시켜 줄 수 있다.

(4) 관절/연골의 구성성분

(가) 세포외바탕질(extracellular matrix)

관절연골의 연골세포들이 조직 총용적의 작은 부분만을 차지하기 때문에 연골 물질의 성질은 일차적으로 세포외바탕질에 의해 결정된다. 정상 연골에서 수분은 총젖은 무게의 65%에서 80% 범위로 포함된다. 조직의 젖은 무게의 나머지는 중요한 두 가지 부류의 구조적인 고분자 물질들인 콜라겐(collagen)과 프로테오글리칸(proteoglycan)에 의한 것이다. 지질, 인지질, 단백질, 당단백질들을 포함한 몇 가지 다른 부류의 분자들이 세포외바탕질의 남은 부분을 구성한다.

(나) 아교질(collagen)

아교질은 세포외바탕질의 중요한 구조적인 고분자물질인 삼중 나선 단백질이다. 적어도 29개의 유전적으로 구별되는 사슬들로 구성된 최소 15개의 구별된 아교질 형태들이 있다. 모든 아교질 계통은 분자의 길이 대부분을 구성하는 특징적인 삼중나선 구조를 포함한다. 관절연골은 마른 무게의 50% 이상이 아교질로 구성된다. 전체의 90~95%를 나타내는 중요한 연골아교질은 II형으로 알려져 있다. 관절연골아교질은 조직에 당기는 성질을 제공하고 세포외바탕질 내에서 프로테오글리칸을 고정시키는 작용을 한다. 연골에서 아교질섬유들은 힘줄이나 뼈에서 관찰되는 것보다 일반적으로 가늘며, 이것은 아마도 연골 조직에서 상대적으로 많은 양의 프로테오글리칸과 상호작용하는 기능과 연관되어 있을 것이다.

(다) 프로테오글리칸(proteoglycan)

프로테오글리칸은 핵심 단백질과 공유결합되어 있는 다당류 사슬들로 구성된 복합 고분자이다. 글리코스아미노글리칸은 긴 사슬의 가지가 없는 반복되는 이당류 단위로 구성되어 있다. 연골에서는 콘드로이틴황산염, 황산케라탄, 황산데르마탄 등 세 가지 중요한 형태가 발견되었다. 콘드로이틴황산염은 연골에서 가장 흔한 글리코사미노글리칸이다. 이것은 전체 글리코사미노글리칸에서 55%에서 90%를 차지하며 주로 사람의 연령에 따라 달라진다. 각 사슬은 25개에서 30개의 반복되는 이당류 단위로 구성되어 있다. 관절 연골의 황산케라탄 성분은 커다란 응집되어 있는 프로테오글리칸 내에 주로 위치한다. 히알루론산염 또는 글리코사미노글리칸의 한 형태이지만 위에서 언급된 것들과는 다르게 황산화된 것은 아니다. 하일루론산염의 또 다른 구별되는 성질은 핵심 단백질에 결합되어 있지 않다는 것이며 따라서 프로테오글리칸의 구성 성분이 아니다. 연골에서 모든 프로테오글리칸들의 80~90%는 크게 응집되어 있는 아글리칸(aggrecans)이라고 불리는 형태로 되어 있다. 이것은 길게 확장된 핵심 단백질과 핵심단백질에 공유결합되어 있는 100개 이상의 콘드로이틴황산염과 50개 이상의 황산케라탄 글리코사미노글리칸 사슬들로 구성되어 있다. 젊은 사람에서는 황산케라탄의 농도가 상대적으로 낮으며 chondroitin 4-sulfate가 콘드로이틴황산염의 주된 형태가 된다. 나이가 들면서 황산케라탄의 농도가 증가하면서 chondroitin 6-sulfate가 콘드로이틴황산염의 주된 이성형태가 된다.

2) 뼈/관절의 생리적 기능

(1) 뼈 건강

(가) 골격대사 조절(뼈 재형성, bone Remodeling)

뼈가 발달하는 동안 파골세포에 의한 뼈의 흡수와 조골세포에 의한 형성으로 뼈의 형태가 갖춰지며 이런 과정은 평생 동안 계속된다. 건강한 상태에서 뼈의 흡수에 이어 새로운 뼈의 침착이 일어나고 이런 과정을 뼈 재형성이라고 부른다. 뼈 재형성은 골격으로부터 무기질을 방출하고 손상된 뼈의 미세한 부위를 제거한다. 이와 같이 비록 무기질 항상성이 앞서기는 하지만 뼈 재형성은 무기질 항상성과 골격의 항상성 모두에 기여한다. 뼈 재형성은 화학적이고 기계적인 신호에 의해 시작된다. 주된 화학적 신호는 혈장의 칼슘 수치가 낮을 때 반응하여 분비되는 부갑상선호르몬(parathyroid hormone, PTH)이다. 여성 호르몬 역시 중요한 화학적 신호이다. 이것은 파골세포가 조골세포와 함께 작용하도록 해준다. 여성 호르몬이 결핍될 때 파골세포의 활동은 조골세포의 활동을 능가하게 되고 결과적으로 골격의 양은 감소하게 된다. 이러한 것이 폐경 전후 골다공증의 기초가 되는 현상이다.

(나) 칼슘대사(칼슘의 항상성 유지)

골격은 세포 밖의 항상성을 유지하는 데 필수 요소인 칼슘, 인과 같은 이온들의 대사적 저장고(metabolic reservoir) 역할을 한다. 혈청에서 이온화된 칼슘의 농도는 매우 좁은 범위를 가지고 있는데 부갑상선호르몬(PTH), 1,25-dihydroxyvitamin D(1,25$(OH)_2$D), 칼시토닌(calcitonin)의 세 가지 calciotropic 호르몬에 의해 조절된다. 혈중에 이온화된 칼슘의 농도가 낮아지면 부갑상선(parathyroid gland)에 있는 칼슘이온(calcium-ion) 감지수용체(calcium sensing receptor)가 이를 감지하고, 이어서 부갑상선호르몬 분비가 증가하게 된다. 부갑상선호르몬은 뼈에 작용하여 칼슘을 유리시키고 신장에서 칼슘을 재흡수하여 소변으로 배출되는 칼슘의 양을 낮추고, 신장에서 1,25$(OH)_2$D의 생산을 증가시키도록 조절한다. 부갑상선호르몬의 자극에 의해 신장에서 생성된 1,25$(OH)_2$D는 장에서 칼슘의 흡수를 증가시킨다.

혈중에 이온화된 칼슘의 농도가 높아지면 갑상선(thyroid gland)에서 위치한 C-세포에서 분비되는 칼시토닌에 의해 반대 작용이 일어나게 된다. 칼슘은 소장을 통해서 체내에 유입되고 콩팥세뇨관을 통해 재흡수된다. 두 과정에 의해 순환하는 칼슘이온의 수치가 조절된다. 그러나 다른 생리적 필요에 의해 뼈 기질이 분해되어 칼슘이 유리될 수 있기 때문에 미세한 체내 칼슘 필요량의 대부분은 뼈 흡수를 통해 공급된다. 그럼에도 불구하고 음식으로 섭취된 칼슘의 소장에서의 흡수는 골격으로 저장되기 위해 필요하다. 24시간 동안 칼슘 500mg이 뼈 파괴세포에 의한 뼈 흡수에 의해 유리되고 뼈 모세포에 의한 뼈 형성을 통해 500mg이 침착된다. 24시간 내에 칼슘 10,000mg가량이 콩팥으로 운반되어, 그중 대다수(98%)가 저장되고 200mg만이 소변으로 배설된다. 이 배설되는 200mg 만큼 식사에 의해 보충되어야 한다. 그러나 소장의 칼슘 흡수율은 낮아서 1,000mg을 섭취하면 200mg만 흡수되고, 나머지 800mg은 대변으로 배설된다. 뼈와 혈장 사이의 교환도 이와 유사하게 균형을 이루고 있다.

칼슘 균형에 영향을 미치는 주된 순환 인자는 부갑상선호르몬, 비타민 D, 칼시토닌, 칼슘 등이 있다.

① 부갑상선호르몬

부갑상선호르몬은 부갑상선에 의해 합성되고 부갑상선 내에 저장된다. 혈청 칼슘의 농도가 낮으면 부갑상선호르몬은 분비되고 부가적인 보충을 위해 합성이 시작된다. 부갑상선호르몬은 뼈와 콩팥에서의 칼슘과 인 대사에 효과를 나타낸다. 혈청칼슘이 낮아지면 부갑상선호르몬은 뼈에 작용하여 칼슘과 인의 유리를 자극한다. 부갑상선호르몬이 작용하는 세포는 파골세포가 아니고 부갑상선호르몬 수용체를 갖고 있는 조골세포이다. 바꿔 말하면, 조골세포에서 신호를 전달받은 파골세포는 뼈 흡수를 증가시키고 저장칼슘과 인을 이동시킨다. 부갑상선호르몬은 콩팥에서 칼슘 재흡수를 자극하고 인 흡수를 억제하며 비활성화 비타민 D의 수

산화(hydroxylation)를 촉진시켜 생물학적으로 활성화 형태로 만든다.

② 비타민 D

비타민 D는 스테로이드 호르몬으로 세포핵에 붙어 유전자 발현과 단백질 합성을 조절한다. 무기질 대사에서 비타민 D의 기능은 혈청칼슘의 농도를 증가시키는 것이다. 인체는 식이를 통해서 또는 합성을 통해 직접 비타민 D를 얻는다. 비타민 D의 내인성 합성은 피부가 햇빛에 노출될 때 피부에서 시작된다. 자외선은 피부에 있는 비타민 D3의 전구물질인 7-디하이드로콜레스테롤(7-dehydrocholesterol)에 작용하여 콜레칼시페롤(cholecalciferol)을 만들고 이들은 수산화되는 장소인 간으로 운반된다. 수산화 반응 화학 명명법에서의 25번 위치에서 일어나고 콜레칼시페롤은 25-OH 콜레칼시페롤로 변형된다. 그 뒤 25-OH 콜레칼시페롤은 콩팥으로 운반되고 여기에서 다시 수산화된다. 수산화는 1번 또는 24번 위치에서 각각 일어날 수 있고 전자는 활성화 형태이고 후자는 비활성화 형태이다. 어떤 위치에서 수산화가 일어날 것인가에 대한 결정은 순환하는 비타민 D와 부갑상선호르몬의 이용 가능성에 달려 있다. 낮은 수치의 비타민 D와 높은 수치의 부갑상선호르몬은 1번 위치에서 수산화 과정을 자극하여 비타민의 활성화 형태인 1, 25$(OH)_2$ 비타민 D가 된다. 마찬가지로 높은 수치의 비타민 D는 되먹임 루프를 생성하고 비활성 24, 25$(OH)_2$ 비타민 D의 형성을 증가시킨다. 뼈, 소장, 콩팥 등은 비타민 D의 표적 기관들이다. 모든 스테로이드 호르몬처럼 비타민 D는 혈류를 통해 이들 표적 기관에 도달한다. 각 기관은 비타민 D에 대한 특이 수용체를 가지고 있다. 뼈에서 비타민 D는 칼슘과 인의 유리를 자극한다. 소장에서 비타민 D는 단백질 합성을 촉진하고 섭취한 칼슘을 순환계로 이동시킨다. 콩팥에서 비타민 D는 칼슘 흡수를 증가시킨다.

③ 칼시토닌

칼시토닌은 갑상선의 C-세포에 의해 분비되고 생산되는 펩타이드이다. 이 펩타이드는 파골세포에 의한 뼈 흡수를 억제하고 크기를 줄임으로써 파골세포에 직접적인 효과를 나타낸다. 칼시토닌은 혈청칼슘 수치에 의해 직접적으로 조절된다. 혈청칼슘 수치가 높을 때 C-세포는 뼈의 파괴나 그로 인한 칼슘의 이동을 감소시키기 위해서 보다 많은 칼시토닌을 생산하고 분비함으로써 반응한다. 칼시토닌은 파골세포의 흡수가 조절되지 않는 여러 질병을 치료하는 데 사용되어 왔으며 골다공증의 치료제로 사용되고 있다.

(다) 골 형성 무기질 저장 유지

칼슘, 인, 마그네슘, 아연은 일차적으로 뼈를 형성하는 무기질(bone forming minerals)이다. 따라서 영양학적으로 뼈의 형성과 골격 대사, 무기질 항상성에 영향을 미치는 적절한 무기질의 공급과 콜라겐 매트릭스(바탕질 또는 기질) 형성에 필요한 아미노산의 공급, 다른 영양소의 공급은 골격의 성장과 유지에 매우 중요하게 된다.

(2) 관절 건강

(가) 관절에서의 염증반응

관절의 염증 반응은 염증을 유발시키는 사이토카인과 이를 생성하는 대식세포의 수가 증가하거나 면역세포에서 염증을 유발하는 루코트리엔(leukotriene) B4가 증가하여 일어난다. 관절에서 염증반응으로 인해 연골에 손상이 일어나서 매끈매끈한 관절 연골 면이 울퉁불퉁해지면서 연골 밑의 뼈에 이상이 생기게 되는 것이다. 관절질환에서처럼 만성염증은 해로울 수 있다. 연골의 파괴가 점점 진행되면서 관절 불안정성과 기능소실이 초래된다. 이러한 해로운 영향 때문에 염증은 어떤 상황에서는 억제되어야 한다. 만성염증은 관절들에 있는 두 개의 주요 부위, 즉 윤활막과 연골에 영향을 미친다. 질환의 초기에 염증은 주로 윤활막선을 침범한다. 질환이 진행됨에 따라 연골에서 변화가 일어나고 연골세포의 사망이 최고조에 다다르고 세포외바탕질의 붕괴에 의해 연골의 파괴가 완전히 일어난다. 염증은 수많은 백혈구가 윤활막에 침윤되어 대식세포와 T, S 림프구의 수가 엄청나게 증가한 상태이다. 윤활막 조직 두께가 한 개 내지 네 개 세포로부터 수백 개까지 증가할 수 있으며, 내막두께 증가에 따라 증가하기도 한다. 조직 부피가 증가함에 따라 윤활막선은 관절강 내와 연골표면 위로 확장된다. 조직 부피상 이런 증가에 순응하기 위해 혈관신상이 두꺼워진 내막층 아래와 안쪽에서 일어난다. 윤활막은 윤활액의 원천이기 때문에 혈관 투과성 증가와 더불어 부피의 증가로 관절강 내에 액체량이 증가하게 된다.

(나) 연골에 대한 염증의 영향

연골에 대한 염증의 영향은 염증 과정 자체에 이차적인 것처럼 보이며 심지어 최초 염증과는 별개일 수 있다. 만성관절질환에서 염증이 억제되더라도 연골퇴화가 계속된다는 것이 몇몇 연구들에서 관찰되었다. 연골세포에 의한 프로테오글리칸 합성이 감소하고 세포외기질분해효소(metalloproteinase, MMP)의 합성과 활성이 증가하면서 염증이 연골에서 세포외바탕질의 조직화를 파괴한다. 연골표면 위에 판누스(pannus) 형성으로 MMP에 의한 효소 분해를 통해 세포외바탕질 안으로 윤활막 침입 부위에 자리 잡게 된다. MMP의 계속되는 분비와 활성화로 연골은 완전히 붕괴되고 관절은 불안정해진다.

2. 뼈/관절 기능 증진 기능성 실험 방법

1) 바이오마커의 선정

(1) 뼈 건강

뼈 건강 기능성을 확인하기 위한 기전은 골 흡수와 골 형성의 균형 유지, 칼슘 대사 및 호르몬 분비, 골절 위험, 소장의 칼슘 흡수 증가 등을 들 수 있으며, 바이오마커(biomarker) 별 측정 가능한 실험 연구 유형은 다음과 같다.

≪표 II-7-1≫ 뼈 건강 평가 관련 바이오마커

구분	바이오마커	측정 가능한 연구유형		
		시험관	동물	인체
골 흡수	요의 deoxypyridinoline, prydinoline		○	○
	혈청 tartrate-resistant acid phosphatase		○	○
	요의 type 1 collagen cross-linked telopeptide (NTX, CTX)		○	○
	요의 피리니디움 교차결합		○	○
	요의 하이드록시프롤린			
	요의 하이드록시리신 글리코시드		○	○
골 형성	혈청 오스테오칼신	○	○	○
	혈청 total alkaline phosphatase		○	○
	혈청 bone alkaline phosphatase		○	○
	혈청 type 1 procollagen peptide		○	○

출처: 식품의약품안전청(2012).

(가) 골 흡수 지표

① 요의 deoxypyridinoline(DPD), pyridinoline(PYD)

PYD와 DPD는 골 흡수 시, 콜라겐 분해에 의해 혈중으로 방출되어 체내에서는 거의 대사되지 않고 소변으로 배설된다. 소변 중에 포함된 양은 식이에 거의 영향을 받지 않아 골 흡수 지표로 특이성이 높다. DPD는 뼈와 상아질에만 존재하나 PYD는 뼈 이외의 많은 결합 조직에 분포하여 DPD가 더 특이적으로 골 흡수를 반영한다.

② 혈청 tartrate-resistant acid phosphatase(TRACP)

활성화된 파골세포는 각종 효소를 분비하여 골 흡수를 일으키는데, 이 중 산성인산분해효소(acid phosphatase)를 포함한다. 산성인산분해효소(acid phosphatase)는 파골세포 이외에 전립선, 혈소판, 적혈구, 비장 등에 존재하는 리보솜 효소로 파골세포에 존재하는 효소인 L-tartrate에 저항성이 있어 tartrate-resistant acid phosphatase라 한다.

③ 요의 type 1 collagen cross-linked telopeptide

골 흡수 시 콜라겐 분자의 N-말단부와 C-말단부의 짧은 부분이 파골세포에 의해 분해되어 혈액 내로 방출된다. 이런 절편은 PYD나 DPD와 결합되어 텔로펩타이드(telopeptide)라 한다. cross-linked telopeptide는 골 흡수에 특이성이 높으며 N-telopeptide(NTX)와 C-telopeptide(CTX)가 있다.

④ 요의 피리니디움 교차결합(PYD/DPD cross-links)

골 흡수 시 파골세포가 교차결합(cross-link)된 콜라겐을 분해하면서 PYD와 DPD가 유리되어 생체 내에서 대사되지 않고 소변으로 배설되는데, 40%는 유리형으로 60%는 telopeptide와 결합된 형태로 배설된다. 식이에 포함된 PYD와 DPD는 장에서 흡수되지 않아 비교적 특이도가 높은 골 흡수 지표이다.

⑤ 요의 하이드록시프롤린(hydroxyproline)

하이드록시프롤린(hydroxyproline)은 콜라겐의 삼중나선구조를 안정화시키는 역할을 하며, 콜라겐 분해 시 유출되어 약 10%가 소변으로 배설된다. 그러나 체내 다른 조직에서도 콜라겐이 유리되므로 특이성이 높은 지표는 아니다.

⑥ 요의 하이드록시리신 글리코시드(hydroxylysine glycosides)

하이드록시리신(hydroxylysine)은 콜라겐이나 콜라겐 유사물질에 존재하는 아미노산으로, 콜라겐 생합성에 재사용되지 않고 콜라겐 섭취에 영향을 받지 않아 비교적 특이한 표지자이다.

(나) 골 형성 지표

① 혈청 오스테오칼신(serum osteocalcin)

오스테오칼신(osteocalcin)은 골과 상아질에 특이성을 가지는 단백질로 조골세포에서 만들어지기 때문에 조골세포의 활동력을 알 수 있어 골 형성 정도를 반영해주는 좋은 단일지표이다.

② **serum total alkaline phosphatase(ALP)**

ALP는 골아세포에서 분비되는 효소로 조골세포의 활성을 반영해 주지만, 혈청 ALP의 반은 뼈에서 유리되며 간, 신장 등에서도 합성되어 특이성이 낮다.

③ **serum bone alkaline phosphatase(BAP)**

골아세포에서 생성되어 혈중으로 분비되며 특이도와 예민도가 결여되는 단점을 보완하여 좋은 표지자가 된다.

④ **type 1 procollagen peptide**

1형 콜라겐은 전구물질인 procollagen으로 분비된 후, 콜라겐이 되기 위해 단백질 분해효소에 의해 C-말단기와 N-말단기가 절단되면서 type 1 프로콜라겐 C-terminal peptide와 type 1 procollagen N-terminal peptide가 생성되며 이는 골 형성 표지자로 사용될 수 있다.

(다) 칼슘대사 및 호르몬 관련 지표

① **혈중 Ca, P 농도, 뼈의 Ca, P 함량**

칼슘 조절 호르몬의 영향을 받아 변화한다. 동물 실험에서 난소를 절제하면 혈중 칼슘과 인의 농도가 감소한다. 따라서 난소절제 동물에서 실험물질 섭취 후 혈청 칼슘과 인을 측정하면 혈청 칼슘과 인 손실의 보호 효과를 측정할 수 있다.

② **혈중 부갑상선호르몬 분비**

부갑상선호르몬은 칼슘조절호르몬으로 골 흡수를 자극한다. 따라서 혈중 부갑상선호르몬 농도가 증가하면 골 흡수를 증가시키고 골 교체율을 증가시켜 골밀도를 저하시킨다.

③ **혈청 칼시토닌(serum calcitonin)**

칼시토닌(calcitonin)은 골 흡수 억제 호르몬으로 골 형성에는 관여하지 않는다. 에스트로젠이 감소하면 칼시토닌이 감소하여 골 손실이 증가한다. 혈중 칼시토닌은 연령이 증가할수록, 그리고 여성에게 함량이 낮다.

④ 비타민 D 수준

비타민 D는 소장에서 칼슘의 흡수를 증가시키고 신장에서 칼슘(Ca)의 재흡수를 증가시킨다. 또한 뼈에서 칼슘의 용해를 증가시켜 혈장 칼슘을 증가시킨다. 그러나 비타민 D가 부족하면 소장의 칼슘 흡수가 감소하고 혈중 칼슘이 감소하고 부갑상선호르몬의 분비가 증가한다.

⑤ 에스트로젠(estrogen)

에스트로젠(estrogen)은 부갑상선호르몬을 억제하고 칼시토닌을 촉진하며 활성형 비타민 D 합성에 관여한다. 따라서 간접적으로 골 흡수량을 저하시킨다. 폐경 여성에서 에스트로젠 분비가 감소하여 폐경 후 골다공증의 원인이 된다.

⑥ 성장호르몬

뇌하수체전엽에서 분비되는 호르몬으로 뼈, 연골의 성장과 근육의 증가 등 성장을 촉진한다. 최대 골밀도 형성과 신장결정에 중요하며 성인기 동안 골재 형성률을 결정하고 골밀도 유지에 영향을 미친다.

(라) 골절위험 관련 지표

① 골밀도

골밀도는 뼈의 강도와 골절 위험을 나타내며 골밀도가 낮을수록 골절 위험이 증가한다.

② 골강도

골강도는 골절 위험의 정의를 나타내는 지표로, 뼈의 양, 미세구조, 골질량과 관련이 있다. 골강도는 장골의 파단력을 측정하는 것으로 뼈가 부러지는 데 필요한 힘을 측정한다.

③ **골면적**

골밀도의 간접적인 측정방법으로 골다공증을 진단할 수 있으며, 골다공증 유발 억제 효과를 판단할 수 있는 지표로 사용된다. 보통 해면골의 골면적을 측정하는데 해면골은 골대사 작용이 활발한 곳으로 외부 효과에 의한 골생성 및 골흡수 작용이 가장 빠르게 반응한다.

(2) 관절 건강

관절 건강 기능성을 확인하기 위한 기전은 항염증 작용, 관절 조직 및 구조 변화, 그 밖의 임상적 증상 등을 들 수 있으며, 바이오마커(biomarker) 별 측정 가능한 실험 연구유형은 다음과 같다.

《표 II-7-2》 관절 건강 평가 관련 바이오마커

구분	바이오마커	측정 가능한 연구유형		
		시험관	동물	인체
항염증	산화질소 생성 수준, iNOS 단백질, mRNA 발현 수준	○	○	○
	COX 1, 2 활성	○	○	○
	PGE2 생성 수준 및 활성	○	○	○
	염증성 사이토카인 생성 수준	○	○	○
	루코트리엔(leukotriene) B4 활성		○	○
	NFkB, ERK, JNK, p38 MAP kinases 활성	○	○	○
	polymorphonuclear Leukocyte의 chemotaxis 정도	○	○	○
	PPARɣ 발현 활성화	○	○	○
	경부림프절 세포 수(T, B 세포)	○	○	○
	콜라겐 특이적 항체 수준	○	○	○
	면역 관련 조직 무게		○	
	CRP 농도		○	○
	erythrocyte sedimentation rate		○	○

구분	바이오마커	측정 가능한 연구유형		
		시험관	동물	인체
관절 조직 및 구조 변화	히알루론산(HA) 합성 수준	ㅇ		
	세포의 기질 분해효소(MMP)-2,9 활성	ㅇ		
	연골 proteoglycan 합성 수준		ㅇ	
	glycosaminoglycan(GAG) 합성 수준, 분해 수준	ㅇ	ㅇ	
	cartilage oligomeric matrix protein(COMP)		ㅇ	ㅇ
	혈청 pentosidine 수준		ㅇ	ㅇ
	콜라겐 분해 수준	ㅇ		
	엘라스테이즈 분비 수준	ㅇ		
	joint space width			ㅇ
	조직병리학적 변화 관찰		ㅇ	ㅇ
임상적 증상	paw swelling		ㅇ	
	arthritis score		ㅇ	
	severity score		ㅇ	
	귀, 무릎 부종 수준		ㅇ	
	forepaw inflammation		ㅇ	
	무릎 관절 상태 관찰(붉은 정도, 절뚝거림, 따뜻한 정도)		ㅇ	
	진통 효과테스트		ㅇ	
	visual analogue scale(VAS)			ㅇ
	통증(pain), swelling index			ㅇ
	articular index(AI)			ㅇ
	joint line palpation			ㅇ
	knee/hip flexion and extension			ㅇ
	hip internal/external rotation			ㅇ
	joint mobility index			ㅇ
	관절의 기능성 측정(limbering up time, grip strength, 보행능, 계단 오르내리기, 오리걸음, 일상생활동작)			ㅇ
	Western Ontario and McMaster University osteoarthritis index(WOMAC)			ㅇ

출처: 식품의약품안전청(2012).

(가) 항염증 관련 지표

① 산화질소(NO) 생성 수준, 산화질소 합성효소(iNOS) 단백질, mRNA 발현 수준

염증 부위에서는 과다한 양의 산화질소(NO)가 발생하여 세포조직의 괴사를 촉진한다. 산화질소 합성효소(iNOS)는 외부자극에 반응하여 생체를 방어하려는 목적으로 단시간에 과량의 산화질소를 생성하지만, 관절염과 같은 질환에서는 과잉 분비된 산화질소가 세포괴사, 통증 등의 2차적인 부작용을 일으키므로 산화질소 합성효소 및 산화질소의 억제는 골관절염 치료에 중요하다.

② COX 1, 2 활성

COX는 아라키돈산(arachidonic acid)에서 PGE2의 합성을 유도하는 효소로 염증을 유도하고 염증반응에서 중요한 역할을 한다. COX2는 관절질환이 있을 때, 관절 조직에서 단백질 발현을 과도하게 일으킨다.

③ PGE2 합성 수준

골관절염이 진행되면 활액 내의 PGE2가 증가한다. 따라서 PGE2의 농도 감소는 골관절염 개선을 위해 중요하다.

④ 염증성 사이토카인 생성(IL-6, TNF-α, IL-1β, IL-10, IL-12) 수준

염증성 사이토카인은 COX2 및 산화질소 합성효소의 발현을 증가시키므로 염증 및 통증반응을 유발한다.

⑤ leukotriene B4(LTB4) 활성

LTB4는 lipoxygenase의 대사산물로 면역세포에서 염증반응을 유발하며 염증성 세포의 활성에 관여한다.

⑥ NFkB, ERK, JNK, p38 MAP kinases 활성

NFkB는 많은 유전자의 초기 발현을 유도하며 NF-kB의 활성화는 COX2와 산화질소 합성효소의 발현을 유도한다. ERK, JNK, p38MAP kinases가 활성화되면 NFkB를 활성화시키고 이는 COX2와 산화질소 합성효소의 발현을 유도한다.

⑦ polymorphonuclear Leukocyte(PMN)의 chemotaxis 정도

PMN은 염증질환에서의 조직 손상이나 염증반응과 관련되어 있다. 면역세포는 chemotaxis에 의해 이동하여 염증반응을 일으키므로 chemotaxis의 저해는 염증반응을 감소시킨다.

⑧ PPARγ 발현 활성

PPAR은 전사인자(transcription factor)로 특정 반응요소와 결합하며 다양한 리간드(ligand)에 반응하여 전사를 활성화한다. PPARγ는 주로 지방 조직, 부신, 비장, 대장, 면역체계에서 발현된다. PPARγ는 지방세포분화와 포도당 항상성에 중요한 역할을 한다. PPARγ는 아라키돈산의 대사산물에 의해 활성화됨으로써 항염증 반응을 가진다. 또한 PPARγ의 작용제(agonist)는 단핵구의 염증성 사이토카인의 생성과 산화질소 합성효소의 발현을 억제하는 것으로 고려된다.

(나) 관절 조직 및 대사물질 관련 지표

① 히알루론산(hyaluronic acid, HA) 합성 증가

히알루론산은 연골 조직의 구성성분으로 연골 조직에서 분자 간의 결합을 도와 관절의 움직임과 무게에 잘 견뎌내도록 연골을 보강해주는 역할을 한다. 연골과 활액 내의 HA 성분 감소는 골관절염 발생 원인의 하나로, 이로 인해 관절의 충격 흡수가 줄어들고 관절이 뻣뻣해져 보행이 불편해진다.

② 세포외기질 분해효소(metalloproteinase, MMP)-2, 9 활성 억제

MMP는 관절 조직의 분해효소로, 질환 상태일 때 연골 조직에서 발현 및 활성이 증가하며 염증성 사이토카인에 의해 유발된다. 염증성 사이토카인에 의해 활성화된 연골세포는 연골을 파괴하는 MMP의 발현을 유도한다.

③ 연골 프로테오글리칸(proteoglycan) 합성

골관절염이 진행되면, 염증반응과 함께 활액량이 늘어나는데 이는 연골이 파괴되어 활액 내로 프로테오글리칸이 방출되기 때문이다. 따라서 활액 내의 프로테오글리칸 농도를 감소시키는 것은 골관절염 개선에 중요한 마커가 된다.

④ 글리코사미노글리칸(glycosaminoglycan, GAG) 분비 저해

GAG는 프로테오글리칸의 분해산물로 관절염이 진행되면 프로테오글리칸의 방출이 증가하여 GAG 분비가 증가한다. 따라서 GAG의 저해는 관절염 개선에 중요하다.

⑤ cartilage oligomeric matrix protein(COMP)

COMP는 연골에 주로 존재하는 당단백질로 혈청 또는 활액의 COMP 농도는 골관절염의 발생이나 진행을 감지하는 초기 진단 지표로 많이 사용된다. 골관절염 환자의 활액 COMP 농도는 일반인보다 높다.

⑥ 혈청 펜토시딘(pentosidine) 억제

펜토시딘(pentosidine)은 최종당화산물(advanced glycation end products)로 나이가 증가함에 따라 연골에 축적되어 골관절염 발생에 기여한다. 혈청 펜토시딘(pentosidine) 농도의 증가는 류머티스 관절염과 같은 염증질환과 관련 있다.

⑦ 콜라겐(collagene) 파괴 억제

콜라겐(collagen)은 관절연골의 중요한 구성요소로 관절염에 의해 콜라겐 파괴가 일어난다.

⑧ 엘라스테이즈(elastase) 분비 억제

엘라스테이즈(elastase)는 류머티스 관절염의 관절, 힘줄, 뼈의 퇴행에 관여하는 중요한 효소이다. 전형적인 중성구는 0.5pg의 엘라스테이즈를 포함하며 중성구를 활성화시키는 여러 물질에 의해 촉진된다. 백혈구의 엘라스테이즈는 콜라겐(collagen), 피브로넥틴(fibronectin), 프로테오글리칸(proteoglycan)을 분해한다.

(다) 임상적 증상 지표

① 발, 무릎, 귀 부종 억제

동물 실험에서 발, 귀 또는 무릎 부종을 유도하고 마이크로미터(micrometer)로 측정하여 부종 억제 정도를 평가한다.

② arthritis score

동물 실험에서 임상적 증상을 여러 가지 방법으로 지수화하여 주관적으로 평가한다.

1. 털세움, 털손질, 운동성, 민감성과 귀, 발, 꼬리 등 전체적 면역증상을 0~3점 척도로 평가
2. 20개 발가락을 관찰하고 관절의 변형을 4점 척도로 평가
   - 0점: 변화 없음
   - 1점: 발가락 하나에 경한 변화
   - 2점: 발가락 두 개 이상에 심한 변화
   - 3점: 발가락이 전부 극심하게 변형

③ severity score

동물 실험에서 관절염의 심한 정도를 5점 척도에 의해 평가함

- 1점: 홍반이나 부종 없음
- 2점: 발목뼈나 손목뼈의 홍반과 경미한 부종
- 3점: 발목관절에서 발목뼈로, 팔꿈치관절에서 손목뼈로 확장된 홍반과 부종
- 4점: 발목에서 발허리뼈까지 또는 팔꿈치에서 손바닥뼈까지의 홍반 또는 중간 정도의 부종
- 5점: 적어도 팔 하나의 모든 주요관절의 유의적인 홍반과 부종

④ forepaw inflammation

동물 실험에서 발과 꼬리의 전반적 염증 상태 및 기능성을 중심으로 평가하며 5점 척도를 사용한다. 점수가 낮을수록 관절염이 개선된 것을 의미한다.

⑤ 진통 효과테스트

동물 실험에서 writhing 횟수(등을 쭉 펴거나 뒷다리를 뻗어 제치는 현상)를 관찰하는 것으로 통증 정도를 평가한다.

⑥ visual analogue scale(VAS)

통증 측정 시 널리 사용되는 도구로, 피험자에게 전반적 통증 정도를 100mm 직선에 표시하게 한 후, '통증 없음'에서 표시된 지점까지의 길이를 측정한다.

⑦ pain, swelling index

통증 및 부종을 4점 척도 또는 5점 척도로 주관적으로 평가한다.

1. 0점: 통증이나 부종 없음, 3점: 심한 통증이나 부종
2. 0점: 향상 없음, 4점: 통증의 전체적인 완화

⑧ articular index(AI)

관절에 가해진 압력 또는 관절 운동 시 통증에 대한 정량평가의 합으로 표시한다.

⑨ joint line palpation

관절연골 또는 반월판을 손으로 촉진하여 압통의 유무를 측정한다.

⑩ knee/hip joint flexion and extension

- 무릎과 엉덩관절(고관절, hip joint)의 굽혔다 펴는 정도와 제한 정도를 측정함으로써 관절의 운동성을 평가한다.
- hip flexion의 정상 각도: 125℃, knee flexion의 정상 각도: 140℃

⑪ hip internal/external rotation

- 엉덩관절의 가쪽돌림(외회전, external rotation) 및 안쪽돌림(내회전, internal rotation) 각도와 제한 정도를 측정함으로써 관절의 운동성을 평가한다.
- 안쪽돌림/가쪽돌림의 정상 각도: 45℃

2) 주요 바이오마커의 측정방법

(1) Bone alkaline phosphatase(BALP)

Rosalki와 Ying Foo(1984)의 방법을 개선시킨 Behr와 Barnert(1986)의 방법에 따른다. 혈청은 −4℃에서 24시간 해동하고 Lectin 용액은 소맥배아응집소(wheat germ agglutinin)(Triticum vulgaris, wheat germ lectin. Sigma Chem. Co. USA)를 5g/L의 농도로 용해하고 Triton−X 100sol.은 Triton−X surfactant(Sigma Chem. Co. USA)를 20g/L의 비율로 희석하여 준비한다. 준비된 혈청 50μL에 동량의 lectin 용액을 첨가한 뒤 37℃, 30분간 배양(incubation)하고 이 용액에 Triton−X 100용액 5μL를 첨가하여 잘 혼합하여 37℃, 30분간 다시 배양한다. 이렇게 제작한 혈청혼합물(serum mixture)을 2,000rpm에서 15분간 원심분리하여 상층액과 침전물을 분리한다. 상층액을 취하여 TALP의 측정법과 동일한 방법으로 ALP치를 측정한다. BALP는 TALP에서 상층액의 ALP치를 빼고 남은 값으로 한다. B/T는 TALP 중에 차지하고 있는 BALP를 백분율로 계산한다.

(2) Osteocalcin

혈중 오스테오칼신(osteocalcin)은 osteocalcin myria kit(Techno Genetis Co. Italy)를 이용하여 γ−counter로 방사능(radioactivity)을 측정한다.

(3) Type Ⅰ collagen propeptide

혈청 중 I형 콜라겐 프로펩타이드(Type Ⅰ collagen propeptide) 함량은 ELISA kit를 이용하여 측정한다.

(4) Type Ⅰ collagen telopeptide

요 중 I형 콜라겐 프로펩타이드 함량은 ELISA kit(Rot No 8003, Quidel co, Sandiego, USA)를 이용하여 측정한다.

(5) Pyridinoline

요 중 pyridinoline의 측정은 collagen crosslinks kit를 이용하여 ELISA법에 의해 분석한다.

(6) Deoypyridinoline

요 중 deoxypyridinoline의 측정은 채뇨한 것을 원심분리하여 요량을 잰 다음 pyrilinks-D kit(Metra biosystem, USA)를 사용하여 ELISA법에 의해 분석한다.

(7) 칼슘 함량

혈청 중의 칼슘 함량은 습식 회화시킨 후 AAS로 측정하며 칼슘 보유량은 '섭취량-(변중 배설량+요중 배설량)'의 공식으로 구하였으며 칼슘 흡수량은 '섭취량-변중 배설량'으로 구한다. 칼슘의 생체 이용률은 radio-isotope를 이용한 trace method로 측정한다.

(8) 총무기질 함량

혈액에서 칼슘은 AOAC법에 의하여 422.7nm에서 AAS로 측정한다. 무기인(Pi)의 함량은 비색법(spectrophotometric method)에 따라 무기인 측정용 kit를 사용한다. 분석에 쓰인 모든 초자 기구는 오염을 막기 위하여 수시간 3NHCl에 담근 후 사용한다.

(9) Parathyroid hormone

시험관에 부착된 항체와 I125로 표식된 항체를 함께 사용하여 항원과 항체 간에 'sandwich'를 형성하게 하는 non-competitive radioimm unoassay를 이용한 DSL-8000 ACTIVE TM Intact PTH IRMA kit(Diagnostic System Laboratories Inc., USA)로 방사선면역측정법(radioimmunoassay)을 한 후 gamma-counter를 이용하여 항원 항체 결합 정도를 측정한다.

(10) 혈중 칼시토닌(Calcitonin)

시험관에 부착된 항체와 I125로 표식된 항체를 함께 사용하여 항원과 항체 간에 'sandwich'를 형성하게 하는 non-competitive radioimmunoassay를 이용한 DSL-7700 ACTIVE TM Calcitonin IRMA kit(Diagnostic System Laboratories Inc., USA)로 radioimmunoassay를 한 후 gamma-counter를 이용하여 항원 항체 결합 정도를 측정한다. IRMA(Immunoradiometric-assay)법에 의거하여 I125-calcitonine kit(MA, USA)로 분석한다.

(11) 골밀도, 골무기질 함량 및 총골칼슘 측정

실험 후 척추, 골반, 오른쪽 넙다리뼈(대퇴골, femur) 및 정강뼈(경골, tibia)의 골밀도(bone mineral density, 이하 BMD), 골무기질 함량(bone mineral content, BMC)과 총골칼슘 함량(total bone calcium contents, TBCC)을 small animal total body option을 가지고 있는 dual energy x-ray absorptiometry(이하 DEXA : Lunar DPX-L, USA)를 이용하여 체중이 실리는 부위인 척추, 골반, 경골, 대퇴골 및 전신의 골밀도를 측정한다. 요추 골밀도는 전후면 투영(anteroposterior projection, AP)으로 측정하고, 요추 골밀도로 표현되는 수치는 제2요추에서 제4요추까지의 골밀도의 평균 수치를 사용한다.

(12) 히알루론산(Hyaluronic acid)

채혈한 혈액을 원심분리하여 혈청을 분리한 후 ELISA kit를 이용하여 측정한다.

3. 뼈/관절 건강 증진 기능성 식품 원료 및 건강기능식품

《표 II-7-3》 뼈/관절 건강에 도움이 되는 기능성 원료

기능성		기능성 원료	비고
관절/뼈 건강	관절 건강에 도움	N-아세틸글루코사민 dimethylsulfonylmethane(MSM) 글루코사민	고시형
		CMO 함유 FAC(지방산복합물), 가시오갈피 등 복합추출물, 강황추출물, 글루코사민, 까마귀쪽나무 열매 주정추출물, 닭가슴연골분말, 로즈힙분말, 보스웰리아 추출물, 비즈왁스 알코올, 전칠삼추출물 등 복합물, 지방산 복합물, 차조기 등 복합추출물, 초록입홍합추출오일, 호프추출물, 황금추출물 등 복합물, 참당귀추출분말	개별 인정형
	뼈 건강에 도움	대두이소플라본	고시형
		흑효모배양액분말, 유단백추출물	개별인정형

출처: 식품의약품안전처(2016).

그림 II-7-1 ···› 뼈/관절 건강에 도움이 되는 건강기능식품들

《표 II-7-4》 관절 건강 기능성 원료의 기능(지표) 성분 및 일일 섭취량

구분	원료명	인정 등급	기능(지표) 성분	일일 섭취량
고시형	디메틸설폰(MSM)	생리활성 기능 2등급	엠에스엠(MSM)	디메틸설폰으로서 1.5~2.0g/일
	N-아세틸 글루코사민	생리활성 기능 2등급	N-아세틸글루코사민	N-아세틸글루코사민으로서 0.5~1.0g/일
	글루코사민	생리활성 기능 2등급	글루코사민 염산염	글루코사민 염산염으로서 1,500~2,000mg/일
개별인정형	초록입홍합 추출오일	생리활성 기능 2등급	EPA, DHA, DPA, α-Linolenic acid	초록입홍합추출오일복합물로서 620mg/일, 리프리놀-초록입홍합추출오일로서 200mg/일
	황금추출물 등 복합물	생리활성 기능 2등급	① 바이칼린 ② 카테킨	황금추출물 등 복합물로서 1,100mg/일
	로즈힙분말	생리활성 기능 2등급	하이페로사이드	로즈힙분말로서 5g/일
	차조기 등 복합추출물	생리활성 기능 2등급	① 푸어라린 ② 스코풀레틴 ③ 애피제닌	차조기 등 복합추출물로서 2.4g/일
	지방산 복합물	생리활성 기능 2등급	미리스톨레익산	지방산복합물 FAC로서 1,248mg/일
	호프추출물	생리활성 기능 2등급	alpha acids, iso-alpha acids의 합	호프추출물로서 1~2/일
	비즈왁스 알코올	생리활성 기능 2등급	① 1-테트라코사놀(C24) ② 1-헥사코사놀(C26) ③ 1-옥타코사놀(C28) ④ 1-트리아코타놀(C30) ⑤ 1-테트라트리코타놀(C32) ⑥ 1-tetratriacotanol(C34)	비즈왁스알코올로서 50~100mg/일
	전칠삼 추출물 등 복합물	생리활성 기능 2등급	① 진세노사이드 Rb1 ② 스타키오스 ③ eleutheroside E	전칠삼추출물 등 복합물로서 800mg/일

구분	원료명	인정 등급	기능(지표) 성분	일일 섭취량
개별인정형	가시오갈피 등 복합추출물	생리활성 기능 2등급	① 가시오갈피 : eleutheroside E ② 중국당귀: ligustilide ③ 황금: baicalin	가시오갈피 등 복합추출물로서 1.5g/일
	강황추출물	생리활성 기능 2등급	ρ-coumaric acid	강황추출물로서 1g/일
	보스웰리아 추출물	생리활성 기능 2등급	3-acetyl-11-keto-β-boswellic acid(AKBBA)와 11-keto-β-boswellic acid(KBA)의 합	보스웰리아추출물로서 1,000mg/일
	CMO 함유 FAC (지방산복합물)	생리활성 기능 2등급	CMO (cetyl myristoleate)	CMO 함유 FAC로서 893mg/일 (CMO로서 250mg/일)
	닭가슴 연골분말	생리활성 기능 3등급	콘드로이틴 황산 (chondroitin sulfate)	닭가슴연골분말로서 40mg/일
	참당귀 추출분말	생리활성 기능 2등급	데커신(decursin)	참당귀추출분말(Nutragen)로서 800mg
	까마귀쪽나무 열매주정 추출물	생리활성 기능 2등급	hamabiwalactone B	까마귀쪽나무열매주정추출물로서 200mg/일

출처: 식품의약품안전처(2016).

《표 II-7-5》 뼈 건강 기능성 원료의 기능(지표) 성분 및 일일 섭취량

구분	원료명	인정 등급	기능(지표) 성분	일일 섭취량
고시형	대두이소플라본	생리활성 기능 2등급	다이드진, 제니스틴, 글라이시틴의 합	이소플라본 비배당체로서 25mg/일
개별인정형	흑효모배양액 분말	생리활성 기능 3등급	베타글루칸	흑효모배양액 분말로서 150mg/일
	가시오갈피 숙지황 복합추출물	생리활성 기능 2등급	① 가시오갈피 : eleutheroside E ② 숙지황 : 타키오스	가시오갈피숙지황복합추출물로서 800mg/일
	유단백 추출물	생리활성 기능 2등급	락토페린(lactoferrin)	유단백추출물로서 40mg

출처: 식품의약품안전처(2016).

§ 예 알아보기 §

❖ 글루코사민❖

글루코사민(2-amio-2-deoxy-D-glucose)은 아미노산과 당의 결합물인 아미노당의 하나로 연골을 구성하는 필수성분으로 알려져 있으며, 글루코사민의 섭취는 골관절염의 통증을 완화하고 연골을 재생시켜 관절 건강에 도움이 된다고 보고되어 2004년 「건강기능식품에 관한 법률」 시행과 동시에 「건강기능식품공전」에 글루코사민 함유제품으로 등재되었다.

총 34건의 연구를 선별하여 연구에 대하여 질 평가를 수행한 결과 총 34건 연구 중 28건에서 유의한 관절 건강 효과가 확인되었으며 피험자 수로 환산하면 총 5,217명 피험자 중 과반수가 넘는 4,225명의 연구에서 글루코사민의 섭취가 관절 건강을 개선시키는 것으로 평가되었다($P<0.05$). 관절 건강 지표가 유의하게 개선된 연구들에서 확인한 지표들은 WOMAC(총점, 통증, 기능, 뻣뻣함), Lequesne index, VAS pain, Lysholm knee score system 등이었다.

치아 건강

1. 개요

1) 치아의 구조 및 역할

(1) 치아의 구조

치아는 법랑질에 싸여 있는 치관(치아머리)과 치조골에 심어져 있는 치근(치아뿌리)으로 구분되며, 치관에서 치근으로 이어지는 경계부는 치경선(cervical line, cervical) 또는 백악사기질경계(cemen to enamel junction, CEJ)라고 하며 경조직과 연조직으로 구성되는데 경조직은 법랑질, 상아질, 백악질로 이루어져 있으며, 연조직은 치수 조직으로 이루어져 있다(그림 II-7-2).

그림 II-7-2 ⋯› 치아의 구조

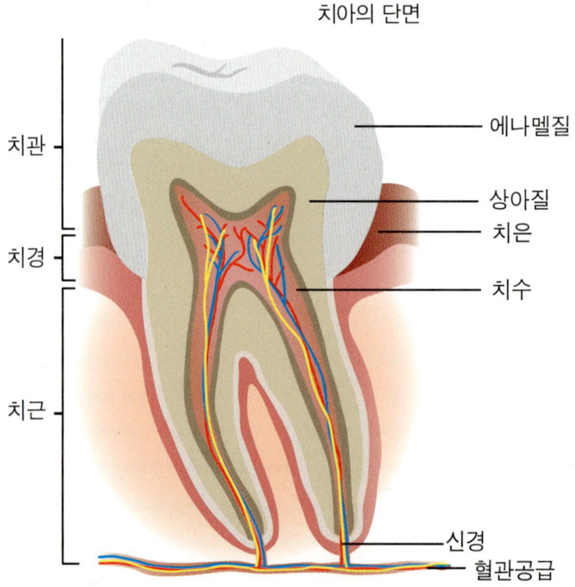

(가) 법랑질(enamel)

법랑질(enamel)은 치아를 구성하는 경조직 중 가장 외부에 존재하는 조직으로 인체에서 가장 단단한 고도로 석회화된 조직이며 구성성분은 수산화인회석(hydroxyapatite)으로 존재하며 무기질, 유기질, 수분으로 구성된다. 특징으로는 무기질을 다량으로 함유하여 단단하다. 그래서 치아에 가해지는 힘을 견딜 수 있으나 깨지기 쉽고 색상은 무색 반투명하다.

(나) 상아질(dentin)

상아질(dentin)은 치아 구성 조직 중 가장 많은 부분을 차지하고 있으며 무기질, 유기질, 수분으로 구성되어 있다. 형성 시기에 따라 1차 상아질, 2차 상아질, 3차 상아질로 구분된다. 1차 상아질은 치근 형성 전에 형성되고, 2차 상아질은 치근형성 후에 형성되고 마지막으로 3차 상아질의 경우 이물질의 침입에 대해 방어기전에 형성된다. 특징으로는 노출 시 지각에 예민하게 반응하여 통증이 유발된다. 색상은 황백색이다.

(다) 치아 연조직의 치수

치수의 경우 치아 중심부에 위치한 연조직성 고유 조직이다. 유기질과 수분으로 구성되어 있으며 신경, 혈관, 림프관이 존재한다. 상아질을 형성하고, 치아의 영양공급과 지각을 담당한다. 치수강은 이 치수가 채워진 치아 중심부를 이야기하며 특징으로는 치아의 외형과 유사하게 나타나고 치관에 해당되는 수실과 치근에 해당되는 치근관으로 구분된다.

수실(치관부의 치수강)은 수실개와 수실각으로 나뉘며 수실개는 치관의 절단교합면 부분이다. 수실각은 절치의 절단, 구치교두의 돌출부분이다. 치근관(치근부의 치수강)은 수상저, 치근관구, 치근첨, 치근첨공으로 나뉘며 수상저는 수실의 가장 아랫부분이며 치근관구는 수실에서 치근관으로 연결통로이고 치근첨은 치근관의 끝부분이고 치근첨공은 혈관, 신경, 림프관이 연결되는 작은 구멍이다.

(2) 치아의 역할

치아는 음식물을 저작하고 발음에 관여하는 구강에 존재하는 기관으로 저작기능과 발음기능 및 미용기능을 발휘한다.

2) 구강 건강과 치아 건강의 정의

구강 건강이란 질병에 이환되어 있지 않고 허약하지 않을 뿐만 아니라 정신작용과 사회생활에 장애가 되지 않는 치아와 악안면을 포함한 구강 조직 기관의 상태이다. 구강 건강에 영향을 주는 큰 세 가지 분야는 치아우식, 치주질환, 구취이다. 이중 치아 건강의 범위는 치아를 구성하는 부분 중 경조직의 변화로, 구강 내의 여러 우식 및 부식 발생 요인에 의한 영향을 고려하고 정상적인 생체 기능을 조절하여 치아 경조직 손상의 위험성을 감소시키고, 구강 건강을 유지하는 것으로 정의할 수 있다.

(1) 치아우식 및 부식

치아우식증이란 치아 경조직의 치질 중의 무기질이 탈회되고 유기질이 파괴되어 치아 조직의 결손을 초래하는 치아 조직질환으로서, 인류에서 가장 빈발하는 만성질환이다. 일단 발생된 치아우식증은 완전하게 치유되지 않아, 반드시 후유증을 남기며 세계 어느 곳에서도 발생된다. 따라서 치아우식증을 범발성 질환이라고 할 수 있다. 인종 요인, 성별 요인, 경제 요인, 사회 요인의 영향을 받아 발생되므로 다인성 질환이라고 한다. 최근에는 치아우식예방을 위해 *Streptococcus mutans*(*S. mutans*)에 대한 항균, GTase 활성 억제, 세포부착(cell adherence) 억제, 산 생성 억제 등에 효능이 있는 물질의 검색이 활발히 이루어지고 있다. 치아 부식은 치아의 화학적인 용해를 말하며 미생물에 의한 우식과는 구별된다. 산에 의한 노출, 음식물 중의 산성 음료수, 과일즙 같은 외적 요인과 습관적인 위 내용물의 역류, 식도열공 탈출, 빈번한 구토 등의 내적인 원인에 의하여 발생한다. 내적인 원인에 대한 특징의 경우 설(혀) 측면의 상아질과 노출을 동반한 법랑질의 균일한 소실을 관찰할 수 있으며, 과일즙 등에 의한 경우에는 순면과 설면 모두에서 치질 소실을 볼 수 있다.

(2) 치주질환

치주질환이란 치주 조직에 생기는 일체의 질병들을 말하며 비교적 발생빈도가 높은 치주질환은 만성 치은염, 만성 치주염, 소년치주염, 급성 괴저성 궤양성 치은염을 예로 들 수 있다. 앞에서 설명한 치아우식증과 마찬가지로 치주질환도 구강 내에 존재하는 세균에 의해 야기되는데, 치은연상 치면세균막(supragingival plaque) 내에 있는 세균은 치은염(gingivitis) 발생과 연관이 깊고, 치은연하 치면세균막(subgingival plaque)의 세균은 치주염(periodontitis)의 발생과 관련이 깊다고 알려져 있다. 일반적으로 모든 치은염이 치주염으로 이행된다고 볼 수는 없고 치주염은 치은염과 함께 발생되나 모든 치은염이 치주염으로 진행되는 것은 아니다. 치아우식증을 일으키는 세균과 치주질환을 일으키는 세균은 종이 다르다고 알려져 있고 치아우식 원인균은 호기성균인 반면에 치주질환을 일으키는 균은 혐기성균으로 주로 *Prophyromonas gingivalis*, *Prevotella intermedia*, *Actinobacillus actinomycetemcomitans*, *Eikenella corrodents*, *Fusobacterium nucleatum*, *Bacteroides forsythius*, *Campybacterrectus*, *Treponema(spirochetes)* 등이 관련 있는 것으로 보고되고 있다. 특히 치은염은 대부분 치은의 염증성 변화에 의해서 발생되므로 이때 적절한 관리를 통해서는 원 상태로 회복이 가능하기도 하다. 정리하면 치아우식증과 마찬가지로 치주질환 역시 감염성 질환으로 다양한 요인에 의해서 발생하게 된다. 특히 병원균의 독작용과 숙주방어체계에 의해 일정 기간 동안 질병의 진행과 회복이 순환단계를 거치게 되는데, 치아우식증과 당질의 관계와는 달리 이 과정에 영양요인이 치주병 발생에 좀 더 미묘한 역할을 담당하는 것으로 알려져 있다. 즉 치주병은 적절한 영양섭취를 통해 감염을 예방하고 상처치유를 촉진시킬 수 있는 일련의 과정을 따른다고 할 수 있다. 이런 측면에서 보면 건강한 치은을 지닌 사람도 꾸준히 치주 조직의 건강 상태를 유지하기 위해서는 적절한 영양소의 섭취가 요구되고, 치주 조직에 염증이 있는 경우에도 치유 효과가 있는 영양소를 섭취할 필요가 있다.

3) 치아의 경조직 손상 원인

치아의 경조직에 손상을 주는 요인은 크게 외상, 치아 마모, 치아우식증에 의한 손상이 존재하며 이의 원인이 되는 요인들이 굉장히 다양하다.

(1) 치아 마모

주로 마찰, 마모 및 침식(부식)에 의한 손상으로 세 가지 과정에 의한 결과이며 마찰은 치아와 치아 사이의 물리적인 접촉에 의한 치아의 손상이며 음식물을 과도하게 강하게 씹거나 이갈이 등에 의한 원인에 의해 야기된다.

마모는 치아 이외의 물리적 수단에 의해 치아가 조금씩 손상되는 것을 말하며 잘못된 칫솔질, 파이프 흡연, 치실 또는 이쑤시개의 부적절한 사용 등에 의해 야기된다. 부식은 산에 의한 치아의 화학적인 용해를 말한다. 부식의 경우 치석의 박테리아가 산을 생성하여 부식되는 치아우식과는 구별되며 산성 음식 또는 음료의 과도한 섭취, 반복된 위산의 역류 등에 의해 야기될 수 있다.

(2) 치아우식증

초기 치아우식 병소는 적절한 1차 예방을 통해 원 상태로 회복이 가능한 가역반응단계를 거치게 되는데 이 단계를 촉진시킬 수 있는 요인으로는 타액 내 무기질 함량, 치면세균막 내 우식 원인 세균의 활성도 저하, 재결정화 촉진 등을 들 수 있다.

치아우식증의 발생기작은 *Mutans streptococci*라고 총칭되는 구강연쇄구균에 의해 발생하며, 사람의 구강에서는 *Streptococcus mutans*와 *Streptococcus sobrinus*의 2종이 분리된다. 처음 치아표면에 타액 내의 당단백질이 부착하여 얇은 막이 형성된다. 그 이후 자당을 통해 *S. mutans*가 생산한 GTase에 의해 불용성이며 접착력이 강한 glucan을 합성하여 *S. mutans* 등의 균을 치면에 부착시켜 균괴를 형성하게 된다. 이 균괴가 치면을 덮으면 치면세균막을 형성하게 되고 우식 원인균에 의해 유산, 유기산이 치면세균막 내부에 축적되어 pH가 저하되며 치아의 탈회가 유발되게 된다. 치면세균막의 경우 타액 내의 칼슘, 인산이 부착되면서 딱딱하게 변하여 치석이 형성되고 치석에 비례해 치아우식증이 촉진된다.

그림 II-7-3 ··· *S. mutans* 치아우식증 유발 기작

*S. mutans*가 글루코실트랜스퍼레이즈(glucosyltransferase, GTase)를 생산

↓

수크로스를 GTase에 의해 불용성이며 접착력이 강한 글루칸을 합성

↓

불용성 글루칸에 의해 *S. mutans*를 치면에 부착시킴

↓

치면에서 성장 증식한 *S. mutans*는 다종의 구강 내 세균과의 회합으로 균괴(plaque)의 생성

↓

균괴가 성장하여 치면을 덮어 치면세균막을 형성

↓

치면세균막을 구성하는 *S. mutans*가 당질대사를 통해 유산 등의 유기산이 치면세균막 내부에 축적되어 pH의 저하를 유발

↓

법랑질의 탈회가 유발되어 치아우식증 발생

2. 치아 건강 증진 기능성 실험 방법

1) 바이오마커의 선정

《표 II-7-6》 치아 건강 평가 관련 바이오마커

구분	바이오마커	측정 가능한 연구유형		
		시험관	동물	인체
치면세균막 감소	치면세균막 균체부착 정도	○		
	치면세균막 지수			○
구강 내 우식 원인 세균 활성 억제	*S. mutans* 균 수	○		○
치면세균막 산성화 억제	우식균의 유기산 생성량	○	○	
재결정화 촉진	탈회/재결정화 측정	○		
	미세 경도 측정	○	○	
치아우식진행지표	ICDAS(international caries detection and assessment system)			○
	QLF(quantitative light-induced fluorescence)			○

출처: 식품의약품안전평가원(2017).

2) 평가 방법

(1) 치면세균막 감소 지표

(가) 치면세균막 내 균체 부착 정도

우식원인균은 구강 내 당단백질에 의해 생긴 치아표면의 막에 부착되어 생육하게 되고 치면세균막을 생성한다. 우식원인균이 생산한 우식의 원인 물질인 유기산이 막내에 잔류하여 우식이 진행된다. 따라서 시험관(in vitro) 실험에서 시료물질에 의한 치면세균막 내 균체 부착 정도를 측정하여 치면세균막 감소 지표로 사용된다.

(나) 치면세균막 지수

치면세균막은 치아에 부착된 균괴가 세균성 바이오필름을 만들어 생성되며 우식 원인균의 생육을 위한 보호막 역할을 한다. 치면세균막의 생성 정도를 평가하기 위해서 치면세균막 지수를 사용하는데 이는 인체적용 실험에서 염색을 통해 치면세균막의 범위를 확인하여 점수화시켜 치면세균막 감소지표로 사용되고 있다.

(2) 구강 내 우식 원인 세균 활성 억제

(가) *S. mutans*균 수

*S. mutans*는 인간의 구강 내의 가장 큰 치아 우식 원인 세균이며 GTase를 통해 불용성 글루칸을 만들어 균체들을 치아표면에 부착시켜 치면세균막을 만들어 대사를 통해 유산, 유기산을 생산하여 치면세균막 내의 pH를 저하시켜 치아를 우식시킨다. 시험관 실험에서 시료의 항균성을 측정하고 인체적용 실험에서는 우식 원인균의 생균 수를 측정함으로써 시료의 우식원인균 활성 억제 지표로 사용하고 있다.

(3) 치면세균막 산성화 억제 지표

치면세균막 산성화 억제에 대한 정량적인 지표로서 유기산 생성량을 측정한다.

(4) 치아 법랑질 재결정화 지표

(가) 탈회/재결정화 측정

초기 치아우식 병소는 적절한 1차 예방을 통해 원 상태로 회복이 가능한 가역 반응단계를 거치게 되는데, 이 단계를 촉진시킬 수 있는 요인으로는 타액 내 무기질 함량, 재결정화 촉진 등을 들 수 있다. 따라서 시료의 탈회와 재결정화 정도를 측정하여 지표로 활용하고 있다.

(나) 미세경도 측정

초기 법랑질 치아우식의 재결정화란 이온교환으로 인해 치아우식 이전의 상태의 법랑질 본래의 밀도를 회복하는 것을 의미하므로, 재결정화 정도를 나타내는 지표로서 미세경도를 측정하기도 한다.

(5) 치아우식 진행지표

(가) ICDAS

ICDAS CODES를 통해 치아우식 진행지표로 사용할 수 있다. 기존의 WHO 치아우식 분류기준보다 초기의 치아우식증에서 조금 더 세분화된 분류를 보여준다. 즉, 실질적인 우식에 대한 진단을 통해 치아우식증의 진행 여부를 판단 가능하다. 다만 치아우식증에 대한 증감 효과는 장기적인 인체 실험으로 평가하는 것이 유효하다.

(나) quantitative light-induced fluorescence(QLF)

QLF를 통해 치아우식 진행지표로 사용할 수 있다. QLF는 405nm 파장의 푸른색 가시광선 영역의 빛을 치아에 조사해서 초기 우식증을 탐지하는 장비이다. 건전 치질의 경우 빛이 조사되었을 때 반사되면서 녹색의 자가형광(autofluorescence)이 발생하나, 초기 우식증이 있는 경우에는 형광이 소실되어 어둡게 보인다. QLF를 사용하면 이 자가형광이 감소한 정도를 정량화하여 치아우식증의 정도를 정량적으로 확인할 수 있다.

3. 치아 건강 증진 기능성 식품 원료 및 건강기능식품

《표 II-7-7》 치아 건강 증진에 도움이 되는 기능성 원료

기능성		기능성 원료	비고
치아 건강	충치발생 위험 감소에 도움	자일리톨	–

출처: 식품의약품안전처(2016).

그림 II-7-4 ···› 치아 건강 증진에 도움이 되는 건강기능식품

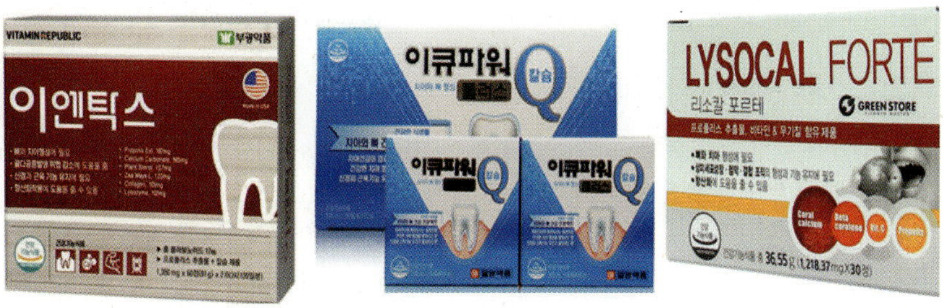

《표 II-7-8》 치아 건강 증진 기능성 원료의 기능(지표) 성분 및 일일 섭취량

구분	원료명	인정 등급	기능(지표) 성분	일일 섭취량
개별 인정형	자일리톨	질병발생 위험 감소기능	자일리톨(xylitol)	자일리톨로서 10~25g/일

출처: 식품의약품안전처(2016).

§ 예 알아보기 §

❖ 자일리톨 ❖

자일리톨은 천연의 당알코올계 감미료로 자작나무나 옥수수, 귀리, 바나나, 그리고 몇몇 버섯에서 추출되는 자일로스를 수화(hydrogenation)시켜 얻은 5탄당의 감미제이다. 설탕(sucrose)과 모양이나 질감은 비슷하나 비용은 설탕에 비해 10배 정도 비싸며, 청량감을 나타낸다. 현재 자일리톨은 껌, 제과, 의약품 및 구강위생용품에 널리 사용되고 있으며, 비우식성(non-cariogenic) 및 항우식성(anti-cariogenic)이 인증되어 세계적으로 특히 구강보건학 분야에서 사용을 권장하고 있으며, 우리나라에서도 그 효과에 대한 대중적 인식이 증가되고 있다.

※ 자일리톨의 치아우식증 예방기전
- 점착력이 약한 치면세균막(제거가 용이)
- 치면세균의 양적인 감소(치아우식증 발생 가능성 감소)
- *S. mutans*의 부착감소(감염기회 감소)
- *S. mutans*의 수적인 감소
- 알칼리성 치면세균막(하이드록시업타이트의 안정에 매우 유리)
- 치면세균막 중의 칼슘양 증가(재석회화 유리)
- 재석회화를 위한 화학적 조건이 특히 촉진
- 치면세균막의 염증 유발력 감소(치주염과 치은염의 억제 효과)

8. 눈 건강과 건강기능식품

part II chapter 8

1. 개요

1) 눈의 구조와 기능

(1) 눈의 구조

안구의 크기는 성인의 경우 대략 24mm 정도이고 용적은 6.5cm^3 정도로 탁구공만 하다. 눈은 외막, 중막, 내막과 내용물로 되어 있다. 외막은 각막과 공막으로 형성되어 있으며 안구의 모양을 유지하는 역할을 한다. 그중 각막은 외부와 직접 접촉하며 빛을 통과시키는 부분이므로 특히 중요하다. 각막은 안구 중앙에 있는 투명한 막으로 중심부의 두께는 약 0.5~0.7mm, 가로 12mm, 세로 11mm인 타원형이며, 5층으로 이루어진 조직이다. 앞쪽에서부터 상피보우만막(Bowman's membrane), 각막실질, 데스메막(Descemet's membrane), 내피의 순으로 되어 있다.

중막은 홍채와 섬모체(모양체), 맥락막으로 구성되어 있으며, 많은 혈관과 색소를 함유하고 있다. 그중 홍채는 입사광의 양을 조절하여 망막에 정확한 상이 맺히도록 할 뿐만 아니라 유해한 광선이 동공을 통해서 들어오는 것을 막아 주는 역할을 한다. 섬모체는 안구에 필요한 영양을 공급하고 섬모체근의 신축성은 수정체의 굴절력을 조절한다. 흔히 망막이라고 말하는 내막은 총 10층으로 구성되어 있으며 광수용체가 존재하므로 수정체의 두께를 조절하여 입사광이 망막에 맺히도록 한다. 안구의 내용물로는 수정체, 초자체(유리체와 공히 쓰임)와 방수액으로 구성된다.

(2) 눈의 부위별 기능

(가) 각막(cornea)

안구를 보호하는 방어막의 역할과 광선을 굴절시켜 망막에 도달시키는 창으로서의 역할을 하는 안구 앞쪽 1/6을 차지하는 투명한 무혈관 조직으로서, 각막의 기능은 안구를 보호하는 방어막의 역할과 광선을 굴절시켜 망막에 도달시키는 창으로서의 역할을 한다. 각막이 손상되어 시력을 상실하였을 때 각막이식수술이 가능한 조직이다.

(나) 공막(sclera)

안구의 뒷부분 5/6를 차지하는 흰 섬유 조직으로 안구 형태를 유지하게 한다.

(다) 홍채(iris)

홍채는 눈의 수정체와 각막·안방수 사이에 존재하며, 외부에서 관찰할 수 있는 유일한 체내기관이다. 직경은 약 11mm 정도로 동공의 개폐를 조절하는 근육으로 구성되어 있다. 홍채의 중앙에는 구멍이 나 있으며 이곳을 동공이라 한다. 동공은 눈으로 들어가는 광선의 양을 조절하는 카메라의 조리개 역할을 하는 부분이다.

(라) 섬모체(ciliary body)

섬모체근의 작용에 의해 수정체를 변형시켜 가까운 데를 볼 수 있도록 하는 조절의 역할과 안구 내 방수의 생산을 담당하는 기관으로 모양체라고도 한다.

(마) 맥락막(choroid)

망막과 공막 사이에 위치하는 혈관 조직으로 눈에 혈액과 영양을 공급하는 역할을 한다.

(바) 망막(retina)

맥락막 내면을 덮고 있는 신경 조직으로 빛을 감지하여 시신경으로 전달하는 곳이며 카메라의 필름에 해당한다. 망막에는 원뿔세포와 막대세포 두 가지 시세포가 분포되어 있으며 이들 광수용 세포는 감각신경망막의 단백질인 옵신(opsin)을 가지고 있다. 원뿔세포는 망막의 중심부에 밀집되어 있고 비교적 밝은 빛에 작용하여 물체의 색상과 형태를 선명하게 감지할 수 있으며, 막대세포는 어두운 곳에서 작용하며 물체의 형태만을 어렴풋이 감지한다.

(사) 수정체(lens)

각막과 함께 눈의 주된 굴절기관이며 카메라의 렌즈에 해당한다. 탄력성이 있어 섬모체 근육의 수축으로 섬모소대가 이완되면 조금 더 통통한 둥근 모양이 되어 굴절력이 증가된다. 이러한 일련의 변화를 조절이라고 하며, 거리에 따라 물체를 선명하게 볼 수 있게 한다. 나이가 들면서 수정체는 탄력성을 소실하게 되며 45세 전후가 되면 아무리 모양체 근육이 수축하여도 수정체는 더 이상 굴절력을 증가시킬 수 없게 되어 근거리를 보기 위해서는 돋보기가 필요하게 되는데 이를 노안이라고 한다.

(아) 유리체(vitreous body)

투명하고 혈관이 없는 겔 조직으로 안구 용적 및 무게의 2/3를 차지하며 안구의 충격을 완충한다.

2) 눈(안구) 기능 관련 인자

(1) 황반변성

눈의 안쪽 망막의 중심부에 위치한 신경 조직을 황반이라고 하는데, 시세포 중 원뿔세포가 밀집되어 있고 물체의 상이 맺히는 곳도 황반의 중심이므로 시력에 대단히 중요한 역할을 담당하고 있다. 시력이란 대상의 존재와 형태를 인식하는 능력을 말하는데, 물체의 상이 황반의 중심오목에 맺힐 때 가장 예민하고(중심시력), 망막 주변으로 갈수록 저하된다(주변시력). 우리가 책을 보거나 어떤 물체를 볼 때는 망막의 중심부인 황반부에 상이 맺히기 때문에 일반적으로 중심시력을 시력이라고 말한다. 따라서 노화, 유전적인 요인, 독성, 염증 등에 의해 황반부의 변형이 일어나거나 기능이 떨어지면 시력이 감소되고, 심할 경우 시력을 완전히 잃을 수도 있다.

겉에서부터 공막, 맥락막, 망막의 순서로 존재하는 안구의 외부를 이루는 구조 중 가운데 막을 맥락막이라고 한다. 맥락막은 대부분 혈관 층으로 구성되어 있는데 이는 망막층에 영양물질을 공급하고 망막세포에서 나오는 대사물질을 제거하는 역할을 한다. 그러나 노화 등의 원인으로 인해 맥락막의 혈관이 망막세포 부분까지 뚫고 시신경세포 부분까지 비정상적으로 생성되는 경우가 있는데, 이때의 비정상적인 혈관들을 맥락막 신생혈관이라고 한다. 신생혈관은 암세포나 조직으로부터 신생혈관 유도 인자(vascular endothelial growth factor, VEGF, fibroblast growth factor, FGF 등)가 발현되어 기존의 혈관으로부터 미세혈관이 자라나 생긴다. 망막에서 신생혈관 생성은 비정상적인 혈관이 생성되어 혈액의 삼출현상이 일어나 망막신경세포의 퇴화를 일으키는 황반변성을 일으키며 이는 실명을 유도한다. 노인성 황반변성은 건성과 습성의 두 가지 형태가 있다. 건성 황반변성은 망막에 노폐물이 쌓여 흰 점(드루젠, drusen)의 형태로 나타나거나 그로 인하여 망막이 위축되는 경우를 말하며 노인성 황반변성의 3/4을 차지한다. 건성 황반변성은 급작스러운 시력상실을 일으키지는 않지만 만성적인 시력감소를 일으키며 습성 형태로 발전할 수 있다. 두 가지 형태의 황반변성 모두에서 황반에 있는 시세포가 서서히 파괴되기 때문에 시간이 지날수록 황반의 기능이 떨어지고 중심부 시력이 감소하기 시작한다. 처음에는 한쪽 눈에서만 생길 수 있는데 나머지 눈도 영향을 받는 경우가 많다. 습성 황반변성은 황반 밑에서 비정상적인 혈관(신생혈관)이 자라는 경우를 말한다. 이 신생혈관은 쉽게 파열되어 황반부에 삼출물, 출혈이 발생하게 된다. 황반의 파괴는 비교적 빠르게 일어나 중심 시력이 급속히 나빠지는 경우가 많으며 결국 실명을 초래한다.

(가) 황반변성의 발생 관련 인자

- 나이: 60대 이상에서 주로 발생하는 황반변성의 가장 큰 위험 인자임. 연령이 증가함에 따라 황반변성이 급격히 증가하는 것은 많은 연구에서 밝혀졌는데 대표적인 연구로는 Beaver Dam Eye Study가 있음
- 흡연: 흡연이 황반변성의 발생 빈도를 증가시키는 것으로 보고됨
- 성별: 성별에 의한 차이는 없다고 인식되고 있으나 대개 남성보다 여성이 높다는 다수의 연구가 보고됨
- 고혈압: 고혈압 환자에서 위험도가 높은 것으로 보고됨
- 항산화제, 루테인 섭취량: 항산화제와 루테인 섭취가 많은 사람들에게서 섭취가 부족한 사람들에 비해 황반변성이 유의하게 낮은 것으로 보고되고 있음
- 한쪽 눈에 황반변성이 있는 자: 한쪽 눈에 황반변성이 있는 자는 반대편 눈에 황반변성이 발생할 확률이 더 높은 것으로 보고됨
- 가족력: 유전적 소인 있음

- 염증: 염증이 드루젠과 황반변성의 발생에 중요한 역할을 한다는 것이 알려져 있는데 전신 염증 표지자의 수치가 높은 사람에서 황반변성의 발생이 증가함

(나) 증상

- 사물의 형태를 구별하는 능력이 떨어짐
- 욕실의 타일이나 중앙선 등 선이 굽어 보임
- 책이나 신문을 읽을 때 글자에 공백이 생김
- 사물의 가운데가 검거나 빈 부분이 있음
- 물체가 찌그러져 보임
- 대비감(색 및 명암 구별 능력)이 떨어짐
- 시야의 중심에 영구적으로 검은 점이 생김

나이관련 황반변성(age-related macular degeneration, AMD)은 65세 이상의 노년층에서 발생하는 시력상실의 주된 원인이며, 나이 관련 황반변성의 초기 진행이 망막색소 상피세포의 사멸과 관련이 있다는 선행보고들이 있다. 망막색소 상피세포가 나이가 들어감에 따라 그 기능이 점점 저하되게 되고, 그에 따라 세포 내에서 대사 후의 부산물인 'A2E'라고 불리는 분자가 망막색소 상피세포 내에서 배출되지 않고 축적되게 된다. 리포푸신(lipofuscin)의 주요 발색단 가운데 하나인 A2E 분자는 여러 활성산소종 중 특히, singlet oxygen에 의해 에폭시화(epoxization)된다고 알려져 있다. 또한, A2E 분자가 광자극이나 여러 가지 산화적 스트레스에 노출되면 산화형태의 A2E로 전환되는데, 이러한 산화형태의 A2E 분자가 망막색소 상피세포의 세포사멸을 유도한다고 알려져 있다. A2E 분자가 망막색소 상피세포 내에서 점차 축적되면, 뒤이어 산화적 스트레스 과정을 거치게 되며, 결국에는 세포사멸에 이르게 된다. 하지만 원인 물질인 A2E 분자 자체의 축적을 사전에 차단한다면 산화로 인한 위험 자체를 줄일 수 있다고 기대할 수 있다.

(다) 광수용체 세포(photoreceptor cell) 보호

망막 내 황반에는 빛 신호전달을 담당하는 광수용체 세포가 밀집되어 있고 그 중에 시세포의 핵으로 구성되어 있는 외과립층(outer nuclear layer, ONL)이 있다. 시세포는 광수용 세포로 체내 세포 중에서 대사율이 가장 높고, 산화 스트레스에 많이 노출되어 있기 때문에 강한 빛에 의해 시세포가 손상을 받게 되면 상당한 양의 활성산소를 야기한다고 알려져 있다.

(라) 산화 콜레스테롤 축적 억제

망막은 높은 농도의 콜레스테롤을 필요로 한다. 콜레스테롤은 순환 중인 혈액으로부터 공급받기도 하지만 맥락막 혈관 근처 브르크막(Bruch's membrane) 근처에서 필요한 콜레스테롤을 직접 합성한다. 망막이 산화 스트레스에 노출되면 많은 산화된 콜레스테롤(oxLDL)이 생성되는데, 망막색소 상피세포에는 혈액 내 대식세포(macrophage)와 같이 LDL 수용체(receptor)와 더불어 CD36(LDL scavenger receptor)가 있어서 oxLDL을 제거한다. 망막색소 상피세포에 축적된 oxLDL은 세포사멸을 일으키는데 이것은 대식세포가 거품세포로 변성되어 동맥경화증을 일으키는 작용과 유사하다. 나이 관련 황반변성인 사람의 브르크막에 많은 양의 oxLDL이 축적됨이 확인된 바 있으며, 황반변성 중 특징인 드루젠(drusen) 형성에 관여한 것으로 보인다. 따라서 코엔자임(coenzyme)Q10, 비타민 E와 같은 지용성 항산화제는 콜레스테롤 산화를 억제함으로써 황반변성에 도움을 줄 수 있다.

(마) 황반색소 밀도 증가

황반은 망막의 중앙 및 후면부에 위치해 있으며, 중심 시각 및 고해상도 시력을 맡고 있는 광수용체 세포(막대세포, 원뿔세포)의 밀도가 가장 높은 곳으로 직경 5~6mm의 원형 부위이며 루테인(lutein), 지아잔틴으로만 구성된 특징적인 황반색소가 위치해 있다. 고농도의 다중불포화지방산에 노출되어 있어서 특히 산화

스트레스에 의해 손상되기 쉽지만 루테인 또는 지아잔틴과 같은 황반색소가 자유라디칼 제거제 또는 눈에 해로운 광, 특히 파장이 짧고 높은 에너지의 청색 가시광선(blue light)을 차단하는 역할을 함으로써 황반의 기능을 유지하는 데 도움을 준다.

(2) 눈의 피로

(가) 눈의 피로 원인

일반적으로 눈의 피로는 오랜 근거리 작업이나 건조한 환경으로 인한 안구건조증, 장기간 빛 노출에 의한 눈의 망막 상피세포에 자유라디칼(free radical)이 생성되어 안구 내 망막세포의 직접적인 손상이나 망막에서 혈관수축이나 근육수축으로 인한 혈관평활근 긴장에 기인한 여러 현상으로 정의할 수 있다.

(나) 눈의 피로 증상

눈의 피로 증상은 흐릿함, 눈물, 충혈, 눈부심, 뻣뻣함, 이물감 등의 증상이 나타나며 심한 경우 눈에 통증 및 두통이 생기기도 한다.

(다) 눈의 피로도 조절 기전

① 혈관 조직에서 수축 완화

시험관 실험에서 혈관평활근의 수축을 인위적으로 유도[예: 세로토닌(serotonin), 인도메타신(indomethacin), 라이신 아세틸살리실레이트(lysine acetyl-salicylate), 바륨(barium) 등]하였을 때 혈관 조직의 근육을 이완시키거나 수축 정도를 완화시킴으로써 통해 눈의 피로도가 개선되는 것을 측정할 수 있다.

② 로돕신 생성능

로돕신(rhodopsin)은 망막의 색소이며, 시신경 전달물질로서 빛을 받으면 레티날(retinal)과 옵신(opsin)으로 분해되며 이때 발생되는 에너지가 시세포를 흥분시켜 그 자극이 시신경을 통해 뇌로 전달된다. 이러한 로돕신이 지속적으로 빛을 감지하기 위해서 광화학적 반응으로 분해된 로돕신이 계속 재합성되어야 눈의 피로도를 개선시킬 수 있다. 빛에 의해 로돕신이 분해된 레티날 중 일부는 망막에서 효소작용을 거쳐 다시 로돕신을 형성하고, 일부는 간에서 로돕신으로 만들어져 망막으로 운송된다. 망막에서 분해되거나 소실되는 레티날은 색소 상피세포에 저장된 비타민 A에 의해 보충된다.

③ 신생혈관 생성 저해

신생혈관은 눈에 새로운 혈관이 생기게 되는 증상으로 신생혈관 생성에 따라 각종 염증반응이 나타나기도 한다. 안토시아닌(enthocyanin)은 신생혈관 생성 및 혈관내피 생성 인자를 저해하여 눈의 피로를 개선하는 데 도움을 준다.

④ 안구의 혈류 증가

안구의 혈류를 개선하게 되면 섬모체에 더 많은 혈액을 도달하게 하고, 섬모체 근육에 풍부한 영양공급을 통해 눈의 피로를 개선시킬 수 있다.

⑤ 광산화작용으로 인한 세포막 손상 억제

A2E는 나이가 들거나 망막에 질환이 생기면 망막 상피세포에 많이 축적되는 색소로서 빛의 자극에 의해 광산화되며, 그에 따라 세포막에 손상을 일으키는 물질이다. 광산화작용으로 인해 세포막 손상 시 나타나는 A2E 양의 감소로 인해 직접적으로는 망막색소상피와 광수용체세포의 사멸을 억제하여 눈의 피로도를 개선시킬 수 있다.

(3) 안구건조증(건성안)

눈의 가장 바깥 부분에 위치한 각막은 검은 눈동자에 해당하는 투명한 구조로 유리창과 같은 역할을 하는데 각막표면이 투명하지 못하면 빛이 눈으로 들어올 때 산란되므로 시력 저하, 눈부심 등의 증상이 나타날 수 있다. 각막을 덮고 있는 눈물막은 물성분, 점액성분, 그리고 지방질 성분으로 구성되어 있으며 여러 가지 비타민이나 성장 인자 등을 포함하고 있는데, 눈을 외부로부터 보호하고 수분을 공급할 뿐만 아니라 깨끗하고 균일한 굴절면을 유지하여 좋은 시력을 유지하는 데에도 중요한 기능을 담당하고 있다. 건성안증후군 또는 눈마름증후군이라고도 불리는 안구건조증은 눈을 촉촉하게 적셔서 부드럽고 편안한 눈 상태를 유지해 주는 눈물 층에서 눈물의 절대적인 양이 감소하거나 눈물 층의 구성성분의 변화로 눈물의 질에 좋지 않은 변화가 나타나 눈물 층에 이상이 발생하는 것을 말한다.

안구건조증의 원인은 다음과 같다.

- 노화: 40세 이상의 연령에서 가장 흔하게 나타나는 안질환으로, 정상적인 노화 현상에 의해 눈물 분비량의 감소나 눈물의 상태가 변하게 되어 발생
- 동반질환: 류머티스성 관절염, 쇼그렌증후군(입과 눈 등 몸 전체의 점막들의 염증이나 건조가 발생하는 류머티스질환), 루푸스(lupus), 공피증, 당뇨병, 비타민 A 결핍증 등의 질병이 있으면 눈물 생산이 줄어들고 눈물 층의 구성성분에 변화가 나타나 심한 건조증 유발
- 방사선이나 염증으로 인한 눈물샘 손상
- 각막의 예민성 감소: 각막의 지각이 마비되는 신경영양 각막염이나 장기간 콘택트렌즈를 사용해서 눈 표면의 감각이 무뎌지면 눈물의 생산이 감소함 최근에 많이 시행된 굴절수술(LASIK, LASEK 등)은 수술 과정에서 각막의 지각감소가 유발되어 수술 후 건조증이 나타남
- 과도한 눈물의 증발: 안검에 있는 지방 분비선이 병균에 의해 염증이 생기거나 막히면 지방질 분비가 적어지고, 지방이 적어지면 수분성분의 눈물이 쉽게 증발해 버림
- 눈꺼풀 속말림, 눈꺼풀 겉말림, 눈꺼풀염 같은 눈꺼풀 문제
- 만성결막염: 결막에서 점액 분비선 역할을 담당하는 술잔세포들이 만성적인

염증으로 줄어들면 점액 분비량이 적어져 수분을 점액층에 붙잡아 둘 수 없기 때문에 수성 눈물 층의 증발이 과도하게 일어나게 됨

- 갑상선질환: 갑상선 항진증에서 눈이 커져 과도하게 눈물이 증발되거나 갑상선 기능 저하로 눈물생성이 감소될 수 있음
- 여성호르몬 감소: 갱년기에 의한 여성호르몬이 감소되면 눈물 생성이 줄어듦
- 약물복용: 항생제, 항히스타민제, 이뇨제, 지사제, 스코폴라민 같은 부교감신경차단제, 고혈압 치료를 위한 베타차단제, 수면제, 피임약, 일부 여드름치료제, 일부 항우울제, 일부 마취제 등과 같은 눈물 생성을 감소시키는 약물에 의해 눈물샘이 영향을 받거나 눈물의 구성 성분에 변화가 생겨서 건조증이 유발됨
- 환경요인: 주위 환경이 건조하거나 연기나 먼지 자극, 햇볕, 바람 등으로 눈이 자극되거나, 독서나 컴퓨터 등의 근거리 작업을 하면서 무의식중에 눈 깜빡 임의 횟수가 줄어들면 안구건조증이 생기기 쉬움

눈은 빛을 감지하는 시각기관으로 명암, 색 감지, 사물의 모양, 사물의 크기, 멀고 가까움 등을 구분한다. 눈의 기능이 나빠질 경우, 눈의 피로 증가, 또는 안구건조증 등의 증상이 나타나기 쉽다. 개인차가 있지만 40세 이후가 되면 가까운 곳이 잘 안 보이는 노안 증상 및 황반변성 현상이 나타나기 시작하기 때문에 윤택한 삶을 위해서는 눈 건강에 각별한 주의가 필요하다. 특히 현대인의 경우 컴퓨터, 텔레비전, 스마트폰 사용 등으로 눈 건강에 위험을 주는 환경에 과다 노출되어 있다. 따라서 눈 건강을 유지하기 위한 노력이 필요하다.

2. 눈 건강 증진 기능성 실험 방법

1) 바이오마커의 선정

《표 II-8-1》 눈 건강 관련 바이오마커

구분	바이오마커		측정 가능한 연구유형		
			시험관	동물	인체
황반 변성 억제	황반색소밀도(MPOD)			ㅇ	ㅇ
	리포푸신(lipofuscin) 축적량		ㅇ	ㅇ	
	A2E 축적 및 산화 억제	세포생존율	ㅇ		
		A2E 및 산화 A2E 함량	ㅇ		
	광수용체 손상보호	outer nuclear layer(ONL) 층 두께		ㅇ	
		중심황반 두께		ㅇ	ㅇ
		광수용체 세포핵 수		ㅇ	
	형광안저 촬영				ㅇ
눈의 피로 개선	초음파도플러혈류			ㅇ	ㅇ
	혈관 수축 억제		ㅇ	ㅇ	
	로돕신 생성		ㅇ		
	플리커 테스트(Flicker test)				ㅇ
	visual analogue scale(VAS)				ㅇ
	세포막 손상 억제(A2E 축적 저해)		ㅇ		
	신생혈관 생성 저해		ㅇ	ㅇ	
안구 건조 개선	TBUT(tear break-up time)				ㅇ
	샤머검사(Schirmer's test)				ㅇ
	마이봄샘(meibomian gland)				ㅇ
	진단적 염색법(rose bengal staining)				ㅇ
시세포 활성도	OSDI(ocular surface disease index)				ㅇ
	망막전위도(ERG)			ㅇ	ㅇ
시야 개선	시야계(perimeter)				ㅇ

출처: 식품의약품안전평가원(2015).

2) 바이오마커의 평가 방법

(1) 황반색소 밀도 증가

(가) 황반 색소 밀도(macular pigment optical density, MPOD) 측정법

황반 색소는 망막의 황반부에서만 관찰되는 색소로서 루테인이나 지아잔틴과 같은 카로티노이드(carotinoid)의 축적이다. 황반 색소는 자유라디칼 제거제 또는 눈에 해로운 광을 차단하는 역할을 함으로써 황반의 기능을 유지하는 데 도움을 주며, 나이가 들수록 황반 색소의 밀도가 현저히 감소한다. 최근 연구에 의하면 황반 색소가 많을수록 멀리 떨어져 있는 대상물을 볼 수 있는 능력이 높은 것으로 밝혀졌다. 황반 색소 밀도는 위치 특이성이 있는 것을 이용해서 측정한다. MPOD는 480nm 근처의 청색광을 흡수하는 성질을 이용하는 데 황반 색소의 밀도가 높으면 안저(fundus)에 청색광을 조사하였을 때, 반사되어 나오는 청색광이 감소하므로 이를 이용해서 황반 색소의 밀도를 측정한다.

(나) 리포푸신 축적 억제

리포푸신의 축적량은 소문자 아세트산우라닐(uranyl acetate)과 시트르산납(lead citrate)으로 염색한 후 투과전자현미경(TEM)을 사용하여 망막상피세포의 리포푸신 축적 정도를 평가한다. 황반변성은 흔히 망막 내 중심부인 황반에 변성이 일어나서 중심부 시야가 소실되는 질환으로, 망막색소 상피세포 내 리포푸신 축적과 황반변성이 상호 연관성이 있다는 여러 선행연구 결과가 보고되어 왔다. 노인 안구에서 발생빈도가 높은 황반변성의 원인으로는 광수용체의 손상, 망막 색소상피에 리포푸신 침착, 브르크막 및 맥락막의 변화를 들 수 있으며, 그중에서 망막 색소상피에 리포푸신의 침착이 노인 안구에서 황반변성의 주요 원인이라고 알려져 있다.

3. 눈 건강 증진 기능성 식품 원료 및 건강기능식품

《표 II-8-2》 눈 건강 증진에 도움이 되는 기능성 원료

기능성		기능성 원료	비고
눈 건강	눈의 피로도 개선에 도움	빌베리추출물, 헤마토코쿠스추출물	고시형
	눈 건강에 도움	루테인복합물, EPA 및 DHA 함유 유지	고시형
		들쭉열매추출물, 루테인/지아잔틴복합추출물, 루테인지아잔틴복합추출물 20%, 마리골드(루테인에스테르), 지아잔틴추출물	개별인정형

출처: 식품의약품안전처(2016).

그림 II-8-1 ···› 눈 건강 증진에 도움이 되는 건강기능식품들

《표 II-8-3》 눈의 피로도 개선 기능성 원료의 기능(지표) 성분 및 일일 섭취량

구분	원료명	인정 등급	기능(지표) 성분	일일 섭취량
고시형	헤마토코쿠스 추출물	생리활성 기능 2등급	아스타잔틴	헤마토코쿠스 추출물로서 120mg/일 (아스타잔틴으로서 4~12mg/일)
	빌베리 추출물	생리활성 기능 2등급	총안토시아노사이드	빌베리주정추출물로서 240mg/일 (안토시아노사이드로서 72~108mg/일)
	빌베리주정 추출물	생리활성 기능 2등급	총안토시아노사이드	빌베리주정추출물로서 240mg/일

출처: 식품의약품안전처(2016).

그림 II-8-2 ···› 눈의 피로도 개선에 도움이 되는 건강기능식품들

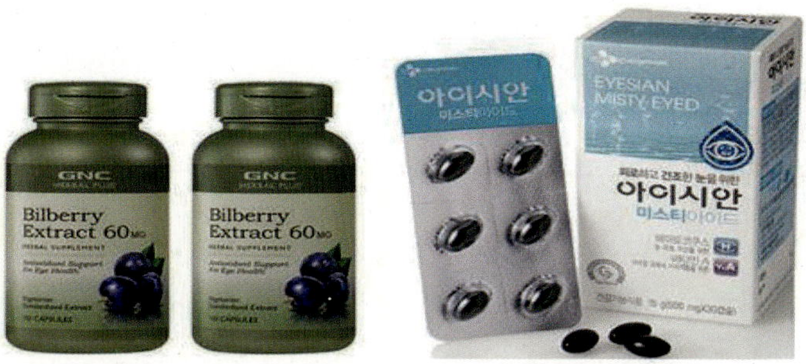

《표 II-8-4》 눈 건강에 도움을 주는 기능성 원료의 기능(지표) 성분 및 일일 섭취량

구분	원료명	인정 등급	기능(지표) 성분	일일 섭취량
고시형	루테인 복합물	생리활성 기능 1등급	루테인	루테인으로서 10~20mg/일
개별인정형	지아잔틴 추출물	생리활성 기능 1등급	지아잔틴 (zeaxanthin)	지아잔틴으로서 10~20mg/일
	루테인/지아잔틴 복합추출물	생리활성 기능 1등급	① 루테인(Lutein) ② 지아잔틴(zeaxanthin)	루테인과 지아잔틴 합으로 10~20mg
	루테인/지아잔틴 복합추출물 20%	생리활성 기능 1등급	① 루테인(Lutein) ② 지아잔틴(zeaxanthin)	루테인, 지아잔틴 합으로 10~20mg
	마리골드추출물 (루테인에스테르)	생리활성 기능 2등급	루테인 에스테르	루테인 에스테르로서 18.5~20mg/일 (루테인으로서 10~10.8 mg)
	들쭉열매추출물	생리활성 기능 3등급	총폴리페놀	들쭉열매추출물로서 1g/일
	EPA 및 DHA 함유 유지	생리활성 기능 2등급	EPA와 DHA의 합	EPA와 DHA의 합으로서 0.6~1g/일

출처: 식품의약품안전처(2016).

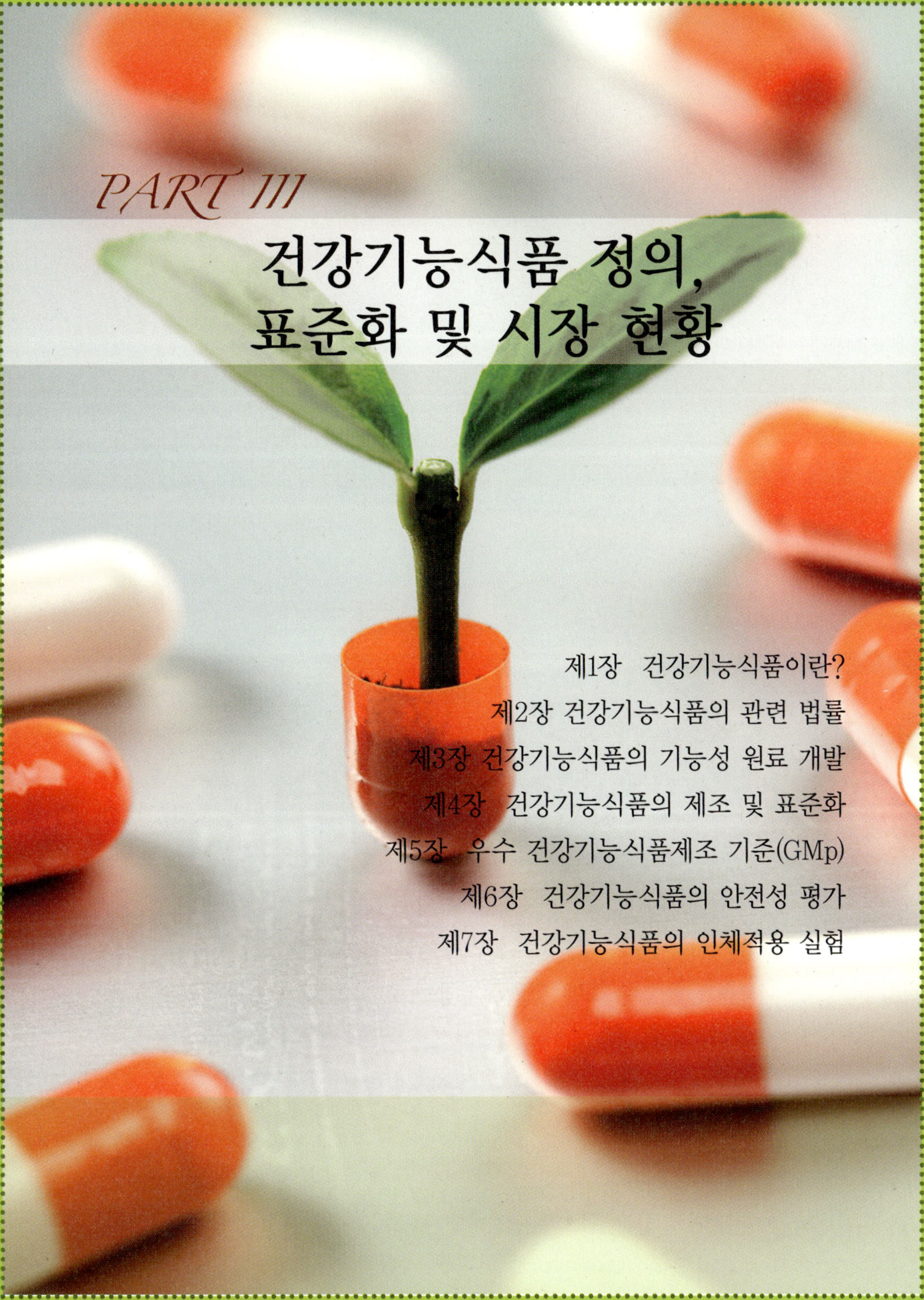

PART III

건강기능식품 정의, 표준화 및 시장 현황

1. 건강기능식품이란?

part III chapter 1

1. 건강기능식품의 정의

'건강기능식품'이란 인체에 유용한 기능성을 가진 원료나 성분을 사용하여 제조(가공을 포함한다. 이하 같다)한 식품을 말한다(「건강기능식품에 관한 법률」 제3조).

이때의 '기능성'이란 인체의 구조 및 기능에 대하여 영양소를 조절하거나 생리학적 작용 등과 같은 보건 용도에 유용한 효과를 얻는 것을 말하며, 따라서 건강기능식품은 일상 식사에서 결핍되기 쉬운 영양소나 인체에 유용한 기능을 가진 원료나 성분(이하 기능성 원료)을 사용하여 제조한 식품이며 건강을 유지하는 데 도움을 주는 식품이다.

기능성의 인정은 동물 실험, 인체적용 실험 등 과학적 근거를 평가하여 식품의약품안전처가 기능성 원료를 인정하고 있으며, 이런 인정된 기능성 원료를 가지고 만든 제품이 '건강기능식품'이다.

건강기능식품의 기능성과 안전성을 유지하기 위해서 원료, 제조기준과 규격을 엄격히 정하고 품질관리가 체계적으로 운영될 수 있도록 기능성분과 지표성분을 설정하여 표준화하여야 한다.

건강기능식품의 정의 및 용어, 범위는 국가마다 차이가 있어 수입, 수출 시는 관련 국가의 기준에 따라야 한다.

《표 III-1-1》 국가별 건강기능식품 용어 및 정의

국가명	용어	범위 또는 정의
미국	식이보충제 (dietary supplements)	비타민, 미네랄, 허브, 아미노산, 농축액, 대사체, 추출액, 성분
EU	식품보충제 (food supplements)	영양 또는 생리학적 효과를 갖는 영양소, 농축물
캐나다	천연건강식품 (natural health products)	비타민, 미네랄, 허브치료, 동종 요법 의약품
러시아	생활성 식품보추제(biologically active food supplements)	영양개선제(비타민, 미네랄, 아미노산, 식이섬유)
호주	complementary medicines	약초, 비타민, 미네랄, 영양보조식품
일본	food for specific health use	영양, 감각 개선, 생리 개선
중국	보건식품	특정 보건기능을 가진 식품, 즉 특정인의 식용에 적합하고 생체 조절 기능이 있으며 치료를 목적으로 하지 않는 식품을 지칭

출처: 한국보건산업진흥원(2012).

2. 일반식품, 건강기능식품, 의약품과의 차이점

우리가 생활을 영위하면서 건강을 위해 섭취하는 것에는 건강한 식단을 통한 일반식품, 홍삼음료 등 건강식품, 항산화를 위한 건강기능식품, 혈액순환을 위한 의약품 등이 있다. 이런 다양한 식품, 건강기능식품, 의약품의 차이는 무엇인지

비교하여 본다.

1) 일반식품과의 차이점

모든 식품은 다음의 기능을 가지고 있는데, 건강기능식품은 세 번째 생체조절 기능에 초점을 맞춘 제품이라고 할 수 있다.

① 생명 및 건강 유지와 관련되는 영양 기능(1차 기능)

열량을 내는 탄수화물, 지방, 단백질과 비타민, 미네랄 등으로 살아가는 데 필요한 에너지와 구성물질, 생명 유지를 위한 성분 등에 의한 기능

② 맛, 냄새, 색 등의 감각적, 기호적인 기능(2차 기능)

보기 좋은 떡이 먹기도 좋다고 눈, 코, 입 등의 기호를 충족시키는 기능으로 식품의 조직감, 단맛, 식품의 향기, 색 등에 의한 배부름 외의 만족감을 주는 기능

③ 건강 유지 및 증진에 도움이 되는 생체조절 기능 등(3차 기능)

식약동원의 기초가 되는 내용으로 모든 식품의 원료에 함유되어 있는 기능성분(폴리페놀, 비타민 등) 항산화 효능, 항노화 등

어떤 식품이 건강에 좋다고 알려져 있다고 해서 건강기능식품이 되는 게 아니라, '건강기능식품'은 건강기능식품에 관한 규정에 따라 일정 절차를 거쳐 만들어지는 제품으로서 '건강기능식품'이라는 문구 또는 인증마크가 있다. 또한 모든 건강기능식품에는 기능성 원료의 '기능성'이 표시되어 있다.

〈일반식품과 건강기능식품의 차이점〉

일반식품: 영양 기능성 표시 없음, '건강기능식품' 문구나 인증마크 없음
건강기능식품: 영양 기능성 표시 있음, '건강기능식품' 문구나 인증마크 있음

2) 건강식품과의 차이점

홍삼제품에 식품유형을 보면 기타 가공품이라 표시되어 있다. 홍삼정과 홍삼캔디, 홍삼음료 등의 기타 가공품은 홍삼 등을 원료로 제조·가공한 식품이며 '건강기능식품'에도 홍삼을 원료로 한 제품들이 많이 있다.

우리는 일상적인 식생활의 균형을 유지하거나 기호의 목적으로 식품을 섭취하고 있으며, '기타 가공품'은 일반식품으로 분류되고 있다. 바쁜 현대인들은 쉽게 식단의 균형이 깨질 수 있어 부족해지기 쉬운 영양성분을 '보충제'를 통하여 보충하고 있는데 이것이 바로 '건강기능식품'이며, 기능을 나타내는 성분이 인체에서 유용한 기능성을 나타낼 수 있는 정도의 양으로 들어 있다.

그러나 '기타 가공품'과 같은 일반식품에는 기능을 나타내는 성분이 낮게 들어 있어 식품의약안전처에서 인정한 기능성을 표시하지 못한다. 면역력을 증진하거나 피로회복 개선 등에 도움을 주는 식품을 찾는다면, '건강기능식품'이라고 표시되어 있는 홍삼제품을 선택해야 한다.

〈건강식품과 건강기능식품의 차이점〉

건강식품: 건강에 좋다고 인식되는 제품의 통칭일 뿐 영양 기능성 표시 없음
'건강기능식품' 문구나 인증마크 없음
건강기능식품: 일일 섭취량과 영양 기능성 표시 있음
'건강기능식품' 문구나 인증마크 있음

3) 의약품과의 차이점

많은 사람들이 '건강기능식품'을 질병을 치료하는 의약품처럼 오해하고 있는데 '건강기능식품'의 기능성은 의약품과 같이 질병의 직접적인 치료나 예방을 하는 것이 아니라 인체의 정상적인 기능을 유지하거나 생리기능 활성화를 통하여 건강을 유지하고 개선하는 것을 말한다.

건강기능식품은 건강을 유지·증진시키기 위해 섭취하는 것이며, 의약품이 아니며, 의약품처럼 질병의 예방이나 치료에 효과를 보기 위한 것이 아니므로, 제품 구매 시 100% 기능 향상이나 특정 질병을 예방하거나 치료에 효과를 볼 수 있다고 광고하는 것은 허위·과대광고이며, 기능성이 100% 향상된다는 식으로 기능성을 지나치게 장담하는 유형의 과대광고에 현혹되지 않도록 주의가 필요하다.

그림 III-1-1 ··· 일반식품, 건강기능식품, 의약품의 정의 및 차이점

3. 건강기능식품의 기능성 종류

건강기능식품의 기능성은 필요한 영양소의 공급을 통한 생리활성 작용조절기능, 생리활성 성분으로 인한 건강 기여나 기능 향상, 건강 유지 및 건강 개선의 생리활성 기능, 질병 발생 위험 감소 등이다. 건강기능식품의 기능성을 분류하면 다음의 표와 같다.

《표 III-1-2》 건강기능식품의 기능성 분류

기능성 구분	기능성 내용
질병 발생 위험감소 기능	질병의 발생 또는 건강 상태의 위험 감소와 관련한 기능
생리활성 기능	인체의 정상기능이나 생물학적 활동에 특별한 효과가 있어 건강상의 기여나 기능 향상 또는 건강 유지 · 개선을 나타내는 기능
영양소 기능	인체의 정상적인 기능이나 생물학적 활동에 대한 영양소의 생리학적 작용

출처: 식품의약품안전처(2016).

4. 건강기능식품 원료

건강기능식품은 기능성 원료를 사용하여 제조가공한 제품이며, 기능성 원료는 식품의약품안전처에서 「건강기능식품 공전」에 기준 및 규격을 고시하여 누구나 사용할 수 있는 고시된 원료와 개별적으로 식품의약품안전처의 심사를 거쳐 인정받은 영업자만이 사용할 수 있는 개별인정 원료로 나눌 수 있다.

1) 고시된 원료

「건강기능식품 공전」에 등재되어 있는 기능성 원료이며, '기능성 원료'라 함은 건강기능식품의 제조에 사용되는 기능성을 가진 물질로서 다음 각 호에 해당되어야 한다.

(가) 동물, 식물, 미생물, 물(水) 등 기원의 원재료를 그대로 가공한 것

(나) (가)의 추출물·정제물

(다) (나) 정제물의 합성물

(라) (가)부터 (다)까지의 복합물

고시된 원료는 공전에서 정하고 있는 제조기준, 규격, 최종제품의 요건에 적합할 경우 별도의 인정절차가 필요 없다. 2016년 12월 현재 영양소(비타민 및 무기

질, 식이섬유 등) 등 95종의 원료가 등재되어 있다. 다음의 표는 기능성 원료의 기능성분의 화학적 구조 중심으로 분류한 것이며, 토마토추출물의 주요기능성분이 라이코펜(lycopene)이므로 터핀류(terpenes)로, 폴리감마글루탐산, 크레아틴(creatine), 유단백 가수분해물은 아미노산 및 단백질류로, 마늘은 알리신(allicin)이 주요성분이므로 기타로 분류하였다.

《표 III-1-3》 식품의약품안전처의 고시된 기능성 원료 95종

(고시 제2016-143호, 2016. 2016. 12. 21. 개정)

구분		기능성 원료
영양소 (28종)	비타민(14종)	비타민 A , 베타카로틴, 비타민 D, 비타민 E, 비타민 K, 비타민 B_1, 비타민 B_2, 나이아신, 판토텐산, 비타민 B_6, 엽산, 비타민 B_{12}, 비오틴, 비타민 C
	무기질(11종)	칼슘, 마그네슘, 철, 아연, 구리, 셀레늄(또는 셀렌), 요오드, 망간, 몰리브덴, 칼륨, 크롬
	기타(3종)	식이섬유, 단백질, 필수지방산
기능성 원료 (67종)	터핀류(6종)	인삼, 홍삼, 엽록소 함유 식물, 클로렐라, 스피루리나, 토마토추출물*
	페놀류 및 추출물 (13종)	녹차추출물, 알로에 전잎, 프로폴리스추출물, 코엔자임 Q10, 대두이소플라본, 구아바잎추출물, 바나바잎추출물, 은행잎추출물, 밀크씨슬(카르두스 마리아누스)추출물, 매실추출물, 가르시니아캄보지아 추출물, 홍경천추출물, 빌베리추출물
	지방산 및 지질류 (13종)	달맞이꽃종자추출물, EPA 및 DHA 함유 유지, 감마리놀렌산 함유 유지, 레시틴, 스쿠알렌, 식물스테롤/식물스테롤에스테르, 알콕시글리세롤 함유 상어간유, 옥타코사놀 함유 유지, 공액리놀레산, 루테인, 헤마토코쿠스추출물, 쏘팔메토열매추출물, 포스파티딜세린
	당 및 탄수화물류 (12종)	글루코사민, N-아세틸글루코사민, 뮤코다당·단백, 알로에겔, 영지버섯자실체추출물, 키토산/키토올리고당, 프락토올리고당, 히알루론산, 라피노스*, 분말한천*, 상황버섯추출물, 곤약감자추출물*
	식이섬유류 (14종)	구아검/구아검 가수분해물, 글루코만난(곤약, 곤약만난), 귀리식이섬유, 난소화성말토덱스트린, 대두식이섬유, 목이버섯식이섬유, 밀식이섬유, 보리식이섬유, 아라비아검(아카시아검), 옥수수겨식이섬유, 이눌린/치커리추출물, 차전자피식이섬유, 폴리덱스트로스, 호로파종자식이섬유
	발효미생물류 (2종)	프로바이오틱스, 홍국
	아미노산 및 단백질류(5종)	대두단백, 테아닌, 폴리감마글루탐산, 크레아틴, 유단백 가수분해물*
	기타류(2종)	마늘, 엠에스엠(MSM, Methyl sulfonylmethane, 디메틸설폰)

* 라피노스, 분말한천, 크레아틴, 유단백 가수분해물, 상황버섯추출물, 토마토추출물, 곤약감자추출물: 2017. 7. 1 시행.

2) 개별인정 원료

「건강기능식품 공전」에 등재되지 않은 원료로, 영업자가 원료의 안전성, 기능성, 기준 및 규격 등의 자료를 제출하여 관련 규정에 따른 평가를 통해 식품의약품안전처장이 개별적으로 기능성 원료로 인정한 것을 말한다. 인정받은 업체만이 동 원료를 제조 또는 판매할 수 있으며, 식품의약품안전처장이 별도로 인정한 기능성 원료 또는 성분에는 263종이 있다(2016년 12월 기준).

≪표 III-1-4≫ 식품의약품안전처장이 별도로 인정한 기능성 원료 또는 성분(2016년)

번호	기능성 분류 및 설명		개별인정 기능성 원료	건수
1	간 건강	간 건강에 도움	도라지추출물, 밀크씨슬추출물, 발효울금, 복분자추출물(분말), 브로콜리스프라우트분말, 표고버섯균사체추출물(분말), 표고버섯균사체, 유산균발효마늘추출물	8
		알코올성 손상으로부터 간 보호에 도움	유산균발효 다시마추출물, 헛개나무과병추출물	2
2	갱년기 남성 건강	갱년기 남성의 건강에 도움	MR-10민들레 등 복합추출물, 마카젤라틴화분말, 옻나무추출분말	3
3	갱년기 여성 건강	갱년기 여성의 건강에 도움	프랑스 해안송껍질추출물, 백수오 등 복합추출물, 석류추출물, 홍삼(홍삼농축액), 석류농축액, 회화나무열매추출물, 오미자추출물	7
4	과민피부 상태 개선	면역과민반응에 의한 피부 상태 개선에 도움	L. sakei Probio 65, 감마리놀렌산 함유 유지, 과채유래 유산균(*L. plantarium* CJLP133), 프로바이오틱스 ATP	4
5	관절/뼈 건강	관절 건강에 도움	CMO함유(fatty acid complex), N-아세틸글루코사민, dimethylsulfonylmethane(MSM), 가시오갈피 등 복합추출물, 강황추출물, 글루코사민, 까미귀쪽나무열매주정추출물, 닭가슴연골분말, 로즈힙분말, 보스웰리아 추출물, 비즈왁스알코올, 전칠삼추출물 등 복합물, 지방산복합물, 차조기 등 복합추출물, 초록입홍합추출오일, 호프추출물, 황금추출물 등 복합물, 참당귀추출분말	18
		뼈 건강에 도움	가시오갈피숙지황복합추출물, 대두이소플라본, 흑효모배양액분말, 유단백추출물	4

번호	기능성 분류 및 설명		개별인정 기능성 원료	건수
6	기억력 개선	기억력 개선에 도움	구기자추출물, 녹차추출물/테아닌복합물, 당귀 등 추출복합물, 비파엽추출물, EPA 및 DHA 함유 유지, 원지추출분말, 은행잎추출물, 인삼가시오갈피 등 혼합추출물, 테아닌 등 복합추출물, 피브로인효소 가수분해물, 홍삼(홍삼농축액), 천마 등 복합추출물(HX106)	12
7	긴장 완화	스트레스로 인한 긴장 완화에 도움	L-테아닌, 아쉬아간다추출물, 유단백 가수분해물, 돌외잎추출물,	4
8	눈 건강	눈의 피로도 개선에 도움	빌베리추출물, 헤마토코쿠스추출물	2
		눈 건강에 도움	들쭉열매추출물, 루테인/지아잔틴복합추출물, 루테인복합물, 루테인/지아잔틴복합추출물 20%, 마리골드추출물(루테인에스테르), 지아잔틴추출물, EPA 및 DHA 함유 유지	7
9	면역기능 개선	면역력 증진에 도움	L-글루타민, 게르마늄효모, 금사상황버섯, enterococcus faecalis 가열처리건조분말, 당귀혼합추출물, 동충하초주정추출물, 스피루리나, 클로렐라, 청국장균배양정제물(폴리감마글루탐산칼륨), 표고버섯균사체, 효모베타글루칸, 인삼다당체추출	12
		과민면역반응 완화에 도움	enterococcus faecalis 가열처리건조분말, 구아바잎추출물 등 복합물, 다래추출물, 소엽추출물, 피카오프레토분말 등 복합물, 피엘에이지(PLAG)	6
10	배뇨기능 개선	방광에 의한 배뇨 기능 개선에 도움	호박씨추출물 등 복합물	1
11	수면의 질 개선	수면의 질 개선에 도움	감태추출물	1
12	어린이 성장발육	어린이 키 성장에 도움	황기추출물 등 복합물(HT042)	1
13	여성 질 건강	유산균 증식을 통한 여성 질 건강에 도움	UREX 프로바이오틱스	1
14	월경 전 상태 개선	월경 전 변화에 의한 불편한 상태 개선	감마리놀렌산 함유 유지	1

번호	기능성 분류 및 설명		개별인정 기능성 원료	건수
15	위 건강/소화기능	헬리코박터균 증식 억제 및 위 건강에 도움	감초추출물	1
		위 불편함 개선에 도움	매스틱 검	1
		위점막을 보호하여 위 건강에 도움	비즈왁스알코올	1
		담즙분비를 촉진하여 지방 소화에 도움	아티초크추출물	1
16	요로 건강	요로 건강에 도움	크랜베리추출물, 피크랜크랜베리추출분말	2
17	운동수행 능력	운동능력 향상에 도움	마카젤라틴화분말, 크레아틴, 헛개나무과병추출분말	3
		지구력 증진에 도움	동충하초발효추출물	1
18	인지능력 향상	인지능력 개선에 도움	*Lactobacillus Helveticus* 발효물, 도라지추출물(DRJ-AD), 참당귀뿌리추출물, 참당귀추출분말, 포스파티딜세린	5
19	장 건강	장내 유익균 증식 및 유해균 억제에 도움	갈락토올리고당, 구아검 가수분해물, 대두올리고당, 라피노스, 락추로스파우더, 밀전분유래 난소화성 말토덱스트린, 이소말토올리고당, 자일로올리고당, 커피만노올리고당분말, 프락토올리고당	10
		면역을 조절하여 장 건강에 도움	프로바이오틱스(VSL#3)	1
		배변활동 원활에 도움	대두올리고당, 라피노스, 목이버섯, 무화과 페이스트, 분말한천, 이소말토올리고당, 자일로올리고당, 커피만올리고당, 프락토올리고당	9
20	전립선 건강	전립선 건강 유지에 도움	쏘팔메토열매추출물, 쏘팔메토열매추출물 등 복합물	2
21	정자 운동성	정자 운동성 개선에 도움	마카젤라틴화분말	

번호	기능성 분류 및 설명		개별인정 기능성 원료	건수
22	체지방 감소	체지방 감소에 도움	*Lactobacillus gasseri BNR17*, L-카르니틴타르트레이트, 가르시니아캄보지아껍질추출물, 공액리놀렌산(유리지방산), 공액리놀렌산(트리글리세라이드), 그린마떼추출물, 그린커피빈추출물, 깻잎추출물, 녹차추출물, 대두배아추출물 등 복합물, 돌외잎주정추출분말, 락토페린(우유정제단백질), 레몬밤추출물혼합분말, 마테열수추출물, 미역 등 복합추출물(잔티젠), 발효식초석류복합물, 보이차추출물, 서목태(쥐눈이콩) 펩타이드복합물, 식물성 유지 디글리세라이드, 와일드망고종자추출물, 중쇄지방산(MCFA)함유 유지, 콜레우스포스콜리추출물, 키토산, 키토올리고당, 풋사과추출폴리페놀, 핑거루트추출분말, 히비스커스 등 복합추출물	27
23	치아 건강	충치발생 위험 감소에 도움	자일리톨	1
24	칼슘 흡수 촉진	칼슘 흡수에 도움	폴리감마글루탐산, 프락토올리고당	2
25	피로 개선	피로 개선에 도움	발효생성아미노산복합물, 헛개나무과병추출물, 홍경천추출물	3
26	피부 건강	자외선에 의한 피부손상 피부 건강을 유지하는 데 도움	소나무껍질추출물 등 복합물, 메론추출물, 포스파티딜세린, 프로바이오틱스 HY7714, 핑거루트추출분말, 홍삼 · 사상자 · 산수유복합추출물	6
		피부 보습에 도움	AP 콜라겐효소분해펩타이드, Collactive 콜라겐펩타이드, N-아세틸글루코사민, 곤약감자추출물, 민들레 등 복합추출물, 쌀겨추출물, 옥수수배아추출물, 저분자콜라겐 펩타이드, 지초추출분말, 포스파티딜세린, 히알루론산, 프로바이오틱스 HY7714, 콩보리발효복합물, 밀배유추출물, 핑거루트추출분말	15
27	항산화	항산화에 도움	녹차추출물, 대나뭇잎추출물, 메론추출물, 복분자추출물(분말), 비즈왁스알코올, 유비퀴놀, 코엔자임 Q10, 토마토추출물, 포도종자추출물, 프랑스 해안송껍질추출물, 홍삼(홍삼농축액)	11

번호	기능성 분류 및 설명		개별인정 기능성 원료	건수
28	혈당조절	식후 혈당 상승 억제에 도움	L-아라비노스, nopal 추출물, 계피추출분말, 구아바잎추출물, 난소화성말토덱스트린, 동결건조누에분말, 마주정추출물, 바나바잎추출물, 상엽추출물, 서목태(쥐눈이콩)펩타이드복합물, 솔잎증류농축액, 실크단백질 효소 가수분해물, 알부민, 인삼가수분해농축액, 잔나비걸상버섯균사체(인정취소), 지각상엽추출혼합물, 콩발효추출물, 타가로스, 탈지달맞이꽃종자추출물, 피니톨, 홍경천 등 복합 추출물, 하이드록시프로필 메틸셀룰로오스	22
29	혈압조절	높은 혈압 감소에 도움	L-글루타민산유래 GABA 함유분말, 가쯔오부시올리고펩타이드, 나토균배양분말, 서목태(쥐눈이콩)펩타이드복합물, 연어펩타이드, 올리브잎추출물, 정어리펩타이드, 카제인가수분해물, 코엔자임 Q10, 포도씨효소분해추출분말, 해태올리고펩타이드	11
30	혈중 중성지방개선	혈중 중성지방 개선에 도움	DHA 농축유지, 글로빈 가수분해물, 난소화성말토덱스트린, 대나뭇잎추출물, 식물성 유지 디글리세라이드, 정어리정제어유, 정제오징어유	7
31	혈중 콜레스테롤 개선	혈중 콜레스테롤 개선에 도움	녹차추출물, 대나뭇잎추출물, 보리베타글루칸 추출물, 보이차추출물, 사탕수수왁스알코올, 스피루리나, 식물스타놀에스테르, 씨폴리놀감태주정추출물, 아마인, 알로에복합추출물, 알로에추출물, 적포도발효농축액, 클로렐라, 홍국쌀, 창녕양파추출액	15
32	혈행 개선	혈행 개선에 도움	DHA 농축유지, L-아르지닌, 나토균배양분말, 나토배양물, 메론추출물, 은행잎추출물, 정어리정제어유, 정제오징어유, 카카오분말, 프랑스 해안송껍질추출물, 홍삼(홍삼농축액)	11
총 계				263

※ 개별인정된 기능성 원료는 총 263개이나, 동일한 원료에서 2개 이상의 기능성이 인정된 경우 포함되어 합산되었음.

개별 인정된 기능성 원료는 아래의 경우에 해당될 때 「건강기능식품 공전」에 등재되어 고시형 원료로 전환될 수 있다. 다만 당해 영업자가 요청할 경우 타당성을 검토하여 기능성 원료 인정 후 품목제조신고 또는 수입신고한 날로부터 5년 이내에서 유예할 수 있다.

① 기능성 원료로 인정 후 품목제조/수입 신고한 날로부터 3년이 경과하였거나 3개 이상의 영업자가 인정받은 후 품목제조/수입 신고한 경우

② 인정받은 자가 등재를 요청하는 경우(다만 인정받은 자가 3명 이상인 경우에는 3분의 2가 요청해야 함)

3) 건강기능식품 제조에 사용되는 기타 원료

건강기능식품 제조에 사용되는 기능성 원료를 제외한 원료 또는 성분은 다음 중 하나에 해당되어야 한다.

① 「식품의 기준 및 규격」에 적합한 것

② 「식품첨가물의 기준 및 규격」에 적합한 것

③ 「축산물의 가공기준 및 성분규격」에 적합한 것

④ 기능성 원료(정해진 일일 섭취량 미만으로 사용해야 하며, 개별인정 원료인 경우 인정서를 발급받은 영업자에 한하여 사용)

건강기능식품은 기능성 원료(고시형 원료 또는 개별인정형 원료)를 사용하고, 기타 원료(식품 또는 식품첨가물 기준 및 규격에 적합한 것, 또는 건강기능식품의 기준 및 규격에 적합한 것) 등을 사용하여 정해진 기준 및 규격에 맞게 제조하여야 한다.

4) 건강기능식품 제조에 사용될 수 없는 사용 불가 원료

① 「건강기능식품의 기준 및 규격」 [별표 5]를 포함하여 원료의 특성상 심각한 독성이나 부작용이 있는 것으로 알려진 것

② 의약품의 용도로만 사용되는 원료 등 섭취방법 또는 섭취량에 대해 의·약학적 전문 지식을 필요로 하는 것

2. 건강기능식품의 관련 법률

part III chapter 2

1. 제정 배경

소득 증가와 함께 건강에 대한 관심이 높아지고 소비자들의 건강지향적 소비성향에 따라 일반 영양보충뿐만 아니라 기능성 별로 건강기능식품에 대한 소비가 증가하고 있다. 그러나 최근의 백수오 등의 사건에서도 드러나듯이 기능성뿐만 아니라 원료 및 제품의 안전성에 대한 과학적 평가도 매우 중요함을 알 수 있었다.

건강기능식품은 정의에서도 보듯이 식품과 의약품의 중간영역에 해당하며, 소비자의 안전과 건강증진을 위하여 기존의 「식품위생법」에 의해 일반식품과 동일하게 관리하던 건강보조식품 등을 우리나라 실정에 맞게 관리하기 위해 2002년 8월 26일 「건강기능식품에 관한 법률」을 제정하였으며 2016년 개정하였다.

2. 법률 목차

「건강기능식품에 관한 법률」은 제1조 목적에서 밝힌 바와 같이 '건강기능식품의 안전성 확보 및 품질 향상과 건전한 유통·판매를 도모함'이며 가장 핵심적 내용은 건강기능식품의 안전성과 기능성 확보 및 유지, 건강기능식품의 기준과 규격관리에 대한 것이다. 건강기능식품에 관한 법률의 내용을 정리하면 다음의 표와 같다.

《표 III-2-1》 건강기능식품에 관한 법률의 내용

장	조	주요내용
제1장 총칙	1	목적: 국민의 건강증진과 소비자 보호에 이바지
	2	책무: 국가, 지방단체, 영업자의 책무
	3	용어의 정의: 건강기능식품, 기능성, 표시, 광고, 영업, 건강기능식품 이력추적 관리에 대한 용어의 뜻을 설명함
제2장 영업	4	영업의 종류 및 시설기준: 제조업과 판매업의 시설 기준
	5	영업의 허가: 식품의약안전처장의 허가를 받아야 함
	6~11	영업의 신고, 품목제조신고, 영업허가, 영업승계 등
	12	품질관리인의 직무 및 식품의약안전처장의 품질관리인의 변경명령
	13	교육: 안전성 확보 및 품질관리, 표시광고 등에 대한 교육
제3장 기준 및 규격과 표시 · 광고 등	14	기준 및 규격
	15	원료 등의 인정
	16	기능성 표시광고의 심의 및 이의 신청
	17~18	표시기준, GMO 건강기능식품의 표시 등 허위 · 과대 · 비방의 표시광고 금지
	19	건강기능식품의 공전
제4장 검사 등	20	출입 · 검사 · 수거, 소비자의 위생검사 등 요청
	21	자가품질검사 의무, 원재료 검사 확인 의무 등
제5장 우수 건강기능식품 제조기준 등	22	우수 건강기능식품 제조 기준 등 건강기능식품 이력추적 관리 등록기준 등
제6장 판매 등의 금지	23~26	건강기능식품의 판매 금지 등 표시기중 위반 및 유사표시 등의 금지

장	조	주요내용
제7장 건강기능식품 심의위원회 및 단체 설립	27~28	건강기능식품심의위원회가 심의해야 할 사항 및 단체설립의 조건 등
제8장 시정명령 · 허가취소 등	29~37	시정명령, 폐기처분, 시설의 개수명령, 영업허가 취소, 품목의 제조 정지, 폐쇄조치, 영업정지, 과징금 등 행정관련 내용
제9장 보칙	38~42	국고보조, 포상금, 식약처장의 권한을 일부 위임 위탁, 수수료
제10장 벌칙	43~48	벌칙, 양벌규정, 과태료 등

제1조에는 이 법률의 제정 목적을, 제2조에서는 국가와 지방자치단체와 영업자의 책무를 나타냈고 제3조에서는 관련 용어에 대한 정의를 설명하였다.

건강기능식품에 관한 법률(약칭: 건강기능식품법)

[시행 2017. 3. 28.] [법률 제14476호, 2016. 12. 27., 타법개정]

제1장 총칙

제1조(목적) 이 법은 건강기능식품의 안전성 확보 및 품질 향상과 건전한 유통·판매를 도모함으로써 국민의 건강 증진과 소비자 보호에 이바지함을 목적으로 한다.

[전문개정 2014. 5. 21.]

제2조(책무) ① 국가와 지방자치단체는 모든 국민이 질 좋은 건강기능식품과 이에 관한 올바른 정보를 제공받을 수 있도록 합리적인 정책을 마련하고, 건강기능식품을 제조·가공·수입·판매하는 자(이하 "영업자"라 한다)를 지도·관리하여야 한다.

② 영업자는 관계 법령에서 정하는 바에 따라 질 좋은 건강기능식품을 안전하고 건전하게 공급하여야 한다.

[전문개정 2014. 5. 21.]

제3조(정의) 이 법에서 사용하는 용어의 뜻은 다음과 같다. 〈개정 2015. 2. 3.〉

1. "건강기능식품"이란 인체에 유용한 기능성을 가진 원료나 성분을 사용하여 제조(가공을 포함한다. 이하 같다)한 식품을 말한다.
2. "기능성"이란 인체의 구조 및 기능에 대하여 영양소를 조절하거나 생리학적 작용 등과 같은 보건 용도에 유용한 효과를 얻는 것을 말한다.
3. "표시"란 건강기능식품의 용기·포장(첨부물과 내용물을 포함한다. 이하 같다)에 기재하는 문자·숫자 또는 도형을 말한다.
4. "광고"란 라디오·텔레비전·신문·잡지·음성·음향·영상·인터넷·인쇄물·간판 또는 그 밖의 방법으로 건강기능식품에 대한 정보를 나타내거나 알리는 행위를 말한다.
5. "영업"이란 건강기능식품을 판매의 목적으로 제조 또는 수입하거나 판매(불특정 다수에게 무상으로 제공하는 것을 포함한다. 이하 같다)하는 업(業)을 말한다.
6. "건강기능식품 이력추적관리"란 건강기능식품을 제조하는 단계부터 판매하는 단계까지 각 단계별로 정보를 기록·관리하여 해당 건강기능식품의 안전성 등에 문제가 발생할 경우 해당 건강기능식품을 추적하여 원인을 규명하고 필요한 조치를 할 수 있도록 관리하는 것을 말한다.

[전문개정 2014. 5. 21.]

제19조에서는 식품의약품안전처장이 건강기능식품의 기준·규격, 원료·성분, 표시기준 등을 수록한 「건강기능식품의 공전」을 작성·보급하도록 규정하고 있다. 「건강기능식품 공전」에서는 건강기능식품의 개별기준 및 규격을 영양소(비타민, 무기질, 식이섬유, 단백질, 필수지방산)와 인삼, 홍삼 등의 기능성 원료를 각 원료별로 개별 규격, 제품의 요건, 기능성분 및 지표성분의 실험분석법에 대하여 각각을 설명하고 있다.

건강기능식품을 제조, 영업 등으로 취급하는 경우에는 반드시 「건강기능식품에 관한 법률」과 「건강기능식품 공전」을 읽어야 한다. 공전은 총칙, 공통기준과 관련 건강기능식품에 대한 것을 발췌하여 「건강기능식품에 관한 법률」과 합해도 20~30쪽 정도의 분량이므로 반드시 관련 지식을 습득하여야 하며, 관련 기준 등의 변화가 없는지 항상 식품의약품안전처 홈페이지나 관련 부서에 문의하여 정기적으로 새로운 내용을 확인하여야 한다.

3. 건강기능식품의 기능성 원료 개별 인정 절차

고시되지 않은 기능성 원료를 기능성 원료로 인정받기 위해서는 기능성과 안전성에 대한 자료를 식품의약품안전처장에게 다음의 절차를 거쳐 제출하여 건강기능식품의 기능성 원료로 인정받으면 개별인정원료가 되어 관련 제품을 제조할 수 있다.

그림 III-2-1 ···› 건강기능식품 기능성 원료 인정신청 처리절차

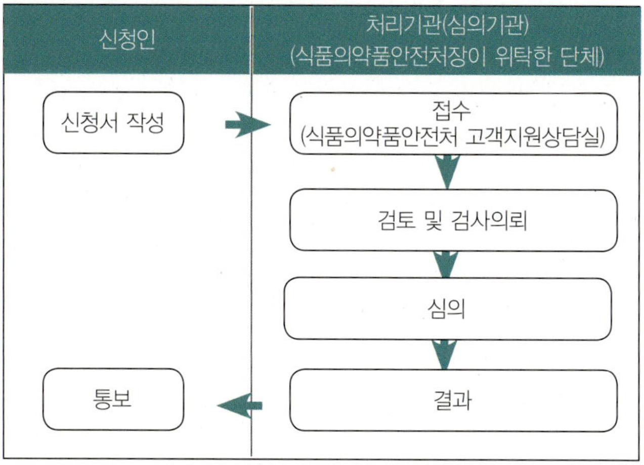

1) 구비서류

구비서류는 다음과 같으며 서류양식은 식품나라(www.foodsafetykorea.go.kr)에서 다운받을 수 있다. 이때 자료들도 중요하지만 상품화된 지표성분이나 기능성분의 표준품이 없을 경우에는 기능성 원료의 개발 과정에서 충분한 표준품을 확보하고 순도 등을 검증하여 표준품으로 제시하여야 하며 관련 표준품에 대한 구조규명 및 제품에서의 지표성분 분석을 위한 시료 전 처리법과 기기분석 방법 등도 함께 제출하여야 한다.

- 건강기능식품 기능성 원료 인정신청서(전자문서로 된 신청서 포함)
- 제출자료 2부(원본 1부 포함)
- 제출자료 수록 CD 1개
- 제품 또는 시제품 및 기능성분(또는 지표성분) 표준품
- 국내 건강기능식품 검사기관이 발행한 시험성적서

2) 제출서류

개별인정을 받으려는 원료에 대한 다음의 내용이 자료화되어 있어야 한다.

(1) 제출자료 전체의 총괄 요약본

(가) 기원 및 개발경위

언제, 어느 나라에서, 어떤 경위로 개발되었는지를 기재한다. 특히 천연물이 원재료로 사용한 경우에는 그 기원, 학명, 원산지, 사용부위 등을 구체적으로 기재한다.

(나) 국내외 인정 및 사용 현황 등에 관한 자료

국내외 및 국제기구에서의 인정허가 상황, 사용 기준규격 등의 관련 내용을 정확히 기재한다. 국제식품규격위원회(Codex Almentarius Commission, CAC) 등 국제기구에서 검토 중인 경우에는 안전성 평가 상황 및 사용기준, 규격 등 관련 내용을 조사하여 첨부한다.

(다) 국내외 사용 현황

국내외에서 식품 등으로 사용실적이 있는 경우에는 사용용도, 유통량, 제조회사, 섭취실태 등에 관한 자료를 첨부한다.

(라) 제조방법 및 그에 관한 자료

제조방법을 구체적으로 기재하며 특히 제조공정에서 사용된 용매, 효소, 미생물 등 안전성·기능성 평가와 관련된 모든 사항에 대하여 상세히 기재한다. 수입 건강기능식품인 경우에는 제조회사가 발행한 자료를 제출하여야 한다. 두 가지 이상의 원재료를 혼합한 경우, 각 원재료의 명칭, 함량 등을 기재하여야 한다.

(마) 원료의 특성에 관한 자료

당해 원료를 특징지을 수 있는 성상, 물성 등에 관한 자료 등을 제출한다.

당해 원료의 표준화를 확인하기 위한 기능성분(또는 지표성분)에 관한 자료 및 기능성분(또는 지표성분)에 관한 근거자료를 제출한다. 이 경우 기능성분(또는 지표성분)은 원재료의 생산, 원료의 제조·가공 공정과 안정성 등 원료의 특성을 고려하여 여러 번의 실험결과를 근거로 함량단위를 설정한다. 다만, 함량으로 설정하기가 부적당한 것은 역가 실험 또는 확인 실험으로 설정할 수 있다.

(바) 기능성분(또는 지표성분)에 대한 규격 및 실험 방법에 관한 자료

기능성분(또는 지표성분)의 규격은 분석 오차를 고려하여 표시하고자 하는 값에 대한 하한치와 상한치를 백분율로 설정한다. 일반적으로 단일성분의 경우에는 표시량 이상, 추출물의 경우는 표시량의 80~120%를 원칙으로 한다. 단, 타당한 사유가 있을 경우 달리 정할 수 있다.

기능성분(또는 지표성분)의 실험 방법은 기능성분(또는 지표성분)의 규격을 분석하는 데 적합하여야 한다. 실험 방법으로는 「건강기능식품 공전」, 「식품 공전」, 『식품첨가물 공전』, CAC 규정, AOAC 방법 등 국내외에서 공인된 방법을 권장한다. 다만, 공인된 방법이 없거나 더 타당하다고 인정되는 경우 신청자가 제시하는 실험 방법을 사용할 수 있다. 이 경우에는 [별표 1]을 참고하여 제시한 실험 방법의 타당성을 밝혀야 한다.

(사) 국내 건강기능식품검사기관 시험성적서

설정된 기능성분(또는 지표성분)의 규격과 실험 방법의 타당성을 검토하기 위하여 국내 건강기능식품 검사기관의 시험결과와 분석자료를 제출하여야 한다. 두 가지 이상의 당해 원료를 혼합한 경우 각 원료의 기능성분(또는 지표성분)의 규격과 실험 방법을 설정하여야 한다.

(아) 유해물질에 대한 규격 및 실험 방법에 관한 자료

원재료 또는 제조 과정 중에서 오염 또는 잔류의 가능성이 있는 유해물질로부터 안전성을 확보하기 위해 [별표 2]를 참고하여 필요한 항목에 대한 규격과 실험 방법을 설정한다.

유해물질의 실험 방법은 「건강기능식품 공전」, 「식품 공전」, 「식품첨가물 공전」, CAC 규정, AOAC 방법 등 국내외에서 공인된 방법을 권장한다. 다만, 공인된 방법이 없거나 더 타당하다고 인정되는 경우 신청자가 제시하는 실험 방법을 사용할 수 있다. 이 경우에는 [별표 1]을 참고하여 제시한 실험 방법의 타당성을 밝혀야 한다.

(자) 국내 건강기능식품검사기관 시험성적서

설정된 유해물질의 규격과 실험 방법의 타당성을 검토하기 위하여 국내 건강기능식품 검사기관의 시험결과와 분석자료를 제출하여야 한다.

(차) 안전성에 관한 자료

제안한 방법에 따라 섭취하였을 때 당해 원료가 인체에 위해가 없음을 확인할 수 있는 과학적 자료를 제출하여야 한다.

안전성에 관한 자료는 [별표 3]을 참조하여 섭취 근거 자료, 해당 기능성분 또는 관련 물질에 대한 안전성 정보자료, 섭취량 평가자료, 영양 평가자료, 생물학적 유용성(bioavailability) 자료, 인체 실험 자료(중재 실험, 역학조사 등), 독성 실험자료 등을 사용할 수 있다.

안전성 자료의 요건은 다음 중 어느 하나에 해당되어야 한다.

- 섭취 근거 자료는 당해 원료가 안전하다고 판단할 수 있는 역사적 사용 기록뿐 아니라 제조방법, 용도, 섭취량 등이 기술된 과학적 자료이어야 한다.
- 해당 기능성분 또는 관련물질에 대한 안전성 자료는 국내외 학술지에 게재되거나 게재증명서를 받은 것, 국내외 정부 보고서 또는 국제기구 보고서, 관련 데이터베이스 검색결과 등이어야 한다.

- 섭취량 평가 자료는 다양한 과학적 자료(섭취실태 조사자료, 통계자료 등)를 사용하여 작성하여야 한다.
- 영양 평가자료, 생물학적 유용성 자료, 인체 실험자료 등은 국내외 학술지에 게재되거나 게재증명서를 받은 것이어야 한다. 다만, 인체 실험자료는 제9호 다목(1)의 규정에 따른 보고서도 사용할 수 있다.
- 독성 실험자료는 다음에 해당되어야 한다.

※ 우수 실험실 운영규정(Good Laboratory Practice, GLP)에 따라 운영된 기관에서 실시하고, 경제협력개발기구(Organization for Economic Cooperation and Development, OECD)에서 정하고 있는 독성실험방법(OECD Test Guideline)에 따르거나 이에 준하여 실험한 것으로서 이 경우에는 보고서도 사용할 수 있다.

(카) 기능성 내용 및 그에 관한 자료

기능성 내용은 당해 원료의 섭취로 얻어지는 보건용도에 유용한 효과를 기재한다.

기능성에 관한 자료는 인체 실험, 동물 실험, 시험관 실험, 총설(review), 메타분석(meta-analysis), 전통적 사용 근거자료 등을 사용할 수 있다.

- 당해 원료의 인체에서 기능성을 확인하기 위해서는 중재 실험(intervention study) 또는 관찰 실험(observational study) 등의 인체 실험 자료를 제출하여야 한다.
- 인체 실험 결과를 과학적으로 뒷받침하기 위해서는 동물 실험, 시험관 실험, 총설, 메타분석, 전통적 사용 근거자료 등을 제출하여야 한다.
- 두 가지 이상의 원재료를 혼합한 경우에는 혼합된 원료로서 기능성이 입증되어야 하며, 타당한 혼합 사유 및 그 과학적 근거가 제출되어야 한다.

기능성 자료의 요건은 다음 어느 하나에 해당하여야 한다.

- 기능성 자료는 국내외 학술지에 게재되거나 게재증명서를 받은 것, 국내외 정부 보고서 또는 국제기구 보고서이어야 한다. 다만, 인체 실험자료의 경우에는 병원, 대학 또는 연구기관 등의 국내외 전문기관에서 피험자의 인권보호를 최우선으로 하고 실험결과의 신뢰를 확보하기 위하여 국제 임상시험관리기준(Guideline for Good Clinical Practice by International Conference on Harmonization, ICHGCP)에 따르거나 이에 준하여 실시하여야 하며, 이 경우에는 보고서도 사용할 수 있다. 다만, 보고서로 제출될 경우에는 인체 실험윤리위원회가 승인한 계획서 및 인체 실험윤리위원회가 승인한 최종보고서가 제출되어야 한다.
- 섭취 근거 자료는 당해 원료의 역사적 사용 기록뿐 아니라 제조방법, 용도, 섭취량 등이 기술된 과학적 자료이어야 한다.

(타) 섭취량, 섭취 시 주의사항 및 그 설정에 관한 자료

안전성 및 기능성 자료를 근거로 원료의 안전성이 보장되고 기능성이 나타날 수 있는 일일 최소 및 최대 섭취량을 설정한다. 다만, 일일 최소 및 최대 섭취량의 설정이 어려울 경우 적정 섭취량 범위를 설정할 수 있다. 기능성 자료를 근거로 하여 당해 원료가 가장 효율적으로 기능성을 나타낼 수 있는 섭취방법을 기재한다.

당해 원료의 과잉섭취, 식품 또는 의약품 성분과의 상호작용, 취약집단(임산부, 수유부, 어린이, 노약자 등) 등을 고려하여 섭취 시 주의사항을 기재한다.

(파) 의약품과 같거나 유사하지 않음을 확인하는 자료

「건강기능식품의 기준 및 규격」에 따라 의약품과 같거나 유사하지 않음을 확인하여야 한다.

4. 건강기능식품 기능성 표시 . 광고심의 처리절차

건강기능식품의 기능성에 대한 표시, 광고를 하려는 자는 건강기능식품 표시 광고 심의의 기준, 방법 및 절차에 따라 심의를 받아야 한다(「건강기능식품에 관한 법률」 제16조 1항).

그림 III-2-2 ··· 건강기능식품 기능성 표시·광고심의 처리절차

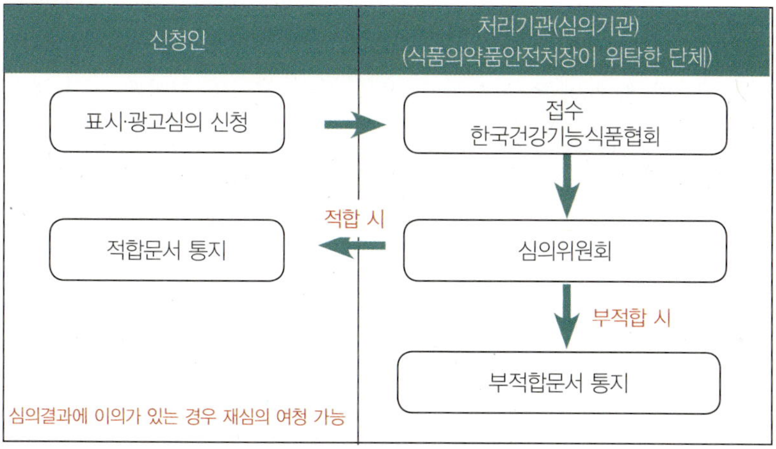

1) 건강기능식품의 기능성 표시·광고 심의 기준

건강기능식품의 기능성 표시·광고 심의 기준은 다음과 같다.

「건강기능식품에 관한 법률」 제16조 제1항 및 「건강기능식품 표시 및 광고 심의 기준」(식품의약품안전처 고시 제2014-29호, 2014. 2. 12. 발령·시행) 제3조.

① 국민의 건강증진 및 소비자보호에 관한 국가의 건강기능식품 정책에 부합해야 한다.

② 인체의 구조 및 기능에 대해 생리학적 작용 등과 같은 보건용도에 유용한 효과에 대한 표현이어야 한다.

③ 객관적이고 과학적인 근거자료에 따라 표현되어야 한다.

④ 이해하기 쉽고 올바른 문장이나 용어를 사용하여 명확하게 표현해야 한다.

2) 심의 결과 표시

표시광고의 심의를 받은 내용을 광고하려는 경우에는 그 광고에 심의를 받았다는 사실을 표시할 수 있다(「건강기능식품 표시 및 광고 심의기준」 제8조 제1항).

사전심의를 통과한 제품은 다음과 같은 사전 심의필 도안을 사용할 수 있다(「건강기능식품 표시·광고심의위원회 자체 세부 운영규정」 제8조 제1항).

그림 III-2-3 ···› 건강기능식품 표시·광고 사전심의필 도안

3) 허위·과대·비방의 표시·광고 금지

누구든지 건강기능식품의 명칭, 원재료, 제조방법, 영양소, 성분, 사용방법, 품질 및 건강기능식품 이력추적 관리 등에 관하여 다음에 해당하는 허위·과대·비방의 표시·광고를 해서는 안 된다(규제 「건강기능식품에 관한 법률」 제18조 제1항).

- 질병의 예방 및 치료에 효능·효과가 있거나 의약품으로 오인(誤認)·혼동할 우려가 있는 내용의 표시·광고
- 사실과 다르거나 과장된 표시·광고
- 소비자를 기만하거나 오인·혼동시킬 우려가 있는 표시·광고
- 의약품의 용도로만 사용되는 명칭(한약의 처방명 포함)의 표시·광고
- 다른 업체 또는 그 업체의 제품을 비방하는 표시·광고
- 기능성 표시·광고의 심의를 받지 않거나 심의받은 내용과 다른 내용의 표시·광고

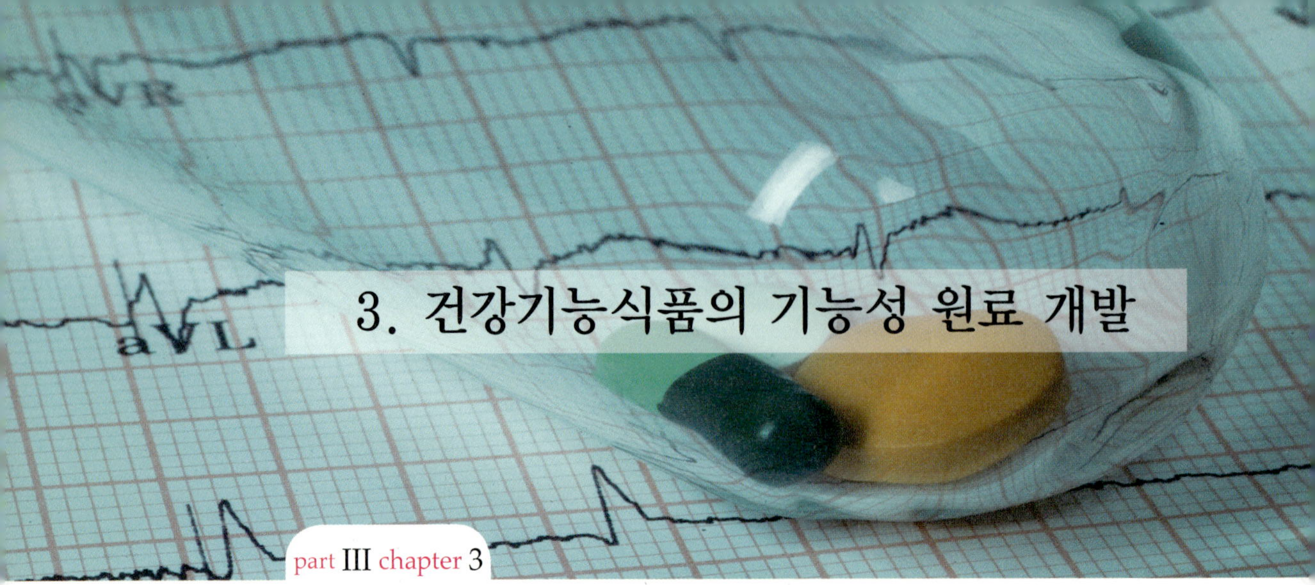

3. 건강기능식품의 기능성 원료 개발

건강기능식품의 기능성이 있는 원료를 개발하기 위해서는 가장 먼저 기능성 원료를 선정해야 하는데 그 방법은 식물 추출물들의 스크리닝(screening)을 통해 기능성 있는 대상 식물을 선정하거나 문헌조사를 통해 몇 종의 식물을 후보로 하여 이들의 기능성 검증을 통해 대상식물을 선정하는 방법이 있다. 효능이 검증된 후에는 반드시 그 원료의 안전성을 검토하여야 한다. 기능성과 안전성이 모두 검증된 후에야 비로소 건강기능식품 원료로 사용 가능한 소재가 될 수 있다.

[그림 III-3-1]은 천연물(식물)을 예로 건강기능식품 기능성 원료를 개발하기 위한 과정이며, 각 단계별로 설명하면 다음과 같다.

그림 III-3-1 ···▸ 천연물을 이용한 건강기능식품 원료 개발 과정(예: 식물)

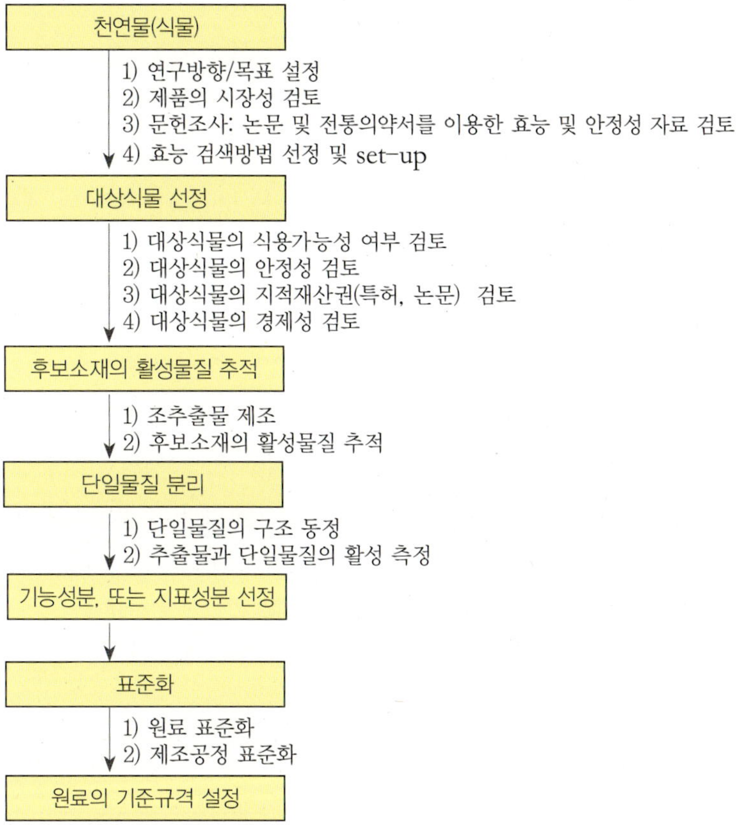

1. 대상 선정

대상선정 과정은 추출물 library의 스크리닝을 통해서 대상식물을 선정하거나 문헌조사를 통하여 몇 종의 식물을 선발하고 이들의 활성 검증을 통해 대상식물을 선정한다.

① 연구방향/목표설정: 개발하고자 하는 식품의 항산화, 면역증가 기능, 장 기능 개선 등의 기능을 선정

② 기초자료 조사: 시장성, 특허 및 연구동향에 관한 조사를 바탕으로 개발소재의 적합성 검토

③ 효능검색 방법 기술검토: 선정된 기능성을 확인하기 위해 도출된 효능검색 방법이 현재의 기술력으로 소재개발에 적합한지 검토

④ 효능검색 방법 확립: 선정된 효능 검색방법을 소재의 효능검색법 확립

⑤ Library random 스크리닝: 천연추출물 library를 확립된 효능검색법을 이용하여 전체 library random 스크리닝한다. 활성 결과가 우수한 추출물을 다시 효능 확인 실험을 실시한 후 최종 대상식물을 선정

⑥ 공정서 등의 원료 검토: 선정된 기능성 소재를 공정서, 전통자료 등의 원료를 검토하여 선발

⑦ 안전성 검토: 공정서 또는 추출물 library 스크리닝의 안전성에 대한 검토(「건강기능식품 기능성 원료 및 기준·규격 인정에 관한 규정」 제14조 제7호 나목 관련)

그림 III-3-2 ···› 건강기능식품 기능성 원료의 안전성 평가를 위한 의사결정도
(「건강기능식품 기능성 원료」 및 「기준·규격 인정에 관한 규정」 제14조 제7호 나목 관련)

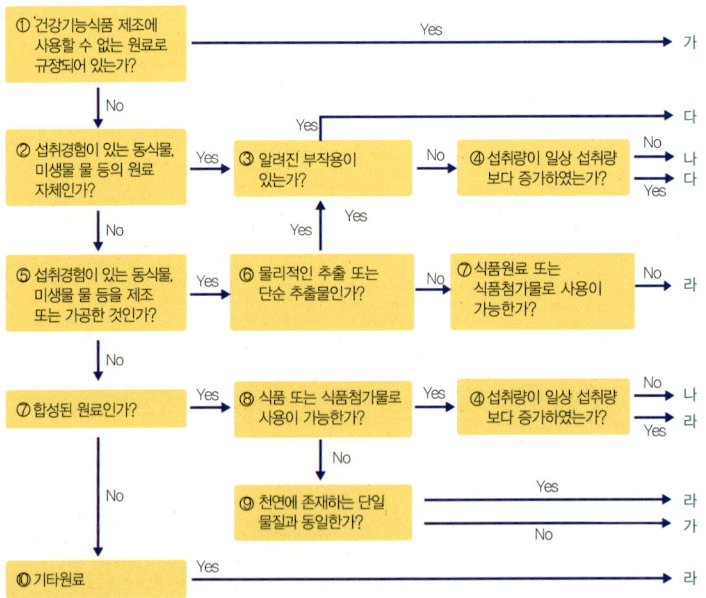

⑧ 대상식물 선발: 추출물 library 또는 공정서 등의 검토를 통해 추출물 list를 도출하여 최종 효능검증 및 안전성 검토 결과를 통해 대상식물을 선정

《표 III-3-1》 제출되어야 하는 안전성 자료의 범위

제출되어야 하는 안전성 자료의 범위	가	나	다	라
건강기능식품으로 신청할 수 없음	✓			
섭취근거 자료[1]		✓	✓	✓
해당 기능성분 또는 관련물질에 대한 안전성 정보 자료[2]		✓	✓	✓
섭취량 평가 자료[3]		✓	✓	✓
영양 평가 자료, 생물학적 유용성 자료, 인체적용 실험 자료[4]			✓	✓
독성 실험 자료[5]				✓

1) 섭취 경험이 있음을 증명하는 근거자료로서 「건강기능식품의 기준 및 규격」, 「식품의 기준 및 규격」, 「식품첨가물의 기준 및 규격」 자료, 전통적 사용이 기록되어 있는 과학적 자료 또는 역사적 사용 기록, 국외 정부기관의 인정 자료 등
2) 각종 문헌 또는 데이터베이스에서 원료 또는 성분에 대한 독성, 안전성 또는 다른 성분(영양 성분, 의약품 성분 등)과의 상호작용에 관한 자료를 검색한 자료
3) 국민영양조사결과, 섭취량 실태조사결과 등을 근거로 평균 섭취량과 제안된 섭취량을 비교·분석한 자료. 단, 식경험이 없는 원료는 제출대상에서 제외
4) 원료로 실험된 안전성 및 기능성을 확인한 자료(인체적용 실험자료)
5) 독성 실험자료는 단회투여 독성 실험(설치류, 비설치류), 90일 반복투여 독성자료(설치류), 유전독성 실험(복귀돌연변이 실험, 염색체이상 실험, 소핵 실험)을 기본으로 하며, 원료의 특성에 따라 생식독성, 항원성, 면역독성, 발암성 실험을 추가로 실험하여야 함. 단, 기타 안전성 자료로 안전성이 확보되었음을 입증할 수 있는 경우에는 예외 적용 가능함

2. 원료의 표준화

식물은 보통 수백에서 수천 개의 성분을 포함하기 때문에 1개 이상의 지표성분이나 화합물로 그 원료를 표준화하기가 어렵다. 포도주의 품종, 생산지, 생산시기의 기후 등에 따라서 포도주의 품질이 차이가 많이 나듯이 천연 식물은 같은 품종을 동일한 재배지에서 심어도 그 해의 기후조건에 따라 또는 재배환경에 따라 성분의 차이가 많이 난다.

1) 원재료 확인

원재료의 종을 정확히 원산지 및 채취시기를 확인하고 원료로 사용하는 부위와 재배조건 등을 명확히 하여야 한다. 특히 식물의 경우 유사종이 많으며, 다른 종인데도 불구하고 동일한 종으로 인식될 수도 있으므로 원재료의 확인이 가장 중요하며 학명을 전문가에게 확인할 필요가 있다.

원재료의 성상으로 재료의 우수성을 파악할 수 있는 지표도 기록해두고 기능성 원료를 추출하여 추출액 또는 추출분말로 제품을 만든다면 추출용매(혼합용매의 경우는 비율도 포함), 온도, 추출시간, 추출횟수, 여과방법, 농축, 건조, 분말공정 등의 조건(온도, 시간) 등에 대한 모든 공정을 기록하여 관리하여야 한다.

건강기능식품의 표준화는 원료인 식물의 정확한 종을 파악하여 원재료에 대한 확실한 정보가 시작이다.

2) 기능성 원료 기준규격의 설정

기능성 원료의 기준규격 설정이 법률로 정해진 것은 원료의 기능성 확보, 제조 과정의 표준화 및 안전성 확보가 중요하기 때문이며, 이러한 기준규격에 따라 원료로부터 완제품까지 모든 과정을 관리하여야 안전하게 품질관리가 가능하다.

건강기능식품을 제조할 때는 「건강기능식품 공전」의 공통 제조 기준, 기능성 원료 사용 기준, 기타 원료 사용 기준에 따라 하여야 한다.

3) 활성물질 추적

선정된 대사식물의 기능(지표) 성분을 규명하기 위하여 아래 그림의 단계별 과정을 실시하여야 한다. 천연물의 경우 1종의 식물에는 수백에서 수천 종의 물질이 함유되어 있기 때문에 기능성이 있는 성분이나 대표성이 있는 성분을 찾기 위해 아래의 과정(분획과 활성 측정)을 반복하여 진행하면서 지표 또는 기능성분을 분리하게 된다. 분리된 성분의 구조 규명을 위하여 NMR, MS, UV 및 IR 등의 기기를 활용한다.

그림 III-3-3 ···› 대상식물에서 활성물질의 분리 및 구조동정 과정

(1) 추출물 제조

일반적인 추출물의 제조방법은 고상 액상 분리, 용매 추출, 초임계유체 추출법 등을 이용하고 있으나 증류수로 추출할 경우 극성 화합물들이 주로 추출되고, 유기용매로 추출할 때는 비극성도에 따라 추출되는 성분이 다르므로 일반적으로는 물, 메탄올, 주정(에탄올), 이소프로판올, 에틸아세테이트 등의 용매를 가장 많이 사용한다. 조추출물 제조 시에는 식품제조용으로 사용 가능한 용매를 선정하는 것이 바람직하다. 그러나 추출물의 최종제품이 식품이고 생리활성 실험을 위하여, 대부분의 경우에는 물과 주정을 이용하여 두 용매의 비율에 따라 가장 활성이 우수한 조추출물을 선택한 후 활성성분의 분획을 진행한다.

(2) 활성물질의 분획

다음 그림은 태국산 칡으로부터 지표성분 butesperin A와 B를 분리, 정제하여 구조를 밝히는 과정에 대한 것이다. 태국산 칡 Butea superba를 태국의 식물학자의 도움을 받아 확인하고 치앙마이와 다른 지역별로 수집하였으며, 지표성분이 상업적으로 판매하고 있지 않아 분석을 위한 지표성분을 추출, 분리정제한 과정이다.

2010년 태국산 칡을 이용하여 '가슴이 커지는 식품', '여성에게 젊음을 찾아주는 제품'으로 소개하여 판매하였는데, 폐경이 된 여성에게는 여성호르몬 유사 성

분이 많은 태국산 칡이 건강에 일부 도움이 될 수 있었지만 가임기의 여성에게는 자궁벽이 두꺼워지거나 난소의 기능에 부작용이 생기는 문제가 발생할 수 있으며, 특히 태국산 칡은 식품사용이 금지된 원료이므로 문제가 되었다. 또한 태국산 칡의 종류에 따라 남성호르몬 유사 성분들이 함유된 칡도 있어 태국산 칡이 들어간 건강기능식품에 대한 규제를 위하여 한국산 칡에는 없고 태국산 칡에만 들어있는 지표성분을 찾고, 그 지표성분을 표준품으로 다량 얻고 순도를 확인하는 과정이다(백남인, 2012).

원료 40kg으로부터 70% 에탄올(400L)로 2~3회 추출하여 에탄올을 증발하여 에탄올추출물 2kg을 얻어 다른 용매로 액체-액체 추출을 통해 에테르추출물 70g, 아세톤추출물 36g, 메탄올추출물 600g, 수용물 200g을 회수하여 각각을 컬럼(column)을 이용하여 분획하여 단일 지표성분들을 20~200mg 얻을 수 있었다. 태국 칡의 경우는 자료를 통해 지표성분을 선정한 후 그 성분만을 순수분리하여 순도 95% 이상의 단일화합물을 얻고자 한 것인데, 지표성분이 알려지지 않을 경우에는 각 분획물을 나누어 화학분석과 효능분석을 시도해야 하므로 분획 시 성분의 손실을 최소화하도록 해야 하며 원료로부터 각 과정의 정량성을 정확히 기록해야 한다. 때로는 분획 중 성분손실로 효능성분이 적어 효능을 나타내지 못하는 경우가 중간에 발생하여 연구자들을 힘들게 하기도 한다.

(3) 활성

조추출물과 용매 또는 컬럼의 단계별 분획물들의 활성(효능)을 측정하고 분획 중 가장 활성이 높은 것을 계속 재분획과 활성을 평가하면서 순수한 단일물질로 분리한다. 단일물질이 분리, 구조규명이 이루어지면 상업적 표준품과 비교하여 구조와 활성을 재확인한다. 분리된 단일물질을 표준추출물과 함께 시험관 실험(in vitro), 동물 실험(in vivo)을 실시하여 기능성분 또는 지표성분으로 구분하게 된다.

조추출물과 각 분리 과정별 분획들은 기기분석과 활성을 병용하여 실험하면서 효능이 있는 분획을 계속 분리하여 단일성분으로 분리되면 그 성분을 효능과 NMR 등의 기기로 구조규명을 한다.

보고자 하는 활성은 본 교재의 제2부 '항노화와 건강기능식품의 기능'에서 시험관 실험(in vitro)과 동물 실험(in vivo)으로 진행한다.

그림 III-3-4 ···› 태국산 칡, Butea sperba에서 지표성분을 분리, 정제하는 과정

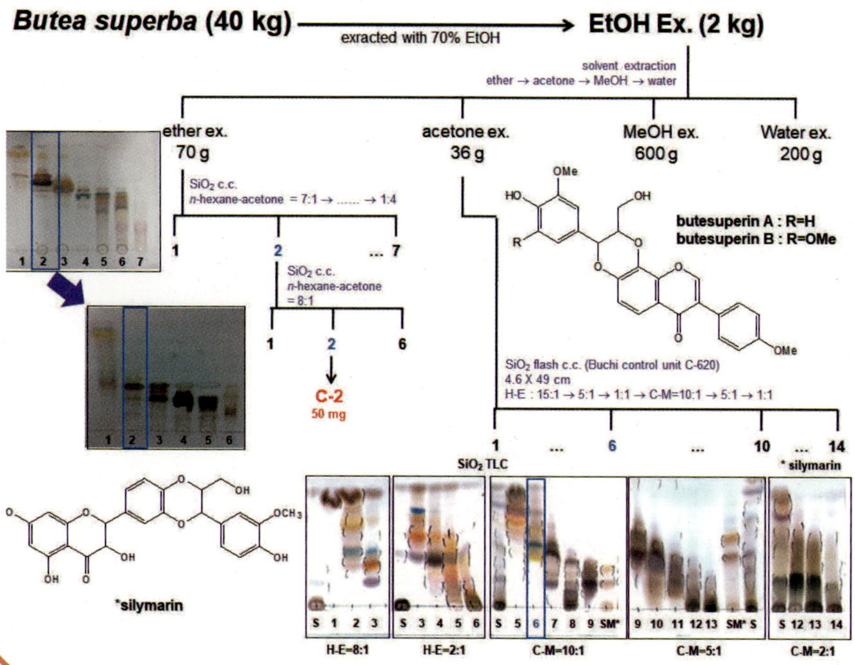

출처: 백남인(2012).

(4) 구조규명

분리된 단일성분의 구조를 규명하기 위해서는 NMR, IR, MS 등이 사용되고 있으며, 최근에는 지표성분의 구조가 예상된 화합물인 경우 LC-MS 기기로 구조 분석이 빠르게 이루어지고 있다. 다음의 그림은 앞선 태국 칡 Butea perba의 분획물을 NMR로 구조를 확인하는 자료이다.

그림 III-3-5 ···› 태국 칡 Butea perba의 분획물 NMR Data

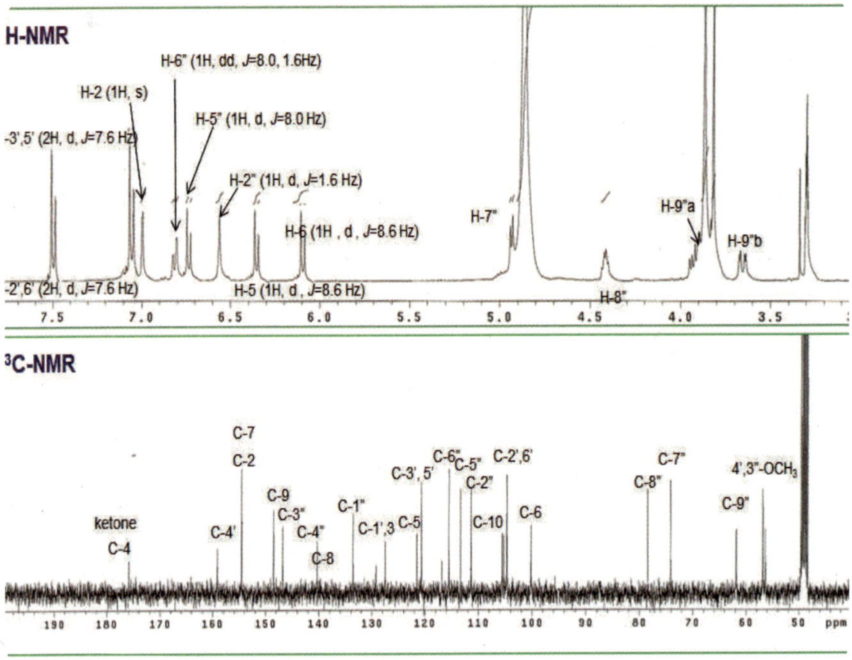

출처: 백남인(2012).

part III chapter 4

4. 건강기능식품 제조 및 표준화

건강기능식품은 정량화할 수 있는 기능성 원료가 있어야 하므로 원료의 표준화부터 제품의 표준화가 이루어져야 한다. 건강기능식품의 기능성 원료들이 대부분 식물추출물이므로 원료의 품종, 지역, 기후, 재배환경 등에 따라 기능성분의 함량이 차이가 크므로 '기능성'을 관리할 수 있는 지표를 설정하여 관리해야 한다. 이러한 '기능성'을 표준화되게 관리하기 위한 가장 일반적인 지표가 바로 기능성분(biologically active compound) 또는 지표성분(marker compound)이다.

원료부터 정확한 표준화가 시작되어야 한다. 또한 제품의 기능성 유지를 위해서는 지표성분 및 유효성분이 표시량에 맞게 함유되어 건강기능 효과를 볼 수 있도록 제품의 성분분석을 통해 정확히 표준화되어야 한다.

1. 표준화와 기능성분

건강기능식품에서의 표준화란 천연물질에 함유되어 있는 고유한 성분의 변동을 최소화하여 일괄 생산되는 것(배치, batch)에 상관없이 일정한 품질을 유지하기 위하여 원재료의 생산에서부터 제조 과정 전반에 걸쳐 사용된 기술과 정보를 관리하는 것을 말한다. 즉, 기능성을 표준화되게 관리하기 위해서는 지표성분, 또는 기능성분을 관리하는 것이 가장 일반적이다.

건강기능식품 기능성 원료 인정에 관한 규정
(식약청 고시 제2007-51호)

[제13조 제3항 나호]

당해 원료의 표준화를 확인하기 위한 기능성분(또는 지표성분)에 관한 자료 및 기능성분(또는 지표성분)에 관한 근거자료

이 경우 기능성분(또는 지표성분)은 원재료의 생산, 원료의 제조·가공 공정과 안정성 등 원료의 특성을 고려하여 여러 번의 실험결과를 근거로 함량단위로 설정한다. 다만, 함량으로 설정하기 부적당한 것은 역가 실험 또는 확인 실험으로 설정할 수 있다.

2. 기능성분(또는 지표성분)의 정의

기능성분이라 함은 성분 자체가 기능성을 나타내고, 이러한 성분이 일정 수준 이상으로 함유된 원료가 기능성을 나타냄이 확인될 때 기능성분이라고 말할 수 있다. 기능성분은 기능성 원료의 기능성을 일정하게 유지함을 확인할 수 있기 때문에 표준화를 위하여 기능성분을 지표성분으로 설정하는 것은 매우 이상적인 것이라 할 수 있다.

그러나 천연물 중에는 수많은 화학물질이 존재하고 이러한 물질의 유사성과 상호작용 등을 통해서 기능성을 보이는 경우가 많다. 이러한 경우 기능성분을 탐색하고 단일물질로 분리하는 것은 그리 쉬운 일이 아니기 때문에 기능성분이 아닌

다른 성분을 지표성분으로 설정할 수 있다. 따라서 지표성분은 원재료를 대표하고 제조공정을 특징짓는 단일물질의 함량으로 설정하는 경우도 있지만 때에 따라서는 확인 실험, 분광광도계를 이용한 유사물질들의 총함량, 효소역가 실험 등으로 설정하기도 한다. 기능성 원료의 기능성분 또는 지표성분을 선택하는 데 있어서는 다음과 같은 특징을 고려할 수 있을 것이다.

- 특이성: 원재료 또는 제조방법에 따라 특이적으로 존재하거나 차별적인 함량 변이를 갖는 성분
- 대표성: 문헌조사 및 시험관 실험(in vitro), 동물 실험(in vivo) 등의 실험을 통하여 추출물의 기능을 대표하는 성분 또는 추출물의 기능을 대표할 정도는 아니지만 추출물 중의 함량 차이나 존재 유무 등에 따라 추출물의 기능에 관여하는 성분
- 안정성: 분리된 단일성분이 열, 빛, 습도 등의 일반적인 보관조건에서 안정성이 높은 성분
- 용이성: 분리된 단일성분이 HPLC, GC, UV 등과 같은 범용성 분석기기를 이용하여 분석 가능, 상업적 표준물질의 사용 가능 여부, 분석 비용 등의 경제성과 편이성
- 안전성: 인체에 유해성이 없는 안전한 성분

지표성분 또는 기능성분을 결정할 때는 각 단계를 진행할 때마다 효능평가와 효능이 있는 분획(A)과 효능이 없는 분획(B)의 HPLC, LC-MS 등의 분석결과를 비교하여 A 분획에는 존재하고 B 분획에는 없거나 함량이 적은 성분들을 살펴서 효능평가와 정량분석의 결과가 서로 유의적인 성분들을 중심으로 지표 또는 기능성분을 확정한다. 단일화합물로 분리된 기능성분이 전체 추출물의 효능을 대표할 정도로 성분의 농도별 효능의 유의성이 있을 때 기능성분이 지표성분으로 될 수 있으나, 탐색한 원료의 단일성분이 기능성 효능은 확인되지 않고 원료에 일정량 존재하고 있어 원료의 확인 및 정량성에 의미를 둘 때 지표성분으로 삼을 수 있다.

지표성분(기능성분 포함)이 이미 알려져 있거나 상업적으로 생산되고 있으면 상업용 표준품과 추출물의 분획들과 LC-MS, HPLC 등으로 분석 가능하나 상업적 표준물질이 존재하지 않을 경우, 자체적으로 표준품을 추출, 분리, 구조규명과 순도 확인 등의 절차를 거쳐야 한다. 원재료의 기능성분 함량이 적을 경우에는 구조 확인 후 합성으로 표준품을 제조할 수 있으나 이 경우에는 여러 단계로 확인하여야 한다.

3. 건강기능식품 제조공정의 표준화

건강기능식품은 원재료가 식물이며, 기능성분이 ppm 이하의 농도로 원재료에 함유되어 있는 경우가 많고 기능성분이 열과 빛 등에 산화되어 파괴되기도 하므로 제조 과정을 거치는 과정에서 손실, 변화 등이 유발될 수 있으며, 원료 자체의 함량 변이도 매우 심하여 가능한 모든 과정을 표준화하여야 한다.

건강기능식품의 제조공정은 크게 다음과 같이 진행되며 각 표준화의 요소들은 다음과 같다.

1) 건강식품의 원물의 표준화

원물은 품종을 정확히 확인하고 입고 시 품종의 외형상 특징이 목적한 내용과 같은지 검증하여야 한다. 건강기능식품의 대표적인 인삼의 경우, 인삼이 6년근인지, 국내 생산지, 곰팡이 등이 있는 것은 아닌지, 잔뿌리가 너무 많은 것은 아닌지 등을 자세히 살핀다.

또한 원물 구입 전에 미리 재배지 등을 한번 방문하여 재배환경이 열악하고 주변에 위험요소 및 불순물 등이 혼입될 가능성이 있는지 확인하는 것이 좋다.

품종, 재배지, 외형상(냄새, 색, 표면)의 건강한 원물이며 제조공정의 표준화를 위한 크기가 균일한 것인지 등을 살핀다. 당근 등 구근 등의 경우 크기에 따라 효능성분들의 함유 및 조직감이 달라서 가공 중에 어려움이 발생할 수 있어 원재료의 크기 또한 필요시 꼭 확인하여야 한다.

그림 III-4-1 ···› 건강기능식품의 제조공정

1단계: 원물의 표준화
품종, 재배환경(원산지, 지역, 시기), 사용 부위, 성상(색, 표면, 크기 등)

↓

2단계: 파쇄공정
원물의 파쇄 크기, 습식 또는 건식분쇄, 분쇄 시간

↓

3단계: 추출공정
추출용매 및 혼합비율, 추출 온도, 추출 시간, 추출 횟수

↓

4단계: 여과 과정
원심분리 조건, 여과 시 필터의 구멍 크기, 필터의 종류 등

↓

5단계: 건조 과정
건조방법(열풍건조, 상온건조, 동결건조), 건조 시간, 건조 온도, 건조 시 매체 사용 등

↓

6단계: 제형
정제, 캡슐, 환, 과립, 액상, 분말, 편상, 시럽, 겔, 바, 필름

2) 파쇄공정

원료의 장기보존을 위해서는 건식파쇄 후 필요시 추출 등의 차후 공정을 진행함이 좋으나 조건에 따라 건식분쇄, 습식분쇄, 분쇄입자의 크기, 시간, 열 발생 등을 꼼꼼히 확인하여 재현 가능하도록 한다. 또한 1회 처리량에 따라 분쇄결과가 달라지므로 1회 처리량도 기록해 두는 것이 좋다.

3) 추출공정

(1) 추출용매

건강기능식품의 제조공정 중 가장 표준화가 필요한 공정으로 기능성 원료의 추출용매는 공전의 제3장 '제3장 개별기준 및 규격' 또는 '건강기능식품 기능성 원료 안전에 관한 규정'에 따라 사용하여야 한다. 이 공전에 정해지지 않은 용매, 효소 등은 식품첨가물의 기준 및 규격에 적합한 것을 사용하여야 하며, 부득이 식품용도로 허용되지 않은 용매를 사용할 경우 반드시 그 용매를 제거하는 공정이 있어야 하며 잔류기준을 제품생산 과정에서 점검할 수 있어야 한다. 최종 제품에서 잔류용매가 검출되어서는 안 된다.

(2) 추출 온도와 시간

추출 온도에 따라 원료로부터 추출되는 성분들이 차이가 나고 추출 수율에도 크게 영향을 미친다. 열수를 이용하여 추출하는 공정에서는 추출용매는 정제수, 추출 온도는 95~98 °C이며, 추출 시간은 지표성분이 일정시간 후에는 더 추출되지 않을 경우 그 시간으로 정하는 것이 경제적이다. 지표성분이 2시간, 3시간, 4시간 각기 추출 시간을 달리 추출하였는데 2시간에서는 지표성분의 수율이 40%, 3시간에서는 80%, 4시간에서는 84%로 나오면 원료 가격, 가열공정의 경제성 등을 고려하여 3시간을 최적 추출 시간으로 정하는 것이 합리적이다.

4) 여과 과정

최근 고분자물질의 기능성이 연구되면서 일정분자량 크기의 다당이나 펩타이드가 각광을 받고 있어 일정 크기만을 추출한 후 여과하여야 하는데 막의 구멍 크기(mebrane pore size)가 회사마다 조금씩 다르고 동일한 막도 그 구조나 성상의 차이에 따라 여과되어 나오는 여과물의 크기, 수율이 달라지므로 반드시 막, filter aid 등에 대한 것을 설정하고 기록하는 것이 필요하다. 특히 후코이단, 면역

다당체 등에서는 일정 크기의 고분자물질이 바로 기능성분이며 지표이므로 이 과정에서 손실이 매우 크게 발생할 수 있다.

5) 건조 과정

추출분말을 건조할 때 그 성상이 결정되며 열풍건조 시 열에 불안정한 성분들은 변화가 일어날 수 있어 지표성분, 기능성분의 손실이 적은 건조방법으로 하되 동결건조방법은 비용이 많이 들기 때문에 이를 고려하여 적절한 건조방법을 선택하여야 한다.

6) 제형

건강기능식품은 식품이지만 제품의 형태는 의약품과 같으며 2017년 12월 28일 12개의 제형에서 13개로 필름이 추가되었다[식품의약품안전처 고시 제2017-113호(2017. 12. 28. 개정)].

《표 III-4-1》 건강기능식품 13개 제형

제형	형태
정제(tablet)	일정한 형상으로 압축된 것
캡슐(capsule)	캡슐기제에 충전 또는 피포한 것으로 경질 캡슐과 연질 캡슐 두 종류가 있다.
환(pill)	한약제제에서 많이 쓰이는 구(球)상으로 만든 것
과립(granule)	입자 형태로 만든 것
액체, 액상(liquid)	유동성이 있는 액체 상태의 것 또는 액체 상태의 것을 그대로 농축한 것
분말(powder)	입자의 크기가 과립제품보다 작은 것
편상(flake)	얇고 편편한 조각 상태의 것
페이스트(paste)	고체와 액체의 중간 상태로 점성이 강한 유동성의 반 고체 상태의 것
시럽(syrup)	고체와 액체의 중간 상태로 점성이 약한 유동성의 반 액체 상태의 것
겔(gel)	액상에 펙틴, 젤라틴, 한천 등 겔화제를 첨가하여 만든 유동성이 있는 고체나 반 고체 상태의 것

제형	형태
젤리(jelly)	액상에 펙틴, 젤라틴, 한천 등 겔화제를 첨가하여 만든 유동성이 없는 고체나 반고체 상태의 것
바(bar)	막대 형태의 것
필름(film)	얇은 막 형태로 만든 것

제형을 만들 때 혼합 과정에서 기능성 원료가 매우 적게 들어갈 경우 제품들이 일정한 품질을 유지할 수 있도록 혼합하는 것이 매우 어렵고 이로 인해 제품의 품질이 부적합 평가받는 예가 발생한다.

이와 같이 간단한 공정도 대용량이 되면 혼합, 파쇄 어느 하나도 표준화를 반드시 거쳐야 하므로 제조에 참여하는 생산인력들이 좀 더 위생적 표준화에 신경써야 할 것이다.

4. 실험방법

실험방법이란 분석하는 데 필요한 것을 상세히 기술한 일련의 실험 과정을 말한다. 확인 실험, 순도 실험, 정량 실험 등에 사용된 분석대상물질, 검체, 표준품, 시약 및 시액, 분석장비의 사용, 검량선 작성, 계산식의 이용 등을 포함한다. 또한 실험방법은 반드시 검증(validation)의 과정을 거쳐야 실험법을 인정받을 수 있는데 검증은 품질관리를 위한 실험방법의 타당성을 미리 확인하는 것이다.

1) 실험방법관련 자료

실험방법을 제시할 때에는 「건강기능식품 공전」, 「식품 공전」, 「식품첨가물 공전」 등에 기재되어 있는 방법을 원칙으로 하며, 인용한 관련 공정서의 실험방법을 명확하게 기재하여야 한다. 공정서가 아닌 방법을 사용했을 경우, 사용한 문헌들을 인용하거나 변형 사용한 실험의 표준용액 조제, 시료의 채취 및 실험용액 조제, 분석기기와 분석조건, 검량선 등에 대한 검증자료를 구체적으로 제시하여 본인의 실험방법의 타당한 자료들을 제출하여야 한다.

2) 실험방법의 검증(밸리데이션, validation)

실험방법의 밸리데이션이란 실험방법을 검체에 적용하기 전에 사용하고자 하는 실험방법의 타당성을 확인하는 것으로 다음의 내용을 중심으로 진행한다.

(1) 특이성(specificity)

분석 대상 물질에 특이적이고 완벽한 식별성을 가진 방법을 검증하는 것으로 불순물, 분해물, 배합성분 등의 혼재 상태에서도 분석 대상 물질을 선택적으로 정확하게 측정할 수 있는 능력을 말한다. 특이성이 다소 부족할 경우에는 다른 보조적인 실험법으로 보완할 수 있다. HPLC-UV보다는 LC-MS/MS를 사용할 경우 특이성이 더 우수하며, HPLC 사용 시 지표성분이 다른 방해물질과 분리되어 정량이 가능할 경우 다른 피크들과 겹친 조건보다는 특이성이 우수하다고 평가할 수 있다.

(2) 정확성(accuracy)

정확성이란 이미 알고 있는 참값에 본 실험방법이 어느 정도 근접하게 분석하는지를 평가하여 분석법의 정확도를 판단한다. 분석시료와 가장 유사한 실험시료에 지표성분을 일정량 첨가하여 시료 전 처리와 정량분석 후 첨가한 지표성분의 회수율을 평가하여 높은 회수율이 높은 정확도를 의미하는 것이다.

(3) 정밀성(precision)

정밀성이란 반복 실험 시 그 값들의 편차가 적은 것을 말한다. 정밀성과 정확성이 간혹 혼돈되는 경우가 있는데, 다음 그림에서 보듯이 정확도는 참값과의 거리가 얼마나 가까운지에 대한 것이며, 정밀성은 각 실험값들 간의 재현성이 얼마나 뛰어난지를 보는 것이다. 다음 그림의 4는 정확성과 정밀성이 모두 우수한 방법이며, 2는 정밀도는 높으나 정확성은 벗어나 있다. 이 경우 권총 사격의 0점 조절과 같이 원인을 찾으면 곧 정확도는 높아질 수 있다. 또는 재현성이 높으므로 참값에서 벗어나는 부분을 환산 가능한 수치로 수치화하면 정확도를 높일 수 있다. 그러나 3의 경우처럼 정밀도가 전반적으로 떨어지는 경우는 각 사격마다 원인이 다를 수 있어 그 원인 파악이 매우 힘들다.

(가) 반복성(병행정밀성, repeatability)

동일 실험실 내에서 동일한 실험자가 동일한 실험 방법으로 균일한 검체를 짧은 시간 차로 반복분석 실험한 측정값 등의 정밀성을 보는 것을 말한다. 최소 3 농도의 검체를 각각 3개씩 9회 분석하며 실험시료의 정밀성이 매우 중요한 경우에는 동일농도의 시료를 9개씩 분석하기도 한다. 내부분석정밀도(intra-assay precision)라고도 한다.

(나) 실험실 내 정밀성(intermediate precision)

실험실은 같지만 다른 실험자가 다른 기구와 장비를 이용하여 동일한 실험방법으로 실험하여 실험실 내 실험자들 간의 분석값에 대한 정밀성을 보는 것이다. 이 부분은 사람에 대한 오차가 적은 실험방법인 만큼, 자동화나 기타 표준화된 도구가 있는 경우 정밀도가 높다.

그림 III-4-2 ···› 정확도와 정밀도에 대한 도식도

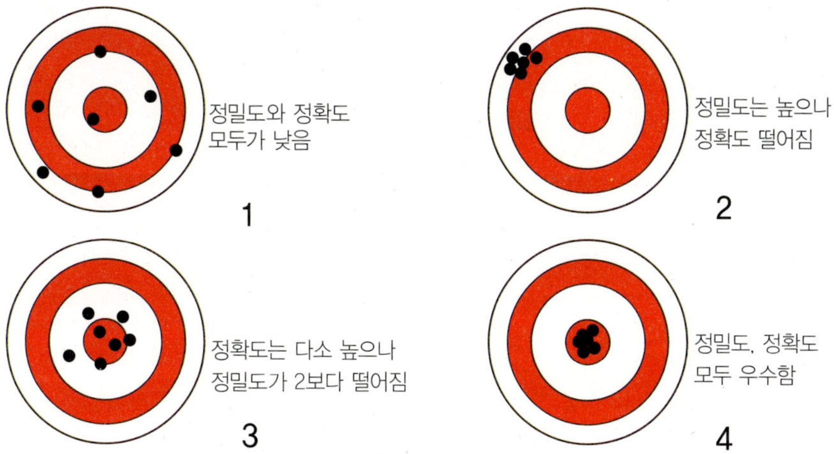

(다) 실험실 간 정밀성(Inter-laboratory precision)

공동연구로 수행을 위해 표준화된 실험 방법을 여러 기관에서 사용할 경우 하나의 동일한 검체를 분석한 값들을 비교해 보는 것이다.

(4) 검출한계(detection limit)

검체 중의 분석 대상 물질의 검출, 정성 가능한 최소량을 말한다. 이는 분석장비가 미량분석이 가능한 고가의 기기이거나 HPLC보다는 LC-MS 등이 더 낮은 농도도 검출할 수 있다.

(5) 정량한계(quantitation limit)

정확성과 정밀성을 가진 정량으로 표현할 수 있는 검체의 분석 대상 물질의 최소량을 말하며, 가장 중요한 밸리데이션 파라미터이다.

(6) 직선성(linearity)

분석의 정량선이 분석 대상 물질의 농도에 대하여 유의적으로 증감이 이루어지는 1차 방정식을 나타내며, 직선성을 입증하기 위해서는 최소 5개 농도의 검체를 사용한다. 각 농도별 반복도 가능하다.

(7) 범위(range)

적절한 정밀성, 정확성, 직선성을 가지면서 분석 대상 물질을 분석할 수 있는 농도의 영역을 말한다. 보통 분석기기가 화합물이 고농도인 경우에는 포화되어 더 이상 직선성을 나타내지 않으므로 분석장비의 직선성을 나타내는 범위 안에서 분석하여야 한다.

(8) 완건성(robustness)

실험 방법의 조건이 일부 의도적으로 변경되어도 그 측정값이 크게 영향을 받지 않는지에 대한 척도이며, 실험 방법의 신뢰도에 대한 지표이기는 하나 일반적으로 사용되지 않는다.

5. 우수 건강기능식품 제조 기준

part III chapter 5

1. 개요

우수건강 기능식품 제조기준(Good Manufacturing Practice, GMP)이란 건강기능식품 전문제조업소에서 품질이 보장된 우수한 건강기능식품을 제조하기 위하여 시설, 작업장, 제조관리 및 품질관리와 적용업소의 지정 및 관리 등의 필요한 요건과 준수하여야 할 사항을 원료구입부터 전 생산 과정과 출하까지 품질관리기준 등을 설정해 놓은 것으로 총 28조문과 부칙으로 이루어져 있다.

주요 내용을 살펴보면 다음과 같다.

1) GMP의 목적

「건강기능식품에 관한 법률」 제22조, 같은 법 「시행규칙」 제26조 제4항 및 제27조 제4항의 규정에 의한 우수건강 기능식품 제조 기준과 우수건강 기능식품 제조기준 적용업소의 지정·관리 및 교육·훈련 등 이의 운영에 관하여 필요한 사항을 규정함으로써 우수한 건강기능식품을 제조·공급함을 목적으로 한다.

건강기능식품 GMP의 목표는 다음과 같다.

- 인위적 과오의 최소화
- 오염 및 품질변화 방지
- 품질보증체계의 확립

2) 용어의 정의

- 제조: 건강기능식품 생산에 관련되는 작업을 총칭하는 것으로 포장 및 표시 작업도 포함된다. EU GMP의 정의에 의하면 생산, 품질관리, 적부판정, 보관, 배포 및 이들과 관련된 관리행위 모두를 총칭한다.
- '제조단위' 또는 '로트(Lot)'

① GMP에서는 동일한 제조공정하에서 균질성을 갖도록 제조된 건강기능식품의 일정한 분량으로 정의되고 있다. 일반적으로 한 덩어리라는 의미를 가지며, 경영학상 생산이 실시되는 단위의 수량이다. 생산을 한 개씩 만드는 제품의 경우에는 로트의 문제는 발생하지 않는다. 한 개가 아닌 수 개 또는 상당 수량을 한 덩어리로 하여 생산하는 경우, 이 한 덩어리의 수량이 로트이다. Lot를 구분하는 이유는 함께 생산한 제품의 품질이 동일함을 확인하고자 하는 것이다. 제조단위를 외국의 GMP에서는 로트(Lot)라고 쓰는데 같은 의미로 사용되고 있다.

〈EU GMP MANUFACTURE〉
All operations of purchase of materials and products, production, quality control, release, storage, distribution of medicinal products and the related controls.

〈WHO GMP MANUFACTURE〉
All operations of purchase of materials and products, production, Quality Control, release, storage, distribution of pharmaceutical products, and the related controls.

〈미국 FDA〉
식이성분 또는 건강보조식품의 포장, 레이블링, 테스트, 품질관리를 포함하여 식이제품의 생산과 관련된 모든 방법

② 액상제품과 같이 제조공정의 특성상 연속 공정으로 이루어져 제조단위 또는 로트 단위로 구분이 곤란한 경우에는 동일 제조일자 제품을 동일한 제조단위 또는 로트 단위로 볼 수 있다.

- 제조번호 또는 로트번호(Lot No.): 일정한 제조단위분에 대하여 제조년월일 및 관리·출하 등에 관한 모든 사항을 확인할 수 있도록 숫자, 문자 등으로 종합관리 하는 것을 의미한다.

  영문으로는 Batch Number와 Lot Number를 혼용하여 사용하며, 동일 제조번호는 동일한 품질을 갖는 제품군으로 간주하게 된다. 같은 Lot는 동일한 품질을 유지하기 위하여 검증되어 안정된 제조 공정에서 같은 시간, 같은 장소에서 일시에 투입된 원료로부터 한정된 제조단위로 생산되어야 한다.
- 자재: 포장과 표시작업에 사용되는 용기, 표시 재료 및 포장 재료를 의미한다.
- 반제품: 공정 중 제품 또는 중간제품, 제조공정 중에 있는 것으로 포장이 완료되기 이전 상태의 것을 말하며, 필요한 제조공정을 더 거쳐야 완제품이 되는 것을 의미한다.

- 완제품: 「건강기능식품법령」 GMP 기준에 의하여 제조되고 표시와 포장 작업 등 모든 제조공정이 완료된 제품을 의미한다.
- 실험: 원·부재료, 반제품 및 완제품 등을 건강기능식품의 기준·규격 등 규정된 방법에 따라 적합 여부를 확인하기 위하여 실시하는 관능적, 이화학적 및 미생물학적 검사 또는 측정하는 기술적 조작을 의미한다.
- 청정구역: 건강기능식품 제조 시 병원 미생물과 유해 화학물질 등에 의한 오염 및 부패·변질을 방지할 수 있도록 공기정화, 온·습도 등을 조절하여 비오염 상태에서 제조 작업을 행하는 구역을 의미한다.

  기술의 발달과 함께 첨단산업분야의 연구개발과 생산 과정에서 중대한 문제를 초래하는 공기 중의 부유입자를 제거하기 위하여 생긴 것이 크린룸(clean room, 청정실)이며, 공기 속에 부유하는 입자뿐 아니라 온도, 습도, 공기압, 정전기 제어 및 조도 등에 관하여 환경적으로 제어되는 밀폐된 공간을 말한다.

2. GMP 적용업소 및 운영 관리

1) GMP 적용 업소

GMP 적용업소로 지정받고자 하는 영업자는 GMP 운영 조직의 구성 및 책임자를 포함한 GMP 적용계획서를 식품의약품안전처장에게 제출하고, 이를 3월 이상 적용·운영한 후 자체 평가결과 적합하다고 판단되는 경우 GMP 적용업소 지정을 식품의약품안전처장에게 신청한다.

그림 III-5-1 ···› 식품의약품안전처의 GMP 마크

2) 조직의 구성

GMP 적용업소는 품질관리인을 GMP 총괄책임자로 선임하고, 그 하부에 독립된 제조관리부서 책임자와 품질관리부서 책임자를 둔다. 제조관리부서와 품질관리부서는 반드시 독립성을 유지하여야 한다. 예를 들면, 품질관리 책임자가 이상 유무를 보고 시 제조관리부서 책임자가 상급자라 하여 제조관리 부서 쪽으로 보고한다면 독립성이 유지될 수 없을 것이다.

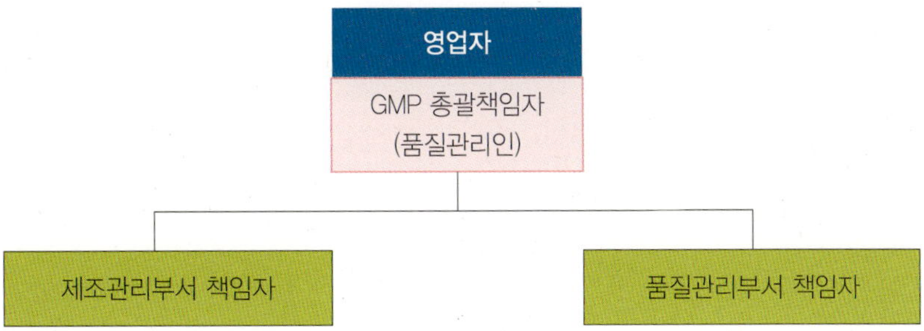

각 책임자별 책임내용을 살펴보면 다음과 같다.

《표 III-5-1》 직급별 책임내용

책임자	내용
GMP 총괄책임자	작업원의 지도, 관리, 교육 및 훈련
	정보 제공 및 안내
	교육, 훈련 기록 및 정보들은 기록일로부터 2년 이상 보관
제조관리부서 책임자(제조공정)	표준서 및 기준서 작성과 활용
	제조 지시 기록서의 작성과 확인(제조공정관리)
	제조 위생 · 보관관리의 점검 및 확인
	원료 및 품질관리를 위한 보관관리 담당자 지정
품질관리부서 책임자 (원료, 자재, 완제품의 품질 관리)	제품표준서 및 품질관리 기준서의 비치 및 운영
	실험 지시 기록서의 작성 및 확인
	실험결과의 적 · 부 판정과 통지

GMP 적용업소는 전문교육기관으로부터 종업원의 정기적인 교육훈련이 실시되어야 한다. 교육 내용은 다음과 같다.

- 건강기능식품법 및 관련 법규에 관한 사항
- 우수건강기능식품 제조 및 품질관리 기준에 관한 사항
- 우수건강기능식품 제조기준 적용 등 사후관리에 관한 사항
- 식품의약품안전처장이 필요하다고 인정하는 사항

교육 관련 기록은 2년 이상 보관하여야 하고 교육 종료 후에는 1개월 이내에 식품의약품안전처에 통보해야 한다.

3) 작업장

작업장은 제조작업을 하는 장소를 말하며 청정구역과 일반구역은 벽 등으로 분리하여 교차오염이 발생되지 않도록 하며 작업실별로 구획되어야 한다. 각 작업장별 주요 운용 관리내용은 다음과 같다.

《표 III-5-2》 주요 작업장별 운영관리내용

작업장	관리 내용
청정구역	적정한 온·습도 및 공기를 정화·유지할 수 있는 공조시설을 설치, 출입구와 창을 밀폐하여 외부공기의 직접 유입을 막음. 제조작업의 종류에 따라 청정도 기준이 다름
바닥	콘크리트 등으로 내수 처리, 작업자의 안전을 미끄럽지 않은 재질을 이용
배수로	폐수가 역류하거나 퇴적물이 쌓이지 않고 배수 및 청소가 용이하도록 설치. 배관은 누수를 고려 가공라인 위로 지나가지 않도록 설치
내벽 및 천정	표면이 매끄럽고 내수처리가 되어 청소가 용이
채광 또는 조명	적절한 밝기
환기시설	악취, 유해가스, 매연, 증기 등을 환기시키는 데 충분하도록 설치
작업장	방충시설 및 방서시설 필요. 화장실, 탈의실, 식당 직접 제조관련 외의 시설과는 분리
화장실	수세식으로 하고 벽과 바닥은 내수성 재질. 환기시설, 소독설비

part III chapter 6

6. 건강기능식품 안전성 평가

1. 원료의 안전성 평가

2015년 백수오 원료에 이엽우피소가 혼입된 이후 건강기능식품의 원료에 대한 안전성이 더욱 강화되었다. 건강기능식품의 안전성 평가는 기능성 원료의 안전성 평가를 이야기하며 기능성이 검증되었거나 검증하려고 하는 기능성 원료를 제안된 섭취량과 섭취방법으로 섭취하였을 때 인체에 이상반응 또는 부작용을 나타내지 않음을 평가하는 것이다.

〈가짜 백수오 사건〉

2015년 6월 백수오추출물 건강기능식품을 제조하여 판매 중이던 N 회사의 제품의 원료에 이엽우피소가 혼입되었다. 검찰의 조사결과 백수오 원료를 납품하던 한약건재상 1곳에서 원료 10t 가운데 3t의 원산지를 속인 사실이 드러났고 또한 N사의 입고 원료의 300g의 샘플을 확보해 조사한 결과 이엽우피소가 섞인 사실이 확인되었다. N사는 원료 혼입 방지를 위한 검증시스템이 일부 미비한 점은 있으나 고의성이나 혼입의 묵인이 없어 무혐의 처리된 사건이다. 이로 인해 건강기능식품의 원료에 대한 중요성이 더욱 강조되었다.

안전성 평가의 기본적인 접근은 기능성 원료가 전통적으로 섭취해 온 식품의 종류, 형태 및 섭취 수준과 유사할수록 안전성을 새롭게 입증할 필요는 줄어든다.

반대로 기능성 원료가 전통적으로 섭취해 온 식품의 종류, 형태 및 섭취 수준과 상이한 경우에는 안전성에 대한 문헌 및 과학적 자료를 생성하여야 한다.

〈건강기능식품 기능성 원료 인정에 관한 규정〉
(식약청 고시 제2007-51호)

[제15조](안전성)

식품의약품안전처장은 당해 원료의 안전성을 확인하기 위하여 기원, 개발경위, 국내외 인정 및 사용 현황, 제조방법, 원료의 특성, 전통적 사용, 섭취량 평가결과, 영양평가결과, 생물학적 유용성, 인체 실험결과, 독성 실험결과 등 제출된 모든 자료를 검토하여 안전성이 확보되어 있는지를 평가한다.

안전성 검토는 기능성 원료의 초기에 반드시 해야 하며 다음의 의사결정도 흐름에 따라 제출서류의 범위가 결정된다. 즉 ① 건강기능식품 제조에 사용할 수 없는 원료로 규정되어 있는가?에 '예(Yes)'인 경우에는 오른쪽 끝의 '가'로 분류되어 건강기능식품으로 신청할 수가 없다. '아니오(No)'의 경우엔 다시 ② 섭취 경험이 있는 동물, 식물, 미생물, 물 등의 원료 자체인가?의 문항에 '예(Yes)'인 경우에는 알려진 부작용의 유무(有無), 섭취량에 따라 '나'와 '다'로 분류되어 다음 표의 제출되어야 하는 안전성 자료의 범위에 맞게 준비하여 제출하여야 한다.

즉, '나'로 분류되면 섭취근거 자료, 해당 기능성분 또는 관련물질에 대한 안전성 정보자료, 섭취량 평가자료를 제출해야 하며, '다'로 분류되면 '나'의 자료에 인체적용 실험자료를 추가 제출해야 한다. ⑤ 섭취경험이 있는 동물, 식물, 미생물, 물 등을 제조 또는 가공한 것인가?에 '예(Yes)'의 경우 다시 추출조건의 안전성에 따라 단순추출이 아닌 경우에는 ⑦ 식품원료 또는 식품첨가물로 사용이 가능한가?로 다시 한 번 분류하여 식품원료나 식품첨가물로 인정되지 않은 경우, '라'로 분류되어 독성 실험자료까지 제출해야 한다. 이 부분이 흐름도에서 추가된 것으로 단순추출물이 아닌 경우에도 식품원료나 식품첨가물로 인정된 원료에 대하여는 흐름도의 윗 항으로 다시 가서 '나', 또는 '다' 군으로 분류해서 제출자료 중 독성자료에 대한 추가제출하지 않아도 된다. ⑧ 합성한 원료인가?에 대하여는 합성원료이며 식품 또는 식품첨가물로 인정된 것은 그 섭취량이 일상 섭취량보다 증가했는지 아니면 적은지에 따라 '나'와 '라' 군으로 분류된다. 또한 합성된 원료일지라도 천연의 단일물질과 동일한 경우에는 기능성 원료로 사용이 가능하나 단일물질과 다른 경우에는 '가' 군으로 분류되어 건강기능식품으로 신청할 수 없다.

그림 III-6-1 ···› 안전성 평가를 위한 의사결정도

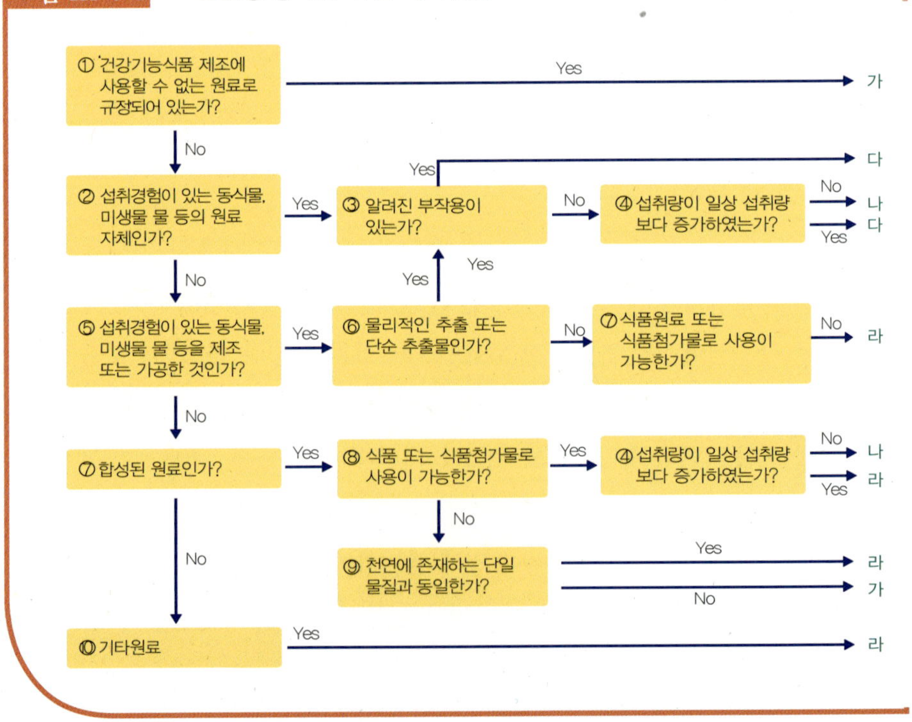

따라서 건강기능식품의 기능성 원료는 그림에 제시된 의사결정도에 따라 '가~라'로 분류되면 분류된 군에 맞게 안정성 자료(표)를 제출해야 한다.

《표 III-6-1》 제출되어야 하는 안전성 자료의 범위

제출되어야 하는 안전성 자료의 범위	가	나	다	라
건강기능식품으로 신청할 수 없음	✓			
섭취 근거 자료[1]		✓	✓	✓
해당 기능성분 또는 관련물질에 대한 안전성 정보 자료[2]		✓	✓	✓
섭취량 평가자료[3]		✓	✓	✓
영양평가자료, 생물학적 유용성 자료, 인체적용 실험자료[4]			✓	✓
독성 실험자료[5]				✓

1) 섭취경험이 있음을 증명하는 근거자료로서 「건강기능식품의 기준 및 규격」, 「식품의 기준 및 규격」, 「식품첨가물의 기준 및 규격」 자료, 전통적 사용이 기록되어 있는 과학적 자료 또는 역사적 사용 기록, 국외 정부기관의 인정 자료 등.
2) 각종 문헌 또는 데이터베이스에서 원료 또는 성분에 대한 독성, 안전성 또는 다른 성분(영양성분, 의약품 성분 등)과의 상호작용에 관한 자료를 검색한 자료.
3) 국민영양조사결과, 섭취량 실태조사결과 등을 근거로 평균 섭취량과 제안된 섭취량을 비교·분석한 자료. 단, 식경험이 없는 원료는 제출대상에서 제외.
4) 원료로 실험된 안전성 및 기능성을 확인한 자료(인체적용 실험자료).
5) 독성 실험자료는 단회투여독성 실험(설치류, 비설치류), 90일 반복투여 독성자료(설치류), 유전독성 실험(복귀돌연변이 실험, 염색체이상 실험, 소핵 실험)을 기본으로 하며, 원료의 특성에 따라 생식독성, 항원성, 면역독성, 발암성 실험을 추가로 실험하여야 함. 단, 기타 안전성 자료로 안전성이 확보되었음을 입증할 수 있는 경우에는 예외 적용 가능함.

2. 안전성 제출 자료

1) 건강기능식품으로 사용 불가 원료

〈표 III-6-2〉의 가군은 건강기능식품의 원료로 사용할 수 없는 원료를 말한다. 현재 93개의 사용 불가 원료는 다음의 표와 같다.

《표 III-6-2》 건강기능식품의 사용 불가 원료

No	원료명	No	원료명
1	감수(甘遂)	2	겔세민(gelsemine)
3	견우자(牽牛子)	4	관동(款冬)
5	낙타봉(駱駝蓬)	6	다투라(Datura)
7	대극(大戟)	8	대황(大黃)
9	독미나리	10	등황(藤黃)
11	디기탈리스(Degitalis)	12	마두령(馬兜鈴
13	마전자(馬錢子)	14	마편초(馬鞭草)
15	마황(麻黃)	16	만년청(萬年靑)
17	면마(綿馬)	18	목단피(牧丹皮)
19	목방기(木防己)	20	목통(木桶)
21	반하(半夏)	22	방기(防己)
23	방풍(防風)	24	백굴채(白屈菜)
25	백부자(白附子)	26	백선피(白鮮皮)
27	베라트롬(Veratrum)	28	벨라돈나(Belladonna)
29	보두(普頭)	30	복수초(福壽草)
31	부자(附子)	32	빈랑자(檳榔子)
33	사리폴(Henbane leaf)	34	석류피(石榴皮)
35	세네키오(Senecio)	36	스코폴리아(Scopolia)
37	상륙(商陸)	38	스트로판투스(Strophanthus)
39	쓴쑥	40	앵속(罌粟)
41	얄라파(Jalapae)	42	영란(鈴蘭)
43	요힘베(Yohimbe)	44	운향풀(루타 그래베올랜스)

No	원료명	No	원료명
45	원화(芫花)	46	위령선(威靈仙)
47	인도사목(印度蛇木)	48	저백피(樗白皮)
49	천남성(天南星)	50	천초근(天草根)
51	청목향(靑木香)	52	초오(草烏)
53	채퍼랠	54	카바카바(Kava kava)
55	카스카라사그라다(Cascara sagrada)	56	카트
57	컴프리	58	콜로신스(Colocynth)
59	콜키쿰(Colchicum)	60	키나(Quina)
61	탠지(Tansy)	62	토근(吐根)
63	투보쿠라린(Tubocurarine)	64	파두(巴豆)
65	팔각련(八角蓮)	66	해총
67	행인(杏仁)	68	황백(黃栢)
69	건조 갑상선(Dried thyroid)	70	담즙 · 담낭(Bile & gall bladder)
71	맥각(麥角, Erot)	72	반묘(斑猫, Blister beetle)
73	사독(Venom)	74	사람의 혈액(Human Blood)
75	사람의 태반(Human placenta)	76	사향(麝香, Musd)
77	섬수(Toad Venom)	78	오공(蜈蚣, Scolopendrae Corpus)
79	파파베린 또는 그 염류(papaverine or its salts)	80	벌독(bee venom)
81	전립선	82	로벨린 또는 그 염류 (Lobeline or its salts)
83	불보카프닌 또는 그 염류 (Bulbocapnine or its salts)	84	브루신 또는 그 염류 (Brucine or its salts)
85	사비나유(Sabina oil)	86	세파란틴(Cepharanthin)
87	아가리틴 또는 그 염류 (Agaritine or its salts)	88	아레콜린 또는 그 염류 (Arecoline or its salts)
89	카이닌산(Kainic acid)	90	코타르닌 또는 그 염류 (Cotarnine or its salts)
91	트로파코카인 또는 그 염류 (Tropacocaine or its salts)	92	방사성 물질
93	화학구조가 의약품과 근원적으로 유사한 합성물질		

2) 섭취근거 자료

최소 30년 이상의 식용경험이 있는 섭취경험을 입증하는 근거 자료를 의미한다. 원료의 사용 현황과 제조방법을 검토하여 '원료의 신규성'과 '원료의 전통성'을 중요하게 보고 판단한다.

섭취경험이 있는 동물, 식물, 조류, 미생물 원료 자체를 건조 또는 분쇄하였거나, 또는 물이나 주정을 사용하여 단회 추출 후 용매와 고형분을 제거하였다면, 원료의 전통성을 인정할 수 있으며 기존의 안전성 자료를 근거자료로 사용할 수 있다. 그러나 원재료의 품종 개량, 사용 부위, 용매의 종류가 상이할 경우 화학적 특성의 변화가 일어날 수 있어 원료의 전통성을 인정할 수 없다. 이 경우에는 해당 원료를 사용한 독성 실험자료를 제시하여야 한다.

섭취경험의 입증은 「식품 공전」, 「식품첨가물 공전」, 「건강기능식품 공전」과 국내외의 과학적인 자료에서 서술되어 있는지 등을 통해서, 또는 국내외 관련 제품의 판매 현황, 생산실적, 유통실적 등을 통해서 확인할 수 있다.

《표 III-6-3》 섭취근거자료 탐색 문헌 DB

국내자료	국외자료
· 식품 공전 · 식품첨가물 공전 · 건강기능식품 공전 · 대한 약전 · 대한 약전외한약(생약)규격집 · 국민건강 영양조사 · 전통적 사용이 기록되어 있는 과학적 자료 또는 역사적 사용 기록 예: '기성한약서에 대한 잠정규정'에서 정한 기성한약서인 방약합편, 동의보감, 향약집성방, 광제비급, 제중신편, 약성가, 사상의학, 의학입문, 경악전서, 수세보원, 본초강목 · 식품의약품안전처 민원 회신자료 · 요리서(30년 이상) 등	· 제시된 국내자료에 상응하는 외국자료 · 미국 약전, 일본약국방, 중국약전 · 미국 동종요법약전 · 미국 국가처방전 · GRAS 자료 · FDA 자료 · 미농무성의 자료 · FAO, WHO, CODEX · EU 자료(EU Novel food 자료/ EFSA 자료) · 그 외 각 국가기관 및 국제기관에서 출간한 공신력이 있는 자료 · Natural Medicines Comprehensive Database(www.naturaldatabase.com) · 독일의 Commission E 등

3) 안전성 정보 자료

안전성 정보 자료란 기능성분, 원재료 또는 기타 관련 물질에 대하여 알려져 있는 안전성, 독성 정보를 말하며, 근거 자료로는 국내외에서 학술지에 게재된 자료와 국내외 정부보고서 또는 국제기구 보고서 그리고 관련 데이터베이스의 검색결과 등이 있다.

≪표 III-6-4≫ 안전성 정보자료 탐색 문헌 DB

포괄정보검색	성분검색	독성정보	상호작용	Momograph
· PubMed · NAPRALERT · HerbMed · AHRO · MayoClinic · PDRhealth · 한국학술문헌 정보센터(KISS) · 학술지 평가서적	· NAPRALERT · TradiMed	· Toxline · Toxcenter · FDA poisonous plant database · NTP	· Natural Standard · Natural Medicine Comprehensive · HerbMed · PDR health	· IOM monographs · WHO monographs · German Commission E · ESCOP monographs

4) 섭취량 평가 자료

특성성분을 함유하고 있는 식품의 섭취량 및 그 식품 각각에서의 특성성분 함량에 대한 과학적 정보가 필요하다. 문헌을 인용 또는 식품에서의 특정성분 분석 논문을 검색, 국민건강 영양조사 등의 식품 섭취량에 관한 정보를 토대로 계산하여 섭취량을 평가한다.

《표 III-6-5》 섭취량 평가 자료 탐색 문헌 DB

근거자료
· 국민건강 영양조사 식품 섭취량 평가 자료 · 식품첨가물 데이터베이스 섭취량 산출 DB · 연간 소비량, 한국농촌경제연구원(식품수급표) · 발표된 학술논문 · 향신료의 경우에는 일반적인 조리법에 사용되는 양 · 전통적 사용이 기록되어 있는 과학적 자료 또는 역사적 사용기록 · 그 외 객관적으로 입증 가능한 통계 자료 등

5) 영양평가자료

건강기능식품 기능성 원료가 기타 영양성분의 흡수, 분포, 대사, 배설 등에 영향을 미치는지를 연구한 자료이다. 특히 위장관이나 배설과 관련된 기능을 가지는 원료의 경우에는 다른 영양성분과의 상관관계를 확인해야 한다. 식이섬유처럼 장관 내에서의 흡수를 막는다면 다른 영양소의 흡수 저해를 유발하지 않는지, 성인에서는 낮추어야 할 콜레스테롤 등은 어린이에게는 필수적으로 필요한 특수 상황도 고려해야 한다.

《표 III-6-6》 영양평가 자료 탐색 문헌 DB

상호작용	근거자료
· 영양소 간 상호작용 · 식품 간 상호작용 · Drugs · Herbs & Supplements 등	· Natural Medicines Comprehensive DB · Metabolism and Transport Drug Interaction Database · 그 외 앞에서 제시된 DB를 통해 검색된 일 · 이차 문헌 등

6) 생물학적 유용성 자료

건강기능식품 기능성 원료의 지표성분(기능성분)이 체내 흡수 후 생체작용에 반영되는 정도를 연구한 자료들이다. 많은 생리활성물질들은 실제로 매우 낮은 체내 흡수율을 보이고 있어, 제안된 섭취량을 섭취하였을 때 혈중에 반영되는 농도를 확인할 수 있는 자료를 말하며, 안전성 평가 시 유용한 자료로 사용할 수 있다.

7) 인체적용 실험 자료

인체적용 실험을 수행할 때, 안전성 지표와 이상반응의 확인 항목이 있으면 이를 안전성 자료로 인정가능하다. 인체적용 실험에서 안전성을 확인하기 위해서는 이상반응 사례 관찰과 더불어 기초 건강지표(체중, 혈압, 심전도 등), 혈액학적·혈액생화학적 검사[(헤마토크리트, 혈색소, 백혈구 수, 적혈구 수, 혈소판 수, 혈당, AST, ALT, ALP, 총단백질, 알부민, 총빌리루빈, γ-GTP, 콜레스테롤(total, LDL, HDL), 중성지방, 요소질소, 크레아티닌, 요산, 칼슘, 포타슘 등)] 및 요 검사(산도, 아질산염, 케톤체 등) 등을 할 수 있다.

8) 독성 실험 자료

건강기능식품의 섭취로 인해 발생할 수 있는 잠재적 위해를 우수 실험실 운영기준(Good Laboratory Practice, GLP)에 따라 지정된 기관에서 OECD 독성 실험 지침(Toxicity Test Guideline)에 준하여 실험한 동물 실험 연구를 통해 예측하는 것이다.

일반적으로 어떤 물질의 독성은 포유류 전반에 걸쳐 유사하므로 별도의 안전성 근거 자료가 없는 경우엔 안전성 평가의 자료로 유용하게 사용될 수 있다.

단회투여독성 실험(설치류, 비설피류), 3개월 반복투여 독성자료(설치류), 유전독성 실험(복귀돌연변이 실험, 염색체 이상 실험, 소핵 실험)을 기본으로 하며, 원료의 특성에 따라 필요한 경우 생식독성, 면역독성, 발암성 실험 등이 추가로 필요할 수 있다.

독성에 사용되는 실험물질은 제출원료와 동일한 것이며, 실험동물의 종은 실험물질의 독성을 가장 민감하게 반영할 수 있는 것으로 선택하여야 하며 경구투여를 원칙으로 한다.

7. 건강기능식품의 인체적용 실험

1. 인체적용 실험의 기본 원칙

건강기능식품으로 인정받기 위해서는 '건강기능식품 기능성 원료 인정에 관한 규정'에 따라 인체적용 실험자료를 반드시 제출하도록 하고 있다.

인체적용 실험은 동물을 대상으로 실험하여 안전성과 기능성이 긍정적으로 평가된 실험물질을 사람을 대상으로 실시하는 실험으로 보통 임상 실험 또는 인체 실험으로 불린다. 역학연구에서 특정한 요인(예: 식습관)이 특정한 인구집단의 대상자들에게 미치는 효과를 평가하기 위하여 일정기간 동안 대상자들을 관찰하는 관찰연구(실험)와 일정한 특성을 갖는 인구집단의 대상자들에게 중재(예: 실험식품섭취)를 한 후, 실험기간 종료 시점에서 중재로 인한 결과를 비교하는 연구 등이 있다.

인체에서의 기능성을 입증하는 것은 피험자의 식습관 등에 따라 그 결과가 일정하게 결과를 유추하기 어렵게 나오는 경우가 많아 동물 실험, 시험관 실험(in vitro), 총설, 메타분석, 기발표된 자료, 전통자료들은 원료와 성분에 대한 정보와 안전성, 섭취량, 성분의 작용기전 등의 참고자료로 사용 가능하다. 또한 인체적용 실험 자료로는 국내외 학술지에 발표된 자료 및 미발표된 최종보고서를 사용할 수 있다. 그러한 자료가 부족할 경우, 인체적용 실험을 실시하게 되는데, 실험을 실시할 경우 예측되는 위험과 불편사항에 대하여 충분한 고려를 통해 인체적용 실험의 실시 여부를 결정하여야 한다.

인체적용 실험은 헬싱키 선언에 근거한 윤리규정에 따라 수행되어야 하며 인체적용 실험의 기본원칙의 주된 내용을 살펴보면 다음과 같다.

- 실험의 예측되는 위험과 불편사항에 대하여 충분한 고려를 통해 인체적용 실험의 실시 여부를 결정하여야 함
- 피험자의 권리, 안전, 복지는 우선 검토의 대상으로 과학과 사회의 이익보다 중요함
- 인체적용 실험에 사용되는 실험식품에 대한 정보는 실시하려는 인체적용 실험을 충분히 뒷받침해야 함
- 과학적 타당성과 계획서의 명확하고 상세한 기술(記述)이 있어야 함
- 인체적용 실험 심사위원회(기관생명윤리위원회)에서 승인한 실험계획서에 따라서 실시하여야 함
- 실험에 참여하는 모든 사람들은 각자의 업무수행을 위한 적절한 교육, 훈련을 받고 경험을 갖고 있어야 함
- 실험 참여 전에 모든 피험자의 자발적 참가 동의를 받아야 함
- 모든 실험관련 정보는 정확한 보고, 해석, 확인이 가능하도록 기록, 처리, 보존되어야 함
- 피험자의 신원에 대한 모든 기록은 비밀보장이 되도록 함
- 모든 실험식품은 표준화되어야 하고 승인된 실험계획서에 따라 사용되어야 함
- 신뢰성을 보증할 수 있는 절차를 따라 실시함

〈헬싱키 선언(Declaration of Helsinki)〉

1964년 핀란드 헬싱키에서 열린 세계의사협회(World Medical Association) 총회에서 채택된 의료 윤리 선언을 기원으로, 2008년까지 6차 개정판이 나옴. 사람을 대상으로 하는 의학연구에 대한 윤리적 원칙을 주요 내용으로 하고 있음. 인체적용 실험의 기본원칙의 근간을 이룸. 내용은 임상연구를 할 때 환자에게 미리 충분한 설명을 해야 하며, 환자의 치료를 목적으로 하는 실험과 치료적 가치가 없는 순과학적 실험을 구별하도록 하는 것들이다. 과학이나 사회의 이익보다는 피험자의 권익을 우선시한다는 원칙이 강조되어 있다.

2. 기관생명윤리위원회 심의절차 및 제출문서

- 서류준비: 기관생명윤리위원회가 속한 기관에 필요한 제출서류를 준비
- 서류제출: 심의 일정, 서류제출(온라인 및 오프라인 제출) 일정 확인 후 제출
- 심의: 심의 일정 및 절차에 따라 제출된 서류를 심의 진행
- 심의결과 수령

① 승인: 인체적용 실험을 시작할 수 있음

② 시정승인: 기관생명위원회의 검토의견에 답변서와 수정된 사항을 반영한 연구계획서를 제출하여야 하고 행정 확인으로 승인받을 수 있음. 단, 답변 내용이 그대로 반영하지 않았거나 다른 수정사항이 있는 경우는 신속심의로 진행될 수 있음

③ 보완: 검토의견에 따라 연구계획서의 내용을 보완하여 제출하여야 하며 다시 해당위원회의 승인 여부를 결정받아야 함

④ 반려: 연구수행의 가치가 모호하거나 해당 연구 수행의 타당성을 입증할 자료가 불충분할 경우, 연구의 윤리적, 과학적 타당성에 문제가 있거나 관련 연구계획서의 수정이 용이하지 않은 경우

part III chapter 8

8. 의약품과 병용섭취 시 주의해야 할 건강기능식품 원료

의약품과 건강기능식품을 함께 섭취할 경우 기능성이 저하되거나 다른 부작용이 생길 수 있어 반드시 확인하고 병용토록 해야 한다. 다음의 건강기능식품원료는 의약품과 병용 섭취 시 일어나는 부작용에 주의하여 섭취해야 한다. 특히 수술을 앞둔 경우, 일부 건강기능식품은 수술 시 발생하는 출혈에 대한 지혈이 안 되는 문제가 발생하기도 하여 수술과 다른 질병 등으로 인해 약을 복용할 경우에는 반드시 의사와 의논하여야 한다.

1. 인삼

- 면역 억제제 병용 시 면역 억제제의 효과를 감소시킬 수 있다.
- 페넬진(phenelzine) 병용 섭취 시, 두통, 떨림 및 경조증을 일으킬 수 있다.
- 항응고제 약물과 섭취량 이상의 인삼을 병용하면 출혈 가능성이 증가하므로

수술 전, 항응고제 복용 시에는 주의해야 한다.

- 아스피린에 과민반응을 보이는 경우 섭취를 피하는 것이 좋다.
- 불면증, 두통을 유발할 수 있고 카페인 효과를 증대시킬 수 있다.
- 혈압을 낮추는 니페디핀(nifedipin)의 효과를 증가시킬 수 있다.

2. 프로바이오틱스

- 항생제와 병용 섭취 시 프로바이오틱스의 효과를 감소시킬 수 있다.
- 면역체계를 억제하는 약물을 복용하는 환자는 감염의 위험이 있을 수 있다.

3. 알로에

- 일부 이뇨제 등과의 병용 섭취는 저칼륨혈증의 위험을 증가시킬 수 있다.
- 마취제 세보프루펜과 병용 섭취 시 수술환자의 과다출혈과 관련이 있다는 연구가 있다.

4. 오메가-3 지방산(EPA & DHA)

- 항응고성 약물과 같이 섭취할 경우 출혈의 위험이 생길 수 있다.
- DHA는 항당뇨 약물의 효과를 감소시킬 수 있다.

5. 밀크씨슬

- 간의 약을 분해하는 속도를 저하시킬 수 있다.

- 몸에 흡수되는 타목시펜(tamoxifen)의 양을 증가시킬 수 있다.
- 혈당강하제와 병용 섭취 시 인슐린 민감성을 높일 수 있다.

6. 감마리놀렌산

- 항응고제 또는 항혈소판제와의 병용 섭취 시 출혈의 위험이 증가할 수 있다.
- 페노티아진(phenothiazine)과 병용 섭취 시 발작의 위험을 증가시킬 수 있다.

7. 당귀

- 항응고제 또는 항혈소판제와의 병용 섭취 시 출혈의 위험이 증가할 수 있다.
- 호르몬제제와 병용 시 수용체에 대한 경쟁으로 호르몬 대체요법을 방해할 수 있다.
- 선택적 세로토닌 재흡수(SSRIs)의 효과를 증가시킬 수 있다.
- 혈압강하제의 효과를 감소시킬 수 있다.

8. 마테

- 마테에 포함된 카페인은 CNS(중추신경계) 의약품 효과를 증가시킬 수 있다.
- 마테를 많이 섭취하면 카페인에 의해 β-아드레날린 작용제의 심장수축성 효과를 증가시킬 수 있다.
- 에페드린 병용 섭취 시 부작용의 위험을 증가시킬 수 있다.
- 모노아민 산화효소 억제제와 병용 섭취 시 고혈압의 위험이 증가될 수 있다.

9. 돌외잎

- 면역 억제제의 효과를 감소시킬 수 있다.
- 항응고제 또는 항혈소판제와의 병용 시 출혈의 위험이 증가될 수 있다.

10. 대두

- 크레아틴병을 앓는 아이들에게 대두 기본 식단은 레보타이로신의 흡수를 억제한다고 보고되어 있다.
- 발효대두제품은 티라민(tyramine)을 포함하고 있고, 모노아민 산화효소 억제제를 티라민 6mg과 병용 섭취 시 고혈압의 위험이 증가될 수 있다.

11. 카르니틴

- 갑상선호르몬(thyroid hormone) 대체제 효과를 저하시킬 수 있다.

12. 녹차

- 항응고제 또는 항혈소판제와 병용 섭취 시 출혈의 위험을 증가시킬 수 있다.
- 타이레놀(아세트아미노펜) 등 간에 독성을 줄 수 있는 의약품을 병용 섭취하면 간 독성을 증가시킬 수 있다.
- 녹차의 카페인은 CNS(중추신경계) 의약품 효과를 증가시킬 수 있다.
- 많이 섭취하면 카페인에 의해 β-아드레날린 작용제의 심장수축성 효과를 증가시킬 수 있다.
- 다발성 수종치료제(보르테조몹, bortezomob)와 병용 섭취 시 약물의 효과를

감소시킬 수 있다.

- 동맥경화용제(심바스타틴, simvastatin)와 병용 섭취 시 혈장의 약물 수준과 약물 부작용을 증가시킬 수 있다.
- 표적항암제(서니티닙, sunitinib)와 병용 섭취 시 약물의 생체이용률을 감소시킬 수 있다.

13. 키토산/키토올리고당

- 지용성 비타민의 흡수를 감소시킬 수 있다.
- 항응고제 또는 항혈소판제와 병용 섭취 시 출혈의 위험을 증가시킬 수 있다.
- 콜레스테롤 합성 억제제(크레스토정, crestor tablet)와 병용 섭취 시 부작용이 일어날 수 있다.

14. 스피루리나

- 항응고제 또는 항혈소판제와 병용 섭취 시 출혈의 위험을 증가시킬 수 있다.
- 알레르기 체질이거나 페닐케톤증 환자는 섭취 시 주의해야 한다.

15. 석류

- 석류는 사이토크롬(cytochrome) P450 2C9(CYP2C) 대사를 억제하여 CYP2C로 대사되는 의약품들의 효과를 감소시킬 수 있다.

16. 공액리놀레산

- 항응고제 또는 항혈소판제와 병용 섭취 시 출혈의 위험을 증가시킬 수 있다.
- 항고혈압제와 병용 섭취 시 저혈압의 위험을 증가시킬 수 있다.

17. 와일드망고

- 와일드망고 종자추출물을 혈당강하제와 병용할 경우 저혈당이 올 수 있다.

18. 클로렐라

- 항응고제 또는 항혈소판제와 병용 섭취 시 출혈의 위험을 증가시킬 수 있다.
- 클로렐라는 면역기능을 자극하여 면역 억제제 치료를 방해할 수 있다.

19. 글루코사민

- 단독으로 섭취하거나 콘드로이틴(chondrotin)과 병용 섭취 시 항응고제의 효과가 줄어 출혈의 위험을 증가시킬 수 있다.

20. 가시오갈피

- 다음의 의약품성분의 제품들과 병용 섭취 시 의약품의 효과를 저해시킬 수 있다.
  ① 정신신경용제: 아미트리프틸린, 디아제팜, 클로자핀, 플루복사민, 할리페리돌, 이미프라민, 울란자핀

② 난포호르몬제 및 황체호르몬제: 에스트라디올

③ 기타의 중추신경용약: 타크린

④ 칼슘채널 차단제: 베라파밀

⑤ 혈액응고 저지제: 와파린

⑥ 근육 이완제: 사이클로벤자프린

⑦ 부정맥용제: 멕실레틴, 프로프라놀롤

⑧ 해열, 진통, 소염제: 펜타조신, 졸미트립탄

⑨ 진해거담제: 테오필린

- 면역 억제제의 효과를 감소시킬 수 있다.
- 항응고제 또는 항혈소판제와 병용 섭취 시 출혈의 위험을 증가시킬 수 있다.
- 심부전치료제(디곡신, digoxin)와 병용 섭취 시 혈장에서의 디곡신 수치를 증가시킬 수 있다.

21. 코엔자임 Q10

- 항응고제 또는 항혈소판제와 병용 섭취 시 출혈의 위험을 증가시킬 수 있다.
- 항응고제와 병용 섭취 시 항응고 효과를 줄일 수 있다.

22. 은행

- 항경련제와 병용 섭취 시 약물 효과를 감소시킬 수 있다.
- 항응고제 또는 항혈소판제와 병용 섭취 시 출혈의 위험을 증가시킬 수 있다.
- 다음의 항정신병치료제와 병용 섭취 시 약물의 효과를 증가시킬 수 있다.

① 정신신경용제: 클로자핀, 할리페리돌, 올란자핀

- 혈당강하제와 병용 섭취 시 약물의 효과에 영향을 줄 수 있다.
- 혈관확장제인 니페디핀(nifedipine)과 병용 섭취 시 약물의 효과 또는 부작용을 증가시킬 수 있다.
- 소화성 궤양용제인 오메프라졸(omeprazole)과 병용 섭취 시 약물의 효과를 감소시킬 수 있다.

23. 쏘팔메토 추출물

- 항응고제 또는 항혈소판제와 병용 섭취 시 출혈의 위험을 증가시킬 수 있다.
- 호르몬 치료를 방해할 수 있다.
- 다음의 약품의 효과에 영향을 줄 수 있다.
  ① 모발용제(발모, 탈모, 염모, 양모제): 피나스테리드
  ② 기타의 조제용약: 메칠테스토스테론
  ③ 단백동화 스테로이드제: 옥산드롤론, 옥시메톨론
  ④ 남성호르몬제: 테스토스테론
  ⑤ 난포호르몬제 및 황체호르몬제: 다나졸

24. 크랜베리

- CYP2C9와 관련된 의약품 섭취 시 상호작용이 일어날 수 있다.
- 항응고제 잔류시간을 증가시켜 출혈의 위험이 있다.

25. 포스파티딜세린

- AChE 억제제와 병용 섭취하는 것은 잠재적 콜린성 부작용을 일으킬 수 있다.

- 항콜린성 약물과 병용 섭취할 경우, 항콜린제 효과를 감소시킬 수 있다.

26. 감초추출물

- 많은 양의 감초는 몸속 칼륨 수준을 감소시킬 수 있어 항부정맥제인 디곡신(digoxin)의 부작용을 증가시킬 수 있다.
- 칼륨을 감소시키는 이뇨제와 함께 섭취 시 저칼륨증 위험이 증가할 수 있다.
- 에스트로젠 약과 병용 섭취 시 의약품의 효과를 감소시킬 수 있다.
- 고혈압제와 병용 섭취 시 의약품의 효과를 감소시킬 수 있다.
- 스테로이드제인 코르티솔, 프래드니솔론 등의 핵물리 효능을 증가시키거나 약물의 농도를 증가시킬 수 있다.
- 면역 억제제 시롤리무스(sirolimus), 수면유도제인 미다졸람(midazolam), 항궤양제 오메프라졸(omeprazole)의 효과를 감소시킬 수 있다.

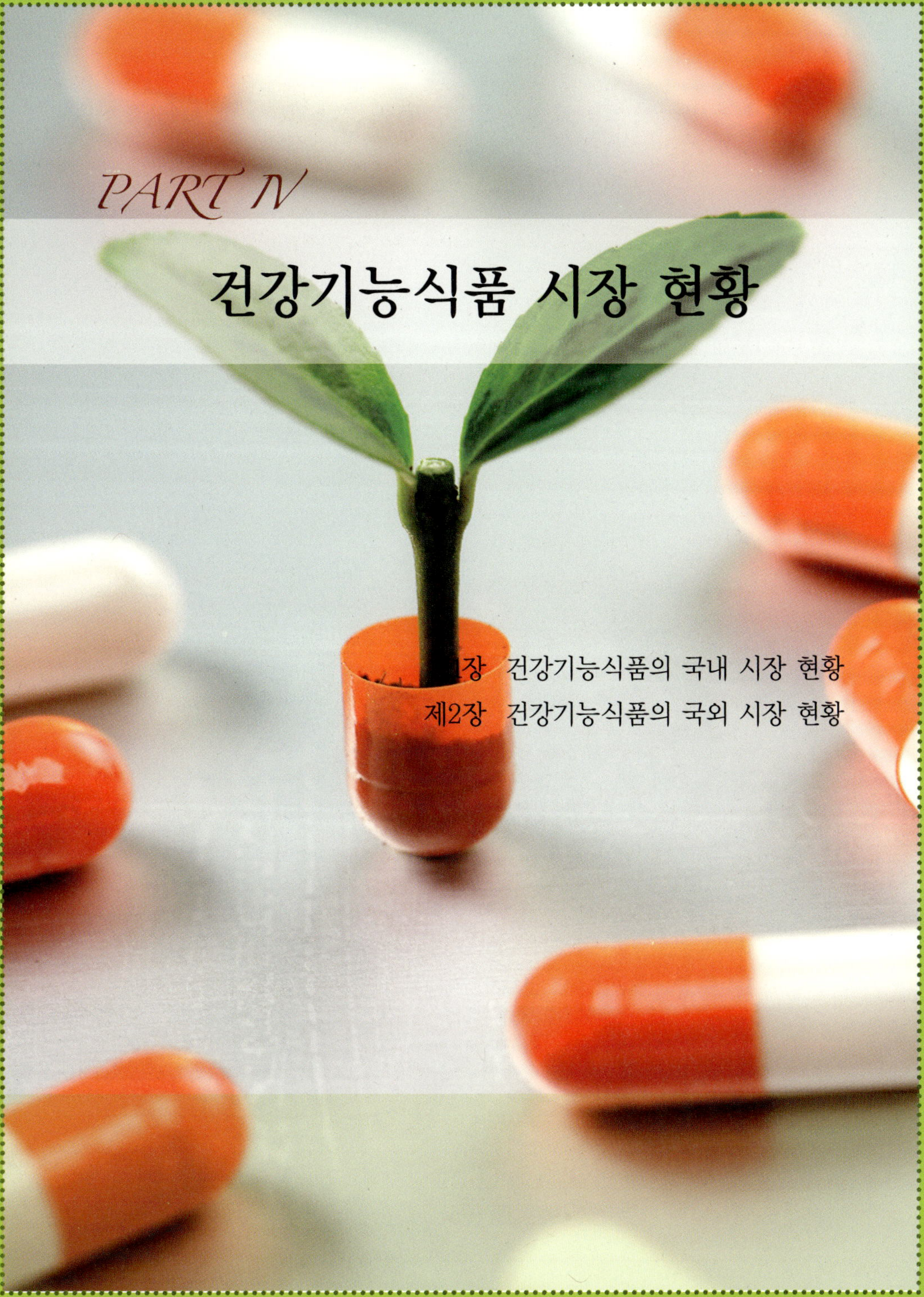

PART IV

건강기능식품 시장 현황

제1장 건강기능식품의 국내 시장 현황

제2장 건강기능식품의 국외 시장 현황

1. 건강기능식품의 국내 시장 현황

1. 산업 규모

국내 건강기능식품 제조업체는 매년 증가하여 2015년 487개소에서는 20016년 더 이상 증가하지 않았으나 업체당 평균 매출액은 43억 7천만 원으로 최근 5년간 지속적으로 증가하고 있다.

《표 IV-1-1》 최근 5개년 건강기능식업체의 변화

구분	업체 수		업체당 평균 매출액	
	(개소)	전년 대비 성장률(%)	(억 원)	전년 대비 성장률(%)
2012	435	2.6	32.3	0.4
2013	449	3.2	32.4	0.3
2014	460	2.4	33	1.9
2015	487	5.9	37.4	13
2016	489	0.41%	43.7	16.8
연평균 성장률(%)	2.9		7.7	

출처: 한국식품안전관리인증원(2017).

2. 국내 GDP 대비 산업 규모

연도별 국내 총생산(GDP), 제조업 GDP, 식품산업 규모 대비 건강기능식품 생산 비중은 아래와 같다.

- 2016년 건강기능식품의 국내총생산(GDP), 제조업 GDP 대비 생산 비중은 각 0.13%, 0.49%로 전년에 비해 상승하였다.
- 또한 최근 5년간 연평균 성장률은 10.8%로 국내총생산(GDP), 제조업 GDP의 연평균 성장률보다 높은 수준을 보여, 국내 건강기능식품 시장이 타 산업에 비하여 급격하게 증가하고 있음을 알 수 있다.

《표 IV-1-2》 최근 5개년 건강기능식품업체의 성장률

	2012	2013	2014	2015	2016	연평균 성장률 (%)
국내총생산(GDP)	1,377,457	1,429,445	1,486,079	1,564,124	1,637,421	4.40
전년 대비 성장률(%)	3.40	3.80	4.00	5.30	4.70	
제조업	388,010	403,657	408,510	423,652	435,937	3.00
전년 대비 성장률(%)	2.20	4.00	1.20	3.70	2.90	
식품산업	47,328	54,028	53,736	56,139	59,001[1)]	5.70
전년 대비 성장률(%)	6.50	14.20	0.50	4.50	5.10	
건강기능식품	1,409	1,482	1,631	1,823	2,126	10.80
GDP대비(%)	0.10	0.10	0.11	0.12	0.13	
제조업GDP대비(%)	0.36	0.37	0.40	0.43	0.49	
식품산업대비(%)	2.98	2.74	3.04	3.25	3.60	

※ 국내총생산(원계열, 명목) 및 제조업 GDP(원계열, 명목): 한국은행 경제통계시스템(ECOS).

출처: 한국식품안전관리인증원(2017).

3. 제조업체 규모별 분포

매출 규모를 상세히 세분해 보면 10억 미만의 소규모 업체 비율이 전체의 71.9%이고 이 업체들의 매출 규모는 전체 매출액의 2.9%밖에 되지 않아 국내 건강기능식품 제조산업의 영세성을 알 수 있다.

《표 IV-1-3》 건강기능식품업체의 매출규모

구분	업체 수		총매출액	
	(개소)	비율(%)	(억 원)	비율(%)
생산실적 없음	122	25.1	0	0
1억 원 미만	89	18.3	38	0.2
1~5억 원	98	20.1	246	1.2
5~10억 원	41	8.4	309	1.5
10~20억 원	37	7.6	507	2.4
20~50억 원	44	9.0	1,326	6.2
50~100억 원	25	5.1	1,671	7.9
100~300억 원	17	3.5	2,821	13.3
300~500억 원	5	1.0	2,100	9.9
500~1,000억 원	7	1.4	4,644	21.8
1,000억 원 이상	2	0.4	7,598	35.7
계	487	100	21,260	100

출처: 한국식품안전관리인증원(2017).

또한 GMP 업체는 2015년 216개에서 9개소가 증가하였다. 건강기능식품업체의 약 50%가 GMP 시설을 갖추었는데 전체 매출액 대비 GMP 업체 매출액은 90% 이상의 비중을 보여 건강기능식품 제조업에서는 제품의 신뢰를 위해서는 GMP 시설이 필수라 할 수 있다.

《표 IV-1-4》 건강기능식품업체의 GMP 비율

연도	제조업체 수 (개소)	전문제조업(개소)	GMP 업체 (개소)	GMP 비율(%)
2012	435	396	185	46.7
2013	449	407	198	48.6
2014	460	414	208	50.2
2015	487	434	216	49.8
2016	487	433	225	52.0

출처: 식품의약품안전처(2017).

《표 IV-1-5》 건강기능식품업체의 GMP 시설에 따른 매출비교

연도	전체매출액 (억 원)	GMP 업체 매출액(억 원)	비율(%)
2012	14,091	12,966	92.0
2013	14,820	13,560	91.5
2014	16,310	14,616	89.6
2015	18,230	16,751	91.9
2016	21,260	19,768	93.0

출처: 식품의약품안전처(2017).

4. 건강기능식품 생산실적

우리나라의 건강기능식품의 2016년 총매출액은 2조 1,260억 원으로 16.6% 증가하였고, 총매출량은 4만 3,123톤으로 역시 24.7% 증가하였다.

《표 IV-1-6》 국내 건강기능식품업체의 생산 및 매출 현황

구분	업체 수	생산액 (억 원)	생산량 (톤)	총매출액 (억 원)	총 매출량 (톤)	내수용		수출용	
						판매액 (억 원)	판매량 (톤)	판매액 (억 원)	판매량 (톤)
2014	460	11,208	32,494	16,310	30,545	15,640	29,500	670	1,045
2015	487	11,332	36,083	18,230	34,568	17,326	33,016	904	1,551
2016	487	14,715	45,060	21,260	43,123	20,175	41,142	1,084	1,981

구분	업체 수	생산액 (억 원)	생산량 (톤)	총매출액 (억 원)	총 매출량 (톤)	내수용		수출용	
						판매액 (억 원)	판매량 (톤)	판매액 (억 원)	판매량 (톤)
전년 대비 성장률(%)	–	29.9	24.9	16.6	24.7	16.4	24.6	19.9	27.7
연평균 성장률(%)	2.9	14.6	17.8	14.2	18.8	13.6	18.1	27.2	37.7

출처: 식품의약품안전처(2017).

5. 매출액별 품목 수 현황

건강기능식품의 제품 수는 해마다 지속적으로 증가하고 있으며 연매출액 100억 원 이상 제품 수도 꾸준하게 증가하고 있는 것으로 나타났다.

《표 IV-1-7》 건강기능식품업체의 매출액 규모

구분	매출액(억 원)					연평균 성장률(%)
	2012	2013	2014	2015	2016	
생산실적 없음	7,856	9,596	11,320	12,346	13,602	14.7
0.5억 원 미만	3,073	3,367	3,490	3,966	4,066	7.3
0.5~1억 원	687	764	855	934	1152	13.8
1~1.5억 원	318	324	360	456	455	9.4
1.5~2억 원	151	173	178	240	282	16.9
2~3억 원	197	215	223	281	324	13.2
3~5억 원	195	191	225	268	300	11.5
5~7.5억 원	99	127	123	139	140	9
7.5~10억 원	59	70	66	73	76	6.5
10~30억 원	144	134	159	163	207	9.5
30~50억 원	19	23	30	40	47	25.4
50~100억 원	33	25	24	24	20	–11.8
100억 원 이상	17	23	26	26	28	13.3
계	12,847	15,032	17,075	18,956	20,699	12.7

출처: 식품의약품안전처(2017).

6. 품목별 생산실적

1) 총매출(고시형 제품 중심)

2016년 상위 5개 품목의 비중은 전체의 80.4%, 상위 10개 품목은 90.2%로 매출액이 몇 개의 제품에 집중되는 것을 알 수 있다. 품목별로는 홍삼이 46.6%를 개별인정형이 11.1%, 프로바이오틱스 9.0%, 비타민 및 무기질제품이 8.7%, 밀크씨슬이 5.1%로 상위 5위였고 매출비중이 80.4% 차지하였다. 6~10위의 5개 제품이 9.8% 차지하였고 10위권 밖의 기타제품들이 9.8% 차지하였다.

《표 IV-1-8》 고시형 건강기능식품의 매출액 순위

순위	구분	매출액(억 원)					2016년 점유율(%)
		2012	2013	2014	2015	2016	
1	홍삼	6,484	5,869	6,330	6,943	9,900	46.6
2	개별인정형	1,797	2,323	3,177	3,195	2,357	11.1
3	프로바이오틱스	519	804	1,388	1,579	1,903	9.0
4	비타민 및 무기질	1,646	1,747	1,415	2,079	1,843	8.7
5	밀크씨슬추출물	136	308	676	705	1,091	5.1
누계(5품목)		10,582	11,051	12,986	14,501	17,094	80.4
6	EPA 및 DHA 함유 유지	499	490	396	485	700	3.3
7	알로에	688	628	575	560	475	2.2
8	인삼	450	466	426	307	311	1.5
9	루테인	118	95	111	204	309	1.5
10	가르시니아 캄보지아추출물	440	541	221	277	278	1.3
누계(10품목)		12,777	13,271	14,715	16,334	19,167	90.2
11	기타품목	1,314	1,549	1,595	1,896!	2,093	9.8
계		14,091	14,820	16,310	18,230	21,260	100.0

출처: 한국식품안전관리인증원(2017).

고시형의 프로바이오틱스 제품은 최근 5년 동안 급격하게 매출이 증가하고 있으며, 개별인정형은 전체 매출액에서는 고시형 제품에 밀려 매출이 줄어드는 것으로 보이나 개별인정형 제품이 고시형 제품으로 전환되어 개별인정형 매출이 줄어든 것으로 보인다.

2) 개별인정형

2016년의 전체 매출액의 11.1%의 매출액을 차지하는 개별인정형 제품 중 순위별 매출액을 1위부터 10위까지 살펴보면, 당귀혼합추출물(533억 원), 헛개나무과병추출분말(249억 원), 초록입홍합추출 오일복합물(145억 원), 과채유래유산균(126억 원), 황기추출 등 복합물(98억 원), 석류농축액(95억 원), 폴리코사놀-사탕수수 왁스알코올(93억 원), 미역 등 복합추출물(93억 원), 풋사과추출 폴리페놀(86억 원)이다.

최근에 개별인정형의 매출을 이끄는 제품들은 석류농축액, 풋사과추출 폴리페놀, 와일드망고종자 등이며, 개별인정형에서 1위를 차지하는 당귀혼합추출물은 전년 대비 25.4% 감소하였고, 5위의 황기추출물 등 복합물은 63.2% 감소하였으며, 8위의 미역 등 복합추출물들은 2015년 대비 매출액이 49.2% 감소하였고, 10위의 와일드망고종자 추출물은 전년 대비 68.8%나 감소하였다. 이와 같이 개별인정형은 고시형에 비해 매출의 증감이 매우 급변하나 개별인정형 중 초록입홍합추출 오일복합물은 2012년부터 2016년까지 꾸준히 상승함을 알 수 있었다.

《표 IV-1-9》 개별인정형 건강기능식품의 매출순위

순위	구분	매출액(억 원)					2015년 대비 성장률(%)
		2012	2013	2014	2015	2016	
1	당귀혼합 추출물	245	314	396	714	533	−25.4
2	헛개나무과병 추출분말	502	541	379	255	249	−2.4
3	초록입홍합추출 오일복합물	32	36	70	103	145	40.8
4	과채유래유산균			57	112	126	12.5
5	황기추출물 등 복합물				266	98	−63.2
6	석류농축액				5	24	295.8
7	폴리코사놀-사탕수수 왁스알코올	19	23	32	50	93	86.0
8	미역 등 복합추출물				63	183	−49.2
9	풋사과추출 폴리페놀				1	86	85.0
10	와일드망고종자추출물				173	54	−68.8

출처: 식품의약품안전처(2017).

매년 개별인정형 제품들이 시장에 선을 보이나 헛개나무과병추출분말 외에 뚜렷한 개별인정형 원료가 없었으나, 최근의 기능성 식품에 대한 연구들에 대한 결과물들이 제품으로 생산되어 다양한 제품들이 선을 보이고 있다.

7. 기능별 매출 현황

2016년 제품들의 기능성을 살펴보면, 면역제품이 1조 984억 원으로 가장 높은 비중을 차지하고 있다.

≪표 IV-1-10≫ 건강기능식품의 기능별 매출 현황

기능성	매출액(억 원)		2016
	2015	2016	분포비(%)
면역기능	8,717.2	10,983.5	17.0
혈행 개선	7,714.4	10,884.0	16.8
항산화	8,995.6	10,642.7	16.5
기억력 개선	7,751.0	10,533.1	16.3
피로 개선	7,586.6	10,487.1	16.2
장 건강	2,493.9	2,788.0	4.3
관절/뼈 건강	640.8	2,349.2	3.6
간 건강	990.5	1,366.7	2.1
체지방 감소	1,132.4	917.9	1.4
콜레스테롤 개선	765.5	823.9	1.3
혈중중성지방 개선	559.1	770.0	1.2
계	50,147.9	64,685.2	100.0

출처: 한국식품안전관리인증원(2017).

그림 IV-1-1 ···› 건강기능식품의 기능별 매출 분포

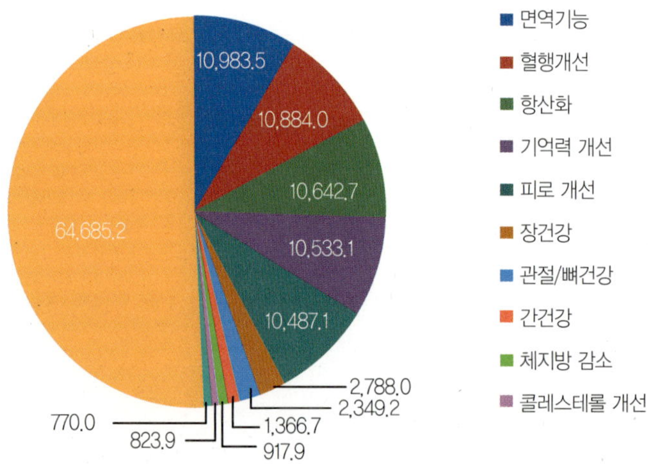

8. 수입실적

2016년 건강기능식품의 수입액은 5억 675만 달러로 전년 대비 소폭 감소하였으나, 수입 중량은 1만 775톤으로 전년 대비 13.3% 증가하였다.

《표 IV-1-11》 건강기능식품의 최근 수입 현황

연도	수입액(억 원)		수입 중량	
	(억 원)	(만 달러)	(톤)	성장률(%)
2012	3,532	31,372	8,593	1.6
2013	3,854	35,192	9,377	9.1
2014	4,412	41,900	8,735	-6.8
2015	5,965	52,719	9,507	8.8
2016	5,880	50,675	10,775	13.3
연평균 성장률(%)	13.6	12.7	5.8	-

※ 적용환율: 1$=1,126원(2012), 1,095원(2013), 1,053원(2014), 1,131원(2015), 1,160원(2016)

출처: 식품의약품안전처(2017).

수입 실적은 비타민 및 무기질, EPA 및 DHA 함유 유지, 프로바이오틱스 등의 순으로 홍삼을 제외한 국내 생산 실적과 유사한 것을 알 수 있다.

《표 IV-1-12》 제품별 건강기능식품의 수입 현황

순위	구분	수입액(억 원)	점유율(%)	수입량(톤)	점유율(%)
1	비타민 및 무기질	2,072	35.2	3,220	29.9
2	EPA 및 DHA 함유 유지	877	14.9	1,670	15.5
3	프로바이오틱스	523	8.9	171	1.6
4	개별인정형	430	7.3	652	6.1
5	단백질	295	5.0	397	3.7
누계(5품목)		4,198	71.4	6,109	56.7
6	밀크씨슬 추출물	109	1.9	192	1.8

순위	구분	수입액(억 원)	점유율(%)	수입량(톤)	점유율(%)
7	알로에	108	1.8	293	2.7
8	귀리식이섬유	108	1.8	93	0.9
9	가르시니나 캄보지아추출물	106	1.8	154	1.4
10	스피루리나	106	1.8	313	2.9
누계(10품목)		4,734	80.5	7,155	66.4
11	기타품목	1,147	19.5	3,620	33.6
계		5,880	100.0	10,775	100.0

출처: 식품의약품안전처(2017).

국내 수입국 1위는 미국으로 수입 실적의 71.1%를 차지하고 캐나다, 중국, 호주, 인도, 일본의 6개 국가가 89.5%를 차지하고 프랑스, 독일, 뉴질랜드, 덴마크가 그 뒤를 잇고 있다. 영국 제품은 19위로 수입액의 0.3%이며 우리와 생활환경이 비슷한 대만은 13위로 0.6%의 점유율을 갖고 있다.

2. 건강기능식품의 국외 시장 현황

part IV chapter 2

전 세계 영양산업의 규모는 2015년 약 4,347억 달러, 2015년 기준, 5년간 영양산업은 연평균 7.9%의 성장률을 보였다. 향후에는 계속 성장되어 2020년에는 6,394억 달러 규모에 이를 것으로 예상하고 있다.

국가별 건강기능식품 시장규모를 살펴보면, 2015년 미국이 404억 달러, 서유럽이 168억 달러, 중국이 163억 달러의 순으로 나타났다. 그러나 2020년에는 중국이 서유럽을 뛰어넘어 2위로 약 267억 달러에 이를 것으로 예상하고 있으며 서유럽은 190억 달러에 이를 것으로 생각된다.

또한 남미와 중국과 아시아 시장들도 성장 폭이 10% 정도 이를 것으로 예상하고 있어 전 세계적으로 건강기능식품이 주요산업임을 알 수 있다.

그림 IV-2-1 ···› 2015년 국가별 건강기능식품 시장

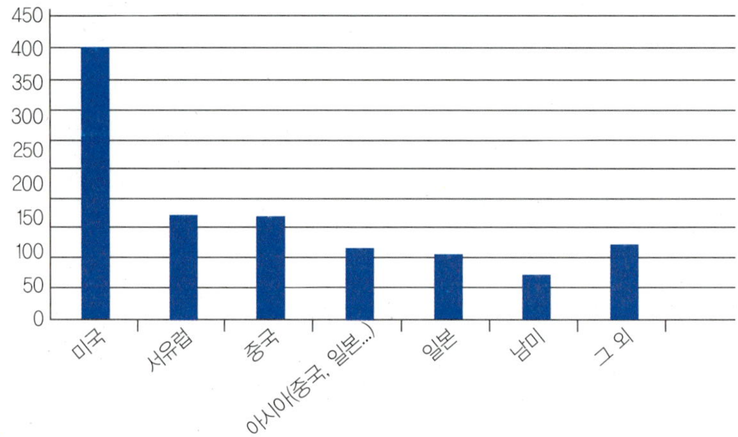

《표 IV-2-1》 국가별 건강기능식품 시장 규모

(단위: 억 달러)

국가	2015	2020	점유율(%) (2015)	연평균 성장률(%)
미국	404	568	34.3	7.1
서유럽	168	190	14.2	2.5
중국	163	267	13.8	10.4
아시아 (중국, 일본 제외)	118	187	10.0	9.5
일본	109	122	9.2	2.3
남미	89	155	7.5	11.7
그 외	127	188	10.8	88.2
계	1,179	1,677	100.0	7.3

출처: 2014 Nutrition Business Journal(New Hope Network).

국가별로 건강기능식품의 정의 및 범위는 상이하며 비교하면 다음의 표와 같다.

《표 IV-2-2》 국가별 기능성 식품의 개념

구분	미국	EU	일본	중국
명칭	식이보충제 (dietary supplement)	식품보충제 (food supplements)	영양기능식품, 특정보건식품, 기능성 식품	Health Food
관리기관	FDA	각 국가별 기관	소비자청	국가식품의약품 감독관리총국
범위	비타민, 무기질, 식이성분 등이 함유된 식이보충제	캡슐, 정제, 액체앰플 형태의 식사보충의 목적, 또는 생리학적 영향을 주는 식품	특정보건용식품 (개별허가형), 영양기능식품 (기준규격형), 기능성 표시식품	특정 보건기능을 표명하거나 비타민, 무기질 등 보충의 목적으로 하는 식품

출처: 식품의약품안전처(2016).

해외 시장의 글로벌 트렌드는 제품을 보다 소비자의 기호와 요구에 맞게 다양화하여 동일한 맛도 다른 제형으로 출시하려고 하고 있으며, 소비자들의 건강에 대한 인식이 높아져 맞춤형과 친환경 기능성 소재에 대한 요구가 높아져 시장 요구에 맞게 불특성 다수가 아닌 나이, 성별, 몸 상태 등에 따른 맞춤형 제품 등이 인기를 끌고 있다.

각 나라별 시장 현황을 간단히 살펴보면 다음과 같다.

1. 미국

2016년 미국의 영양산업은 약 1,955억 달러로 성장하였으며 천연/유기농 제품이 39.3%로 769억 달러로 가장 큰 비중을 차지하고 있다. 보충제 시장은 408억 달러이며 보충제 중에 비타민이 126억 달러로 보충제의 31.0%를 차지하고 있다.

미국의 비타민 시장은 2015년 약 11조 7,907억 원(104.9억 달러)에 달하였으며 약 49.3%가 멀티비타민(51.7억 달러)이며, 그 뒤가 비타민 B(20.8억 달러), 비타민 C(11.9억 달러)의 순으로 나타났다.

≪표 IV-2-3≫ 미국영양산업 시장 규모

(단위: 백만 달러)

category	2012	2013	2014	2015	2016	2020
Supplement	32,453	34,900	36,692	38,599	40,802	52,021
Vitamins	10,644	11,315	11,656	12,098	12,629	15,233
Herb/Botanicals	5,593	6,033	6,441	6,777	7,154	9,117
Sports nutrition	3,999	4,517	4,872	5,270	5,730	8,069
Minerals	2,412	2,504	2,630	2,773	2,972	3,601
Meal replacements	3,635	3,938	4,250	4,576	4,905	6,497
Specialty/other	6,170	6,593	6,843	7,105	7,457	9,503
Natural/Organic Food	48,048	53,876	60,706	68,386	76,856	120,363
Functional Food	43,927	47,346	51,050	54,882	58,768	75,226
N &OPC&HH products*	13,114	14,431	15,865	17,409	19,054	26,265
Total	137,541	150,553	164,313	179,275	195,480	273,875

*N: natural, OPC: Organic Personal Care, HH: Household.
출처: 한국식품안전관리인증원(2017).

2. 중국

중국의 시장 현황은 2015년 163억 달러(약 18조 원)에 달하며, 앞으로 13.8%라는 높은 성장률이 예상되어 2020년에는 약 30조 원에 이를 것으로 예상하고 있다.

중국 시장의 성장은 국민들의 건강에 대한 관심 증가, 거대한 인구 규모 등에 기인하여 성장하고 있으며 국가 차원의 예방의학 기조, 사스, 조류인플루엔자, 환경오염에 대한 공포 등의 경험이 면역강화에 대한 관심으로 연결된 것 같다. 중국의 주 소비계층은 중·노년층이 약 50%, 여성이 35%로 나타나고 있다.

그림 IV-2-2 ···› 중국 건강기능식품 판매 점유율(2015년 3/4분기)

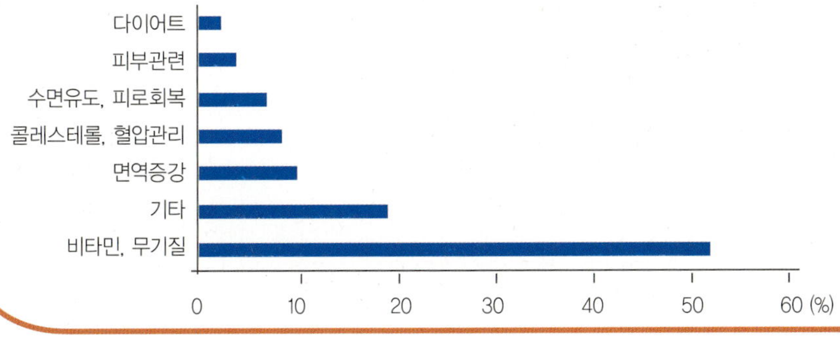

출처: CFDA 남방 의약경제연구소 데이터센터.

3. 일본

일본의 건강기능식품은 2015년 약 109억 달러(약 12조 원)로 나타났으며, 고령화 사회, 생활패턴의 변화 및 건강관리 관심 증가에 따라 시장 규모는 계속 증가할 것으로 예상되나 그 성장률은 2.3%에 그칠 것으로 전망한다.

저조한 가운데 2015년 시력보호제품인 눈 영양제가 기능성 표시 식품으로 출시되면서 전년 대비 7.6%의 고성장을 나타냈고, 성인들의 수면장애로 인하여 수면보조식품 제품도 큰 성장을 하였다.

그림 IV-2-3 ···› 일본 건강기능식품의 기능성별 분포비

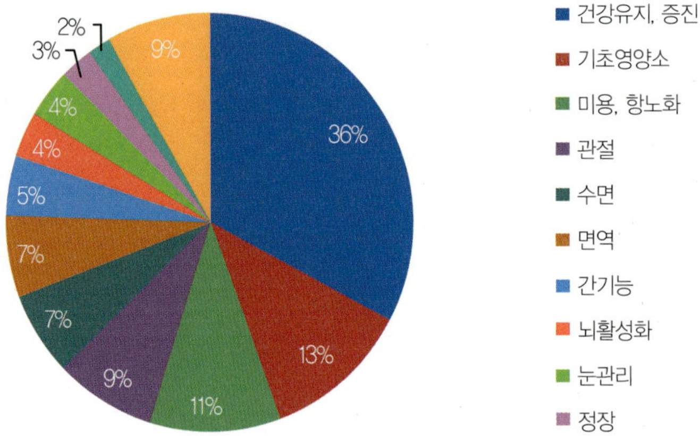

REFERENCE

참고문헌

참고문헌

경남이야기 http://news.gyeongnam.go.kr/?p=84378

구재옥·김정희·변기원·손정민(2016). 생애주기영양학. 경기: 파워북.

국립국어원 표준대사전 http://stdweb2.korean.go.kr

김미리·김정희·김미라·강명화·이명숙 외(2015). 건강에 도움이 되는 기능성 식품. 경기: 파워북.

김미경·권오란·전향숙·원혜숙·김지연(2010). 건강기능식품. 경기: 교문사.

김주희·김지연·곽진숙·백주은·정세원·권오란(2014). 건강기능식품의 기능성을 중심으로 한 글루코사민의 관절건강 기능성에 대한 체계적 고찰, 한국식품영양과학회지, 43(2), 293–299.

김희철·강신익·감경윤·박종하·양영애·김성리(2017). 노화와 항노화. 경기: 도서출판 글로벌.

문혜선·이준(2013). 고령화 시대 항노화산업의 부상과 성장전략. 산업연구원.

백남인(2012). 태국산 칡의 분석방법 개발, 식품의약품안전처 연구보고서.

삼성경제연구소(2013). 새로운 성장동력으로 부상하는 안티에이징. 삼성경제연구소.

식품안전나라 홈페이지 2018. 1(http://www.foodsafetykorea.go.kr)

식품의약품안전처(2008). 2016 건강기능식품 개발자를 위한 기능성 원료 표준화

지침서. 식품의약품안전처.

식품의약품안전처(2013~2015). 2016 건강기능식품 국내 시장 규모 동향 분석. 식품의약품안전처.

식품의약품안전처(2014). 건강기능식품 기능성 평가 가이드: '면역기능 개선에 도움을 줄 수 있음' 편. 식품의약품안전처.

식품의약품안전처(2016). 2016 건강기능식품 기능성 원료 인정 현황. 식품의약품안전처.

식품의약품안전처(2016). 글로벌 건강기능식품 개발을 위한 전략 세미나. 식품의약품안전처.

식품의약품안전처(2016). 건강기능식품 기능성 원료 인정 현황. 식품의약품 안전처.

식품의약품안전청(2012). 건강기능식품 기능성 평가 가이드: '높은 혈압 감소에 도움' 편. 식품의약품안전청.

식품의약품안전청(2012). 건강기능식품 기능성 평가 가이드: '뼈/관절 건강에 도움' 편. 식품의약품안전청.

식품의약품안전평가원(2014). 건강기능식품 기능성 평가 가이드: '인지능력 개선에 도움을 줄 수 있음' 편. 식품의약품안전처.

식품의약품안전평가원(2015). 건강기능식품 기능성 평가 가이드: '혈행 개선에 도움을 줄 수 있음' 편. 식품의약품안전처.

식품의약품안전평가원(2015). 건강기능식품 기능성 평가 가이드: '기억력 개선에 도움을 줄 수 있음' 편. 식품의약품안전처.

식품의약품안전평가원(2015). 건강기능식품 기능성 평가 가이드: '눈 건강에 도움을 줄 수 있음' 편. 식품의약품안전처.

식품의약품안전평가원(2017). 건강기능식품 기능성 평가 가이드: '치아 건강에 도움을 줄 수 있음' 편. 식품의약품안전처.

연구성과 실용진흥원(2016). 건강기능식품 시장 동향. 연구성과 실용진흥원.

이병순·김문실·김영순·이남순·권경자·이예종(2007). 노인영양관리. 경기: 광문각.

이향란(2016). 신노인복지론. 경기: 양성원.

장민열·박상기·곽태종·박형국·이천구·이헌·이선영·김성진(2009). 비타민과 불포화 지방산, 그리고 피크노제놀을 함유한 복합제제의 주름 완화 및 자외선에 의한 색소 침착 개선 효과. 한국영양학회지, 42(6), 516–522.

정세원·김지연·백주은·김주희·곽진숙·권오란(2013). 건강기능식품의 기능성을 중심으로 한 오메가-3 지방산 함유 유지의 혈행 개선 효과에 대한 체계적 고찰. 영양과 건강저널, 46(3), 226–238.

정철웅 공역(2017). 노년학. 서울: 학지사.

조경희·박영민(2010). 심뇌혈관질환과 건강기능식품. 가정의학회지, 31(8), 587–594.

조성남(2004). 에이징 붐시대: 고령화 사회의 미래와 도전. 이화여자대학교 출판부.

조성희·김욱·김정현·박현식(2017). 노인복지론. 경기: 양서원.

주온주·김인자(2015). 한국 노인의 치아건강도와 선호식품과의 관련성, 한국치위생과학회, 15(6), 712–720.

한국농수산식품유통공사(2015). 일본 기능성 표시 식품제도 및 시장조사. 한국농수산 식품유통공사.

한국농수산식품유통공사(2016). 2016 가공식품 세분 시장 현황–건강기능식품 시장. 한국농수산식품유통공사.

한국보건산업진흥원(2012). 2012년 식품산업 분석 보고서. 한국보건산업진흥원.

한국보건산업진흥연구원. https://blog.naver.com/khidiblog/221133833506

한국식품안전관리인증원(2017). 2016 건강기능식품 국내 시장규모 동향 분석. 한국식품 안전관리인증원.

항노화산업지원센터 http://anti-aging.re.kr

헬스조선(2018). 혈액, 몸속 12만km 대장정 온몸에 생명을 운반한다 ①

Abul K. Abbas MBBS & Andrew H. H. Lichtman(2011), *Cellular and molecular immunology*(7th ed.). 세포분자면역학(7판), 범문에듀케이션(2013)

Atchley, R. C.(2000). *Social forces and aging*(9th ed.): An Introduction to social Gerontology. Califonia: Wordsworth.

BCC Research(2011). *Disabled and Elderly Assistive Technologies*.

Datamonitor Personal Care Market Data. 2012.

Global Industry Analysts(2009). *Anti-Aging Products*.

High Alert Capital Partners Sector Report(2013). *Anti-Aging*.

Janet M. Wilmoth & Kenneth F. Ferraro(2011). *Gerontology: perspectives and Issues*. 조아미·김소정·김용태·이진숙·오세숙· 정철웅 공역(2017). 노년학. 서울: 학지사.

Nutrition Business Journal. New Hope Network. 2017. 7(http://newhope.com/catalog/data/data-chart).

Stuart Ira Fox(2004). 생리학(10th ed). 서울: 라이프사이언스.

__________(2014). 생리학(12th ed). 서울: 라이프사이언스.

저 자 소 개

|김 교 남|

한남대학교 대학원(식품학 전공, 이학박사)

미국 퍼듀대학교 박사 후 연구원

현재 경남대학교 바이오융합학부 부교수

|이 예 종|

동국대학교 대학원(사회복지학 전공, 사회복지학박사)

한국보건복지학회 이사

한국보건정보정책연구원 부원장

현재 김천대학교 사회복지학과 부교수

|최 경 숙|

연세대학교 대학원(식품공학 전공, 공학박사)

한국기능식품연구원 실장

경희대 피부생명공학센터 학술연구교수

㈜ 비케이바이오 연구소장

현재 ㈜ 케이브릿지인사이트 연구위원

|김 의 수|

충북대학교 대학원(기능성식품 전공, 이학박사)

㈜ 신원에프아이 생활건강사업부 팀장

한국식품기술사협회 이사

한국식품산업협회 부설 한국식품과학연구원 책임연구원

현재 ㈜ 케이브릿지인사이트 부사장

|장 해 동|

미국 노스캐롤라이나 주립대학교(식품공학 전공, 공학박사)

현재 한남대학교 식품영양학과 교수

항노화와 건강기능식품

초판 1쇄 인쇄 2019년 1월 10일
초판 1쇄 발행 2019년 1월 15일

지 은 이 | 김교남 · 이예종 · 최경숙 · 김의수 · 장해동

펴 낸 이 | 김기섭
책임편집 | 이윤미
펴 낸 곳 | 창지사 www.changjisa.com
우) 08589 서울시 금천구 가산디지털 1로 83 파트너스타워1차 9층
전화 (02) 719-2211~3
팩스 (02) 701-9386
등 록 | 1977년 4월 28일·제1-421호

ISBN 978-89-426-2377-8 (93590)

값 20,000원

「이 도서의 국립중앙도서관 출판예정도서목록(CIP)은 서지정보유통지원시스템 홈페이지 (http://seoji.nl.go.kr)와 국가자료공동목록시스템(http://www.nl.go.kr/kolisnet)에서 이용하실 수 있습니다.(CIP제어번호: CIP2019001014)